GAOZHIGAOZHUANANQUANJISHUGUANLIZHUANYEGUIHUAJIAOCAI

高职高专安全技术管理专业规划教材

安全管理

人力资源和社会保障部教材办公室　组织编写

主　编　王志亮
副主编　张跃兵　兰泽全

中国劳动社会保障出版社

图书在版编目（CIP）数据

安全管理/王志亮主编. —北京：中国劳动社会保障出版社，2015
高职高专安全技术管理专业规划教材
ISBN 978-7-5167-2093-6

Ⅰ.①安…　Ⅱ.①王…　Ⅲ.①安全管理-高等职业教育-教材　Ⅳ.①X92

中国版本图书馆 CIP 数据核字(2015)第 216788 号

中国劳动社会保障出版社出版发行
（北京市惠新东街 1 号　邮政编码：100029）
*
三河市华骏印务包装有限公司印刷装订　新华书店经销
787 毫米×1092 毫米　16 开本　18 印张　339 千字
2015 年 9 月第 1 版　2023 年 7 月第 5 次印刷
定价：**36.00** 元

营销中心电话：**400－606－6496**
出版社网址：**http: // www.class.com.cn**

“高职高专安全技术管理专业规划教材”

编委会

内容简介

本书为国家级高等职业教育规划教材，是“高职高专安全技术管理专业规划教材”之一，属于专业核心课程，由国家人力资源和社会保障部教材办公室组织、根据教育部高等职业学校安全技术管理专业教学标准编写。教材附有教学用电子课件（PPT）供免费下载，下载网址为中国人力资源和社会保障出版集团网站 http://www.class.com.cn。

本书依据教育部高职高专院校安全技术管理专业培养目标和知识体系的要求，结合最新颁布的法律、法规和标准，系统阐述了安全管理的基础知识、基础理论及其实际应用。全书共分 7 章，内容包括：安全管理概述、安全科学基础理论、事故危险性分析与控制、安全生产管理、应急管理、事故调查与处理、职业卫生管理。每章内容均附有复习思考题和技能实训，侧重培养学生的应用实践能力。

本书由华北科技学院安全工程学院的多位专业教师共同编著而成，具体分工如下：第一章、第二章由王志亮编写，第三章由陈鹏编写，第四章由兰泽全编写，第五章由张跃兵编写，第六章由韦善阳编写，第七章由杨涛编写。全书由王志亮统稿。

前　　言

安全生产事关人民群众生命财产安全，事关改革发展稳定大局，事关党和政府形象和声誉。党中央、国务院高度重视安全生产，确立了安全发展理念和“安全第一、预防为主、综合治理”的方针，采取一系列重大举措加强安全生产工作。近年来，随着我国经济建设的快速发展，社会和企业对安全生产应用型人才的需求量日益增多，这给高职高专安全技术管理专业建设带来了新的机遇和挑战。中国劳动社会保障出版社具有安全生产图书出版的传统优势，先后出版发行了高校安全工程专业研究生教材、全国高校安全工程专业本科规划教材和中等职业教育相关教材等。为了发挥专业教材出版优势，更有力地推动安全技术管理专业职业教育的发展和人才的培养，加强教材建设这一专业建设的重要基础工作，国家人力资源和社会保障部教材办公室组织全国高职高专相关院校的知名教师，系统地编写了“高职高专安全技术管理专业规划教材”，并由中国劳动社会保障出版社出版发行。

本套教材分为专业核心课程和专业方向核心课程两大类，其中，专业核心课程教材包括《安全生产法律法规》《安全管理》《安全心理学》《安全人机工程》《安全系统工程》《职业健康技术与管理》《安全评价实务》《事故预防与分析》《事故应急救援》《电气安全技术》《防火防爆技术》《安全监测与监控技术》《锅炉压力容器安全技术》《机械与起重设备安全技术》《安全管理文书写作》，专业方向核心课程包括消防、矿山、建设、石油化工、交通运输、工贸等行业领域安全技术管理教材。

本套规划教材的编写注重满足高职高专安全技术管理专业教学课程体系的新发展和教学现状，力求创新，在吸收已有教材成果的基础上，将本学科的最新理论、技术和规范纳入教学内容，并与国家最新的相关政策法规、技术标准保持一致。为满足培养应用型人才的需求目标，整套教材加强了职业教育特色，避免纯理论阐述，强调以实际技能和职业需求带动教学。每种教材的技能实训内容丰富，提倡工学结合，增加了可操作性和工作实践性，为学生今后的职业生涯打下坚实的基础。

本套教材的每一种都附有教学用电子课件（PPT）供参考使用，可登录中国人力资源和社会保障出版集团网站 http://www.class.com.cn 免费下载。

在本套教材开发过程中，全国近 20 所高等院校、科研院所的近百名专家和教师积极参与了编写和审订工作，在此向他们表示衷心感谢！同时，由于时间和各因素制约，教材中难免有不足之处，期望专业领域专家和广大师生提出宝贵的意见和建议。

人力资源和社会保障部教材办公室

高职高专安全技术管理专业规划教材编委会

2015 年 7 月

目录

第一章　安全管理概述

第二章　安全科学基础理论

第三章　事故危险性分析与控制

第四章　安全生产管理

第五章　应 急 管 理

第六章　事故调查与处理

第七章　职业卫生与管理

第一章
安全管理概述

本章学习目标

1. 掌握安全管理的基本原则、研究内容、研究方法等基础知识。
2. 掌握我国现行的安全管理体制。
3. 掌握安全生产和职业卫生相关法律法规。

第一节　安全管理基础

一、安全管理的发展历史

18世纪中叶，蒸汽机的发明引起了工业革命，大规模的机器化生产开始出现，产业工人在极其恶劣的作业环境中从事每天超过10小时的劳动，他们的安全和健康时刻受到机器的威胁，伤亡事故和职业病不断出现。为了确保生产过程中工人的安全与健康，人们采用了很多种手段改善作业环境，一些学者也开始研究劳动安全卫生问题，安全生产管理的内容和范围有了初步发展。

到了20世纪初，现代工业兴起并快速发展，重大生产事故和环境污染事故相继发生，造成了大量的人员伤亡和巨大的财产损失，给社会带来了极大危害，使一些企业不得不设置专职安全人员，对工人进行安全教育。到了20世纪30年代，很多国家设立了安全生产管理的政府机构，发布了劳动安全卫生的法律法规，逐步建立了较完善的安全教育、管理、技术体系，初具现代安全生产管理雏形。

进入20世纪50年代，经济的快速增长使人们的生活水平迅速提高的同时，创造就业机会、改进工作条件、公平分配社会生产财富等问题，也引起了越来越多经济学家、管理学家、安全工程专家和政治家的注意。工人强烈要求不仅要有工作机会，还要有安全与健康的工作环境。一些工业化国家进一步加强了安全生产法律法规体系建

设，在安全生产方面投入大量的资金进行科学研究，产生了一些安全生产管理原理、事故致因理论和事故预防原理等风险管理理论，以系统安全理论为核心的现代安全管理方法、模式、思想、理论基本形成。

到了20世纪末，随着现代制造业和航空航天技术的飞速发展，人们对职业安全卫生问题的认识也发生了很大变化，安全生产成本、环境成本等成为产品成本的重要组成部分。在这种背景下，“以人为本”的健康安全管理理念逐渐被企业管理者所接受，现代安全生产管理理论、方法、模式以及相应的标准、规范更加成熟。

大约在20世纪50年代，现代安全生产管理理论、方法、模式被引入我国。在20世纪六七十年代，我国开始吸收并研究事故致因理论、事故预防理论和现代安全生产管理思想。20世纪八九十年代，我国开始研究企业安全生产风险评价、危险源辨识和监控，一些企业管理者开始尝试安全生产风险管理。在20世纪末，我国几乎与世界工业化国家同步研究并推行了职业健康安全管理体系。进入新世纪以来，我国有些学者提出了系统化企业安全生产风险管理的理论雏形，认为企业安全生产管理是风险管理，管理的内容包括危险源辨识、风险评价、危险预警与监测管理、事故预防与风险控制管理以及应急管理等。该理论将现代风险管理完全融入到安全生产管理之中。

二、安全管理基本概念

1. 安全与危险

(1) 安全

顾名思义，“无危则安，无缺则全”，安全意味着不危险，这是人们对安全的基本认识。按照系统安全工程的观点，安全是指生产系统中人员免遭不可承受危险的伤害。在生产过程中，不发生人员伤亡、职业病或设备、设施损害或环境危害的条件，是指安全条件。不因人、机、环境的相互作用而导致系统失效、人员伤害或其他损失，是指安全状况。

(2) 危险

根据系统安全工程的观点，危险是指系统中存在导致发生不期望后果的可能性超过了人们的承受程度。从危险的概念可以看出，危险是人们对事物的具体认识，必须指明具体对象，例如危险环境、危险条件、危险状态、危险物质、危险场所、危险人员、危险因素等。一般用危险度来表示危险的程度。

2. 危险源与重大危险源

(1) 危险源

从安全生产角度，危险源是指可能造成人员伤害、疾病、财产损失、作业环境破坏或其他损失的根源或状态。

（2）重大危险源

为了对危险源进行分级管理，防止重大事故发生，提出了重大危险源的概念。广义上说，可能导致重大事故发生的危险源就是重大危险源。但各国政府部门为了对重大危险源进行安全生产监察，对于重大危险源作出了规定。《中华人民共和国安全生产法》第一百一十二条的解释是：重大危险源，是指长期地或者临时地生产、搬运、使用或者储存危险物品，且危险物品的数量等于或者超过临界量的单元（包括场所和设施）。在国家标准《危险化学品重大危险源辨识》（GB 18218—2009）中，作为举例给出了爆炸性物质、易燃物质、活性化学物质和有毒物质等共 78 种物质生产场所和储存区的临界量。各国政府部门对重大危险源的定义、规定的临界量是不同的。无论是对于重大危险源的范围，还是对于重大危险源临界量的规定，都是为了防止重大事故发生，从国家的经济实力、人们对安全与健康的承受水平和安全监督管理的需要出发，随着人们生活水平的提高和对事故控制能力的增强，重大危险源的规定也会发生改变。

3. 事故与事故隐患

（1）事故

《现代汉语词典》中对事故的解释是：事故多指在生产、工作上发生的意外的损失或灾祸。例如，会计师算错账，造成了不必要的麻烦，发生了工作疏忽事故；企业生产中，发生有毒有害气体泄漏，造成意外的人员伤亡，发生了安全生产事故。在生产过程中，事故是指造成人员死亡、伤害、职业病、财产损失或其他损失的意外事件。从这个解释可以看出，事故是意外事件，该事件是人们不希望发生的；同时该事件产生了违背人们意愿的后果。如果事件的后果是人员死亡、受伤或身体的损害就称为人员伤亡事故，如果没有造成人员伤亡就是非人员伤亡事故。事故有很多种分类方法，我国在工伤事故统计中，按照导致事故发生的原因，将工伤事故分为 20 类，分别为物体打击、车辆伤害、机械伤害、起重伤害、触电、淹溺、灼烫、火灾、高处坠落、坍塌、冒顶片帮、透水、放炮、瓦斯爆炸、火药爆炸、锅炉爆炸、容器爆炸、其他爆炸、中毒和窒息、其他伤害。

（2）事故隐患

《现代汉语词典》对隐患的解释是潜藏着的祸患，即隐藏不露、潜伏的危险性大的事情或灾害。事故隐患泛指生产系统中可导致事故发生的人的不安全行为、物的不安全状态和管理上的缺陷。在生产过程中，凭着对事故产生原因与预防规律的认识，为了预防事故的发生，制定生产过程中物的状态、人的行为和环境条件的标准、规章、规定、规程等，如果生产过程中物的状态、人的行为和环境条件不能满足这些标准、规章、规定、规程等，就可能发生事故。事故隐患分类非常复杂，它与事故分类有密切关系，但又不同于事故分类。本着尽量避免交叉的原则，综合事故性质分类和行业分类，考虑事故起因，可将事故隐患归纳为 21 类，即火灾、爆炸、中毒和窒息、水

害、坍塌、滑坡、泄漏、腐蚀、触电、坠落、机械伤害、煤与瓦斯突出、公路设施伤害、公路车辆伤害、铁路设施伤害、铁路车辆伤害、水上运输伤害、港口码头伤害、空中运输伤害、航空港伤害、其他类隐患。

4. 本质安全

本质安全是指设备、设施或技术工艺含有内在的能够从根本上防止发生事故的功能。具体包括三个方面的内容：①失误—安全功能：操作者即使操作失误，也不会发生事故或伤害，或者说设备、设施和技术工艺本身具有自动防止人的不安全行为的功能。②故障—安全功能：设备、设施或技术工艺发生故障或损坏时，还能暂时维持正常工作或自动转变为安全状态。③上述两种安全功能应该是设备、设施和技术工艺本身固有的，即在它们的规划设计阶段就被纳入其中，而不是事后补偿的。本质安全是安全生产管理预防为主的根本体现，也是安全生产管理的最高境界。实际上由于技术、资金和人们对事故的认识等原因，到目前还很难做到本质安全，只能作为人们为之奋斗的目标。

5. 安全生产、劳动保护、职业安全卫生

(1) 安全生产

《辞海》中将安全生产解释为：安全生产是指为预防生产过程中发生人身、设备事故，形成良好劳动环境和工作秩序而采取的一系列措施和活动。《中国大百科全书》中将安全生产解释为：安全生产是旨在保护劳动者在生产过程中安全的一项方针，也是企业管理必须遵循的一项原则，要求最大限度地减少劳动者的工伤和职业病，保障劳动者在生产过程中的生命安全和身体健康。后者将安全生产解释为企业生产的一项方针、原则或要求，前者则解释为企业生产的一系列措施和活动。根据现代系统安全工程的观点，上述解释都代表了一个方面，但都不够全面。概括地说，安全生产是为了使生产过程在符合物质条件和工作秩序下进行，防止发生人身伤亡和财产损失等生产事故，消除或控制危险有害因素，保障人身安全与健康，保障设备和设施免受损坏，避免环境遭受破坏的总称。

(2) 劳动保护

仅从字面上理解，劳动保护是指保护劳动者在生产过程中的安全与健康。很明显，劳动保护的对象是从事生产的劳动者。更广泛地说，劳动保护是依靠科学技术和管理，采取技术措施和管理措施，消除生产过程中危及人身安全和健康的不良环境、不安全设备和设施、不安全环境、不安全场所和不安全行为，防止伤亡事故和职业危害，保障劳动者在生产过程中的安全与健康的总称。劳动保护是站在政府的立场上，强调为劳动者提供人身安全与身心健康的保障。

(3) 职业安全卫生

职业安全卫生是安全生产、劳动保护和职业卫生的统称，它是以保障劳动者在劳动过程中的安全和健康为目的的工作领域，以及在法律法规、技术、设备与设施、组织制度、管理机制、宣传教育等方面的所有措施、活动和事物。目前，职业安全卫生与劳动安全卫生可以作同义词使用。对于企业，职业安全卫生涉及企业生产和管理的方方面面，如目前很多国家正在推行的职业安全卫生管理体系，包括了企业的安全、卫生和管理，涉及企业内部甚至企业的外部生产设备、设施、环境、场所和企业员工的相关方面。

6. 管理、安全管理和安全生产管理

（1）管理

管理是指在特定的环境条件下，以人为中心，对组织所拥有的资源进行有效的决策、计划、组织、领导、控制，以便达到既定组织目标的过程。管理具有动态性、科学性、艺术性、创造性的特点。管理可以分为很多种类，比如行政管理、社会管理、工商企业管理、人力资源管理、情报管理等。

（2）安全管理

安全管理是管理科学的一个重要分支，它是为实现安全目标而进行的有关决策、计划、组织和控制等方面的活动，主要运用现代安全管理原理、方法和手段，分析和研究各种不安全因素，从技术上、组织上和管理上采取有力的措施，解决和消除各种不安全因素，防止事故的发生。

（3）安全生产管理

安全生产管理，就是针对生产过程的安全问题，运用有效的资源，发挥人们的智慧，通过人们的努力，进行有关决策、计划、组织和控制等活动，实现生产过程中人与机器设备、物料、环境的和谐，达到安全生产的目标。安全生产管理的目标是减少和控制危害，减少和控制事故，尽量避免生产过程中由于事故所造成的人身伤害、财产损失、环境污染以及其他损失。安全生产管理包括安全生产法制管理、行政管理、监督检查、工艺技术管理、设备设施管理、作业环境和条件管理等。安全生产管理的基本对象是企业的员工，涉及企业中的所有人员、设备设施、物料、环境、财务、信息等各个方面。安全生产管理内容包括：安全生产管理机构和安全生产管理人员、安全生产责任制、安全生产管理规章制度、安全生产策划、安全培训教育、安全生产档案等。

三、安全管理的基本原则

1. 管生产同时管安全

安全贯穿于生产始终，并对生产发挥促进与保证作用。因此，安全与生产虽有时会出现矛盾，但从安全和生产管理的目标、目的来看，二者表现出高度的一致和完全的统一。安全管理是生产管理的重要组成部分，安全与生产在实施过程中存在着密切的联系，存在着进行共同管理的基础。国务院在《关于加强企业生产中安全工作的几项规定》中明确指出："各级领导人员在管理生产的同时，必须负责管理安全工作。""企业中各有关专职机构，都应该在各自业务范围内，对实现安全生产的要求负责。"管生产同时管安全，不仅是对各级领导人员明确安全管理责任，同时，也向一切与生产有关的机构、人员，明确了业务范围内的安全管理责任。由此可见，一切与生产有关的机构、人员，都必须参与安全管理并在管理中承担责任。认为安全管理只是安全部门的事，是一种片面的、错误的认识。各级人员安全生产责任制度的建立，管理责任的落实，体现了管生产同时管安全。

2. 坚持安全管理的目的性

安全管理的内容是对生产中的人、物、环境因素状态的管理，有效地控制人的不安全行为和物的不安全状态，消除或避免事故，达到保护劳动者的安全与健康的目的。没有明确目的的安全管理是一种盲目行为。盲目的安全管理，充其量只能算作花架子，劳民伤财，危险因素依然存在。在一定意义上，盲目的安全管理，只能纵容威胁人的安全与健康的状态，向更为严重的方向发展或转化。

3. 必须贯彻"安全第一、预防为主、综合治理"的方针

安全第一是从保护生产力的角度和高度，表明在生产范围内，安全与生产的关系，肯定安全在生产活动中的位置和重要性。进行安全管理不是处理事故，而是在生产活动中针对生产的特点，对生产因素采取管理措施，有效地控制不安全因素的发展与扩大，把可能发生的事故消灭在萌芽状态，以保证生产活动中人的安全与健康。

贯彻预防为主，首先要端正对生产中不安全因素的认识，端正消除不安全因素的态度，选准消除不安全因素的时机。在安排与布置生产内容的时候，针对施工生产中可能出现的危险因素，采取措施予以消除是最佳选择。在生产活动过程中经常检查、及时发现不安全因素，采取措施，明确责任，尽快地、坚决地予以消除，是安全管理应有的鲜明态度。

综合治理，就是要标本兼治，重在治本，采取各种管理手段，综合运用科技、法律和经济手段，预防事故发生。

4. 坚持"四全"动态管理

安全管理不是少数人和安全机构的事，而是一切与生产有关的人共同的事。缺乏全员的参与，安全管理不会有生气、不会出现好的管理效果。当然，这并非否定安全管理第一责任人和安全机构的作用。生产组织者在安全管理中的作用固然重要，全员性参与管理也十分重要。安全管理涉及生产活动的方方面面，涉及从开工到竣工交付的全部生产过程，涉及全部的生产时间，涉及一切变化着的生产因素。因此，生产活动中必须坚持全员、全过程、全方位、全天候（即"四全"）的动态安全管理。

5. 安全管理重在控制

进行安全管理的目的是预防、消灭事故，防止或消除事故伤害，保护劳动者的安全与健康。安全管理大体可归纳为安全组织管理、场地与设施管理、行为控制和安全技术管理四个方面，这四个方面的主要内容虽然都是为了达到安全管理的目的，但是对生产因素状态的控制，与安全管理目的关系更直接，显得更为突出。因此，对生产中人的不安全行为和物的不安全状态的控制，必须看作是动态的安全管理的重点。事故的发生，是由于人的不安全行为运动轨迹与物的不安全状态运动轨迹的交叉。从事故发生的原理，也说明了对生产因素状态的控制应该当作安全管理重点，而不能把约束当作安全管理的重点，是因为约束缺乏带有强制性的手段。

6. 在管理中发展、提高

既然安全管理是在变化着的生产活动中的管理，是一种动态，其管理就意味着是不断发展的、不断变化的，以适应变化着的生产活动，消除新的危险因素。然而更为需要的是不间断地摸索新的规律，总结管理、控制的办法与经验，指导新的变化后的管理，从而使安全管理不断地上升到新的高度。

四、安全管理的目的

企业安全管理是遵照国家的安全生产方针、安全生产法规，根据企业实际情况，从组织管理与技术管理上提出相应的安全管理措施，在国内外安全管理经验教训总结、研究成果的基础上，寻求适合企业实际的安全管理措施和方法。而这些管理措施和方法的作用都在于控制和消除影响企业安全生产的不安全因素、不卫生条件，从而保障企业生产过程中不发生人身伤亡事故和职业病，不发生火灾、爆炸事故，不发生设备事故、险肇事故等。因此，安全管理的目的是：

（1）确保生产场所及生产区域周边范围内人员的安全与健康。即要消除危险、危害因素，控制生产过程中伤亡事故和职业病的发生，保障企业内和周边人员的安全与健康。

（2）保护财产和资源。即要控制生产过程中设备事故和火灾、爆炸事故的发生，避免由不安全因素导致的经济损失。

（3）保障企业生产顺利进行。提高效率，促进生产发展，是安全管理的根本目的和任务。

（4）促进社会生产发展。安全管理的最终目的就是维护社会稳定、建立和谐社会。

五、安全管理的意义

安全工作的根本目的是保护广大劳动者和设备的安全，防止伤亡事故和设备事故

危害，保护国家和集体财产不受损失，保证生产和建设的正常进行。为了实现这一目的，需要开展三方面的工作，即安全管理、安全技术和劳动卫生。而这三者中，安全管理又起着决定性的作用，其意义是重大的。

1. 搞好安全管理是防止伤亡事故和职业危害的根本对策

任何事故的发生不外乎四个方面的原因，即人的不安全行为、物的不安全状态、环境的不安全条件和安全管理的缺陷。而人、物和环境方面出现问题的原因常常是安全管理出现失误或存在缺陷。因此，可以说安全管理缺陷是事故发生的根源之一，是事故发生的深层次的本质原因之一。生产中伤亡事故统计分析也表明，80%以上的伤亡事故与安全管理缺陷密切相关。因此，要从根本上防止事故，必须从加强安全管理做起，不断改进安全管理技术，提高安全管理水平。

2. 安全管理是贯彻落实“安全第一、预防为主、综合治理”方针的基本保证

“安全第一、预防为主、综合治理”是我国安全生产的根本方针，是多年来实现安全生产的实践经验的科学总结。为了贯彻落实这一方针，一方面需要各级领导有高度的安全责任感和自觉性，千方百计实施各方面防止事故和职业危害的对策；另一方面需要广大职工提高安全意识，自觉贯彻执行各项安全生产的规章制度，不断增强自我防护意识。所有这些都有赖于良好的安全管理工作。只有合理设立目标，健全安全生产管理体系，科学地规划、计划和决策，加强监督监察、考核激励和安全宣传教育，综合运用各种管理手段，才能够调动起各级领导和广大职工的安全生产积极性，才能使安全生产方针得以真正贯彻执行。

3. 安全技术和劳动卫生措施要靠有效的安全管理，才能发挥应有的作用

安全技术指各专业有关安全的专门技术，如防电、防水、防火、防爆等安全技术。劳动卫生措施指对尘毒、噪声、辐射等各方面物理及化学危害因素的预防和治理。毫无疑问，安全技术和劳动卫生措施对于从根本上改善劳动条件，实现安全生产具有巨大作用。然而这些纵向单独分科的硬技术，基本上是以物为主的，是不可能自动实现的，需要人们计划、组织、督促、检查，进行有效的安全管理活动，才能发挥它们应有的作用。再者，单独某一方面的安全技术，其安全保障作用是有限的。随着生产向集约化、集中化发展，机械装备向高效、安全、大功率、高强度、高速度和机电一体化方向发展，要求综合应用各方面的安全技术，才能求得整体的安全。

4. 安全管理有助于改进企业管理，全面推进企业各方面工作的进步，促进经济效益的提高

安全管理是企业管理的重要组成部分，与企业的其他管理密切联系、互相影响、互相促进。为了防止伤亡事故和职业危害，必须从人、物、环境以及它们的合理匹配这几方面采取对策。包括人员素质的提高，作业环境的整治和改善，设备与设施的检查、维修、改造和更新，劳动组织的科学化以及作业方法的改善等。为了实现这些方

面的对策，势必需要加强对生产、技术、设备、人事等的管理，进而对企业各方面工作提出越来越高的要求，从而推动企业管理的改善和工作的全面进步。企业管理的改善和工作的全面进步反过来又为改进安全管理创造了条件，促使安全管理水平不断得到提高。实践表明，一个企业安全生产状况的好坏可以反映出企业的管理水平：企业管理得好，安全工作也必然受到重视，安全管理也比较好；反之，安全管理混乱，事故不断，职工无法安心工作，领导人也经常要分散精力去处理事故，在这种情况下，就无法建立正常、稳定的工作秩序，企业管理就较差。安全管理和企业管理的改善，劳动者积极性的发挥，必然会大大促进劳动生产率的提高，从而带来企业经济效益的增长。反之，如果事故频繁，不但会影响职工的安全与健康，挫伤职工的生产积极性，导致生产效率的降低，还要造成设备财产的损坏，无谓地消耗许多人力、财力、物力，带来经济上的巨大损失。

六、安全管理的内容

安全管理是针对生产活动中的安全问题，围绕着企业安全生产所进行的一系列管理活动。安全管理工作的主要内容如下：

（1）安全生产方针与安全生产责任制的贯彻实施；

（2）安全生产法规、制度的建立与执行；

（3）事故与职业病预防与管理；

（4）安全预测、决策及规划；

（5）安全教育与安全检查；

（6）安全技术措施计划的编制与实施；

（7）安全目标管理、安全监督与监察；

（8）事故应急救援；

（9）职业安全健康管理体系的建立；

（10）企业安全文化建设。

随着生产的发展，新技术、新工艺的应用，以及生产规模的扩大，产品品种的不断增多与更新，职工队伍的不断壮大与更替，加之生产过程中环境因素的随时变化，企业生产会出现许多新的安全问题。安全管理的对象、形式及方法也随经济的要求而发生变化。因此，安全管理的工作内容要不断适应生产发展的要求，随时调整和加强工作重点。

七、安全管理的研究方法和程序

1. 安全管理的研究方法

安全管理是企业管理的一个重要分支，其方法有以下两种。

（1）“事后法”

这种方法是对过去已发生的事故进行分析，总结经验教训，采取措施，防止重复事故的发生，因而是对现行安全管理工作的指导。例如，对某一事故分析其原因，查找引起事故的不安全因素，根据分析结果，制定和实施防止此类事故再度发生的措施。此种方法有人称为“问题出发型”方法，即我们通常所说的传统的安全管理方法。

（2）“事先法”

这种方法是从现实情况出发，研究系统内各要素之间的联系，预测可能会引起危险、导致事故发生的某些原因。通过对这些原因的控制来消除危险，避免事故，从而使系统达到最佳安全状态，这就是所谓的现代安全管理方法。此种方法也有人称为“问题发现型”方法。

2. 安全管理程序

无论是“事先型”研究方法还是“事后型”研究方法，其工作步骤都是从问题开始，研究解决问题的对策和对策效果评价，反馈评价结果，更新研究对策。安全管理工作流程如图 1—1 所示。

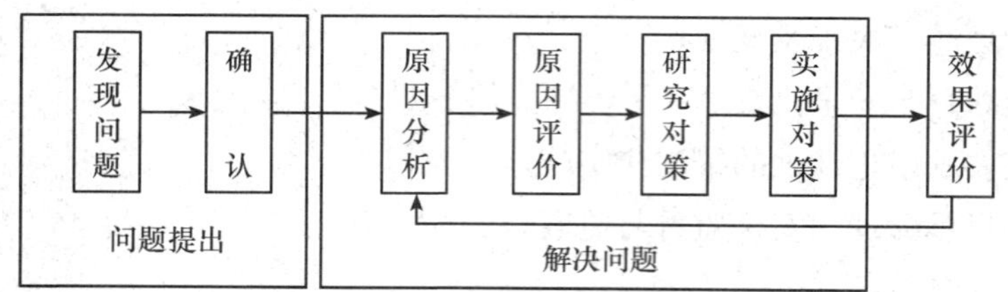

图 1—1　安全管理的基本流程

（1）发现问题

即找出所研究的问题，“事后法”是指分析已存在的问题或事故，“事先法”则是指预防可能要出现的问题或事故。

（2）确认

即对所研究的问题进一步核查与认定，要查清何时、何人、何条件、何事（或可能出现什么事）等。

（3）原因分析

即寻求问题或事故的影响因素，对所有的影响因素进行归类，并分析这些因素之间的相互关系。

（4）原因评价

将问题的原因按其影响程度大小排序分级，以便视轻重缓急解决问题。

（5）研究对策

根据原因分析与评价，有针对性地提出解决问题，防止或预防事故的措施。

（6）实施对策

将所制定的措施付诸实践，并从人力、物力、组织等方面予以保证。

（7）效果评价

效果评价是指对实施对策后的效果、措施的完善程度及合理性进行检查与评定，并将评价结果反馈，以寻求最佳的实施对策。

第二节　安全管理体制

我国现行的安全管理体制是：企业负责、行业管理、国家监察、群众监督、劳动者遵章守纪。企业负责就是企业在其经营活动中必须对本企业安全生产负全面责任，企业法定代表人应是安全生产的第一责任人；行业管理主要体现在行业主管部门根据国家有关的方针政策、法规和标准，对行业的安全工作进行管理和监督检查，通过计划、组织、协调、指导和监督检查，加强对行业所属企业以及归口管理的企业安全工作的管理；国家监察主要指的是国家授权有关政府部门代表国家根据国家法规对安全生产工作进行监察，具有相对的独立性、公正性和权威性；群众监督是安全生产不可缺少的重要环节，随着新的经济体制的建立，群众监督的内涵也在扩大，不仅是各级工会，各类社会团体、民主党派、新闻单位等对安全生产也共同起着监督作用。劳动者遵章守纪是安全工作不可缺少的部分，是安全工作的基础。这个管理体制把“企业负责”放在第一条，表明企业在安全生产中所占的重要位置。

一、企业负责

企业作为安全责任的主体，应当对自身的安全生产负全面责任，因此，企业必须认真研究与落实安全生产的实际问题，遵循“安全第一、预防为主、综合治理”的指导方针，正确处理安全与生产的矛盾，切实解决生产中的不安全问题，消除事故隐患，以保障人民生命财产安全。做到安全为了生产，生产必须安全，使企业的安全生产工作走上良性循环的轨道。

1. 企业主要负责人必须高度重视安全生产工作

企业是安全责任的主体，企业的主要负责人是企业的第一责任人，《安全生产法》

明确规定：生产经营单位的主要负责人对本单位的安全生产工作全面负责。只有企业主要负责人重视安全生产工作，建立安全生产管理机构，配备并重视安全生产管理人员，将安全生产的各项工作摆在重要日程上来抓，企业的安全生产工作才能搞好；只有做好安全生产工作，企业的正常生产秩序才能有保障，才有可能取得好的经济效益。否则，企业的安全生产工作无法正常开展，也不可能做到安全生产，生产事故就会接连不断发生，职工的生命安全得不到保障，企业必然会在经济上遭受严重的损失，企业的生产秩序将受到严重影响，企业就不可能有好的经济效益，甚至会给企业造成毁灭性的打击。

2. 企业必须认真落实安全生产责任制

由于企业主要负责人是企业的安全生产第一责任人，就应当高度重视企业的安全生产工作，但仅凭第一责任人重视还远远不够，还应将安全责任层层分解并落实下来，明确分工，各司其职，各负其责，在企业内部形成一个安全责任统一体，构成一个“纵向到底，横向到边”的安全生产管理网络。安全生产责任制是企业岗位责任制的一个重要组成部分，是企业最基本的安全制度，是安全生产规章的核心，其实质是“安全生产，人人有责”。只有调动全体职工的力量，形成合力，企业的安全生产工作才能顺利开展，才能取得好的成果。任何一个环节出现问题，都会给企业带来严重的后果。

3. 企业必须积极组织制定本企业的安全生产规章制度和操作规程，并认真贯彻落实

企业应制定各项规章制度和操作规程，使得企业的安全生产工作有章可循。安全生产规章制度是以安全生产责任制为核心的各种安全生产管理制度。安全生产管理制度包括：职工安全生产守则、安全生产宣传教育与培训制度、安全生产奖惩制度、安全生产检查制度、安全生产会议制度、安全事故应急救援制度、防火管理制度、职工劳动保护制度、安全用电制度、设备管理制度、安全档案管理制度、职工持证上岗制度等。对于各种机械设备的操作，还应制定具体的操作规程。各项规章制度和操作规程制定之后，首先应组织各级管理人员和全体职工进行学习，并达到熟练掌握的程度，不能违章操作。对违反规程者应严肃处理，以维护制度的严肃性。只有达到上述要求，企业的安全生产工作才能取得成效。

4. 企业必须保证在安全生产方面的投入

企业在新建、改建、扩建工程和技术改造工程项目中，安全设施与主体工程必须按照“三同时”的原则进行，即同时设计、同时施工、同时投产使用。在日常的安全管理中同样需要保证在安全方面的继续投入，绝不能在安全方面出现“欠账”。如果在安全方面的投入不足，就会不断产生和增加新的隐患，形成“旧债”未还又欠“新账”的恶性循环，给职工的生命安全带来严重威胁，也会给企业带来各类负面影响。

5. 企业必须加强安全教育培训工作，提高职工素质和管理人员的管理水平

企业职工不论是业务素质还是安全素质都需要不断提高，只有素质提高了，才能出色地完成企业的各项工作，企业才能有可能取得好的效益。安全教育与培训的目的，是增强职工责任感，提高职工的安全意识和预防事故、处理事故的能力。实施安全教育是确保安全生产的重要有效措施。通过教育，使职工做到应知应会、自觉遵守，变“要我安全”为“我要安全”。安全教育与培训的对象不仅是企业的普通职工，也包括企业的主要负责人及各级管理人员。对企业主要负责人及各级管理人员培训的目的是使其对本企业的安全生产工作予以高度重视，同时也使其了解和掌握国家有关的法律、法规及安全生产方针政策，做到对企业进行科学管理、安全生产及守法经营。安全教育的方法主要包括：①营造安全生产氛围。如利用墙报、广播、宣传标语等宣传安全生产知识、要求以及安全生产好人好事、先进经验等内容。②领导或专业人员讲授。根据不同的时期、不同的教育对象，采用不同的教育形式，如“三级教育”、班组教育、特种作业人员的技术培训教育、班前班后教育、复训教育、变换工种的教育、个别员工的专门教育等。③组织安全生产活动。主要是将安全生产的知识、操作要领寓于文娱、体育等群众易于接受、乐于参加的活动中，让职工直接参与，并在活动中增强安全意识和操作的直观感，引导职工关心安全生产工作并参与其中。

6. 企业必须加强安全生产检查，消除事故隐患

安全生产检查不仅是国家有关法规的规定，也是搞好安全生产的客观要求，是一种行之有效的管理方法。

7. 企业必须认真抓好安全生产事故的处理工作

企业对发生的每一起安全事故的处理，都应坚持“四不放过”原则，即事故原因不清不放过、事故责任人未受到处理不放过、职工未受教育不放过、整改措施未落实不放过。企业必须从事故中分析原因、吸取教训，避免同类事故的再次发生。

以上所述，是企业安全生产管理工作的主要内容，也是企业正常生产经营，取得好的效益的前提条件，必须认真做好。同时，企业还应做好安全生产的其他方面工作，如安全档案的收集与整理，与政府安全生产监督管理和相关部门的工作协调等。

二、行业管理

行业管理指各级行业主管部门对用人单位的安全工作应加强指导，充分发挥行业主管部门对本行业安全工作进行管理的作用。行业主管部门的主要安全职责是：

（1）组织贯彻执行安全法律、法规、规章以及国家、行业、地方安全规程和标准。

（2）编制行业安全长期规划和发展计划。

（3）指导用人单位制定和落实安全保护措施计划，督促用人单位落实对重点安全

技术改造项目和重大事故隐患治理项目的资金投入。

（4）组织行业安全的宣传教育和安全技术培训、考核工作。

（5）组织行业安全管理体系工作的检查和考核，总结、推广安全工作先进经验和管理方法。

三、国家监察

国家监察是各级政府部门对用人单位遵守安全法律、法规的情况实施监督检查，并对用人单位违反安全管理体系法律、法规的行为实施行政处罚。国家监察是一种执法监察，主要是监察国家法规、政策的执行情况，预防和纠正违反法规、政策的偏差，它不干预企事业单位内部执行法规、政策的方法、措施和步骤等具体事务。它不能替代行业管理部门日常管理和安全检查。政府部门的国家安全监察职责主要有：

（1）监督、检查用人单位执行安全法律、法规、规章以及国家、行业、地方安全规程和标准的情况。

（2）督促用人单位编制、落实安全技术措施计划；审查用人单位新建、改建、扩建和技术改造项目中有关安全管理体系的工程技术措施。

（3）监督用人单位的劳动者安全教育和安全技术培训工作；负责用人单位生产经营主要负责人、安全专职管理人员和特种作业人员的考核、发证工作。

（4）负责对特种设备的产品安全认可。

（5）对用人单位的安全工程技术措施及其组织管理实施监察。

（6）组织重大事故隐患评估分级和伤亡事故的调查处理，参加职业病的调查，按照规定通报伤亡事故和职业病情况。

（7）对违反安全法律、法规和规章的用人单位、法定代表人或者生产经营主要负责人按照规定建议给予行政处理和实施行政处罚。

四、群众监督

群众监督是指：工会依法对用人单位的安全工作实行监督；新闻、出版、广播、电影、电视等单位有进行安全生产公益宣传教育的义务，有对安全违法行为进行舆论监督的权利；劳动者对违反安全法律、法规和危害生命及身体健康的行为，有权提出批评、检举和控告。

工会组织的群众监督安全职责主要有：①对用人单位违反职业健康安全法律、法规的行为和重大事故隐患，有权提出纠正意见和改进的建议。②有权参加因工伤亡事故和其他严重危害劳动者健康问题的调查。③有权向有关部门提出追究有关主管人员和直接责任人员法律责任的建议。

五、劳动者遵章守纪

安全生产目标的实现，从根本上来说，取决于全体员工素质的提高，取决于劳动者能否自觉履行好自己的安全法律责任。按照《中华人民共和国劳动法》（以下简称《劳动法》）的规定，就是“劳动者在劳动过程中，必须严格遵守安全操作规程”。要“珍惜生命，爱护自己，勿忘安全”，广泛深入地开展“三不伤害”活动，自觉做到遵章守纪、遵纪守法，确保安全。

第三节　安全法律法规

一、法律法规基础

1. 法的定义

根据马克思主义法学的一般原理，可将法定义为：法是由一定社会物质条件决定的掌握政权的阶级意志的体现，它由国家制定和认可，并由国家强制力保证实施的行为规范的总和。多数情况下，法也称为法律。

法律有广义和狭义之分：广义的法律是指法的整体，包括法律、有法律效力的解释及其他规范性文件；狭义的法律是指国家立法机关依照立法程序制定并颁布实施的规范性文件。

2. 法的特征

法的特征是法区别于其他事物和现象的标志所在，是其本质的外在表现。法的特征主要有四个方面：

（1）法是调整人们行为关系的规范

法律规范规定人们可以怎样做、应该怎样做，或禁止怎样做，它是评价人们行为是否合法的标准，是指引人们的行为、预测未来行为及其后果的尺度，同时也是制裁违法行为的依据。

（2）法是由国家制定或认可

国家创制法律规范的形式是制定、认可或解释。制定就是创制新的规范，认可是承认已有的规范有法律效力，解释是法律制定和认可以后的再创造。这一特征体现了法的国家意志性和普遍性。

（3）规定了人们的权利和义务

法律是通过规定社会关系参加者的权利和义务来确认、保护和发展一定的社会关

系。任何法律规范都是直接或者间接的关于人们权利和义务的规范。规定人们法律上的权利和义务是法律规范的主要使命和内容。

（4）由国家强制力保证实施

社会规范都要通过一定的力量来保证实施，但法律是由国家强制力保证实施的，这是区别法律规范与其他社会规范、技术规范的重要特征。法离开了国家强制力的保证，就成了一纸空文。法律的实施虽然是强制进行的，但它是由专门的机关依照法定程序执行的，程序性也是法的一个特点。

3. 法的作用

从法是一种社会规范看，法具有规范作用。从法的本质和目的看，法具有社会作用。法通过规范作用实现社会作用。

（1）法的规范作用可分为指引、评价、教育、预测和强制五种作用

指引作用是指法通过规定人们在法律上的权利和义务以及违反法律规定应承担的责任来调整人们的行为。作为一种社会规范，法律具有判断、衡量他人行为是否合法或有效的评价作用。这里讲的评价作用的对象是指他人的行为。在评价他人行为时，总要有一定的、客观的评价准则。法是一个重要的、普遍的评价准则，即根据法来判断某种行为是否被允许。此外，作为一种评价准则，与政策、道德规范等相比，法律还具有比较明确、具体的特征。作为一种社会规范，法律还具有某种教育作用，这种作用的对象是一般人的行为。有人因违法而受到制裁，固然对一般人以至受制裁人本人有教育作用，反过来，人们的合法行为以及其法律后果也同样对一般人的行为具有示范作用。法律的预测作用是指法作为社会规范，可以使人们预先估计到他们相互之间将如何行为。预测作用的对象是人们相互的行为，包括国家机关的行为。法的强制作用在于制裁、惩罚违法犯罪行为，这种规范作用的对象是违法者的行为。法的强制作用不仅在于制裁违法犯罪行为，而且还在于预防违法犯罪行为，增进社会成员的安全感。

（2）法的社会作用是指维护特定人群的社会关系和社会秩序

在阶级对立的社会中，法的社会作用大体上可归纳为以下两大方面：维护阶级统治和执行社会公共事务。在阶级对立的社会中，法的目的是维护对统治阶级有利的社会关系和社会秩序。维护统治阶级的阶级统治是法的社会作用的核心。法在调整统治阶级内部和统治阶级及其同盟者之间的关系方面也具有重要作用。

4. 法的分类

法的分类是指从一定的角度或者按照一定的标准，对一个国家的法进行划分。

（1）国内法和国际法

根据法的制定和实施的主体划分为国内法和国际法。国内法是指一个主权国家制定的实施于本国的法律；国际法是指国际法律关系主体参与制定或公认的适用于各个

主体之间的法律。国际法律关系的主体主要是国家。这里应注意，把国际法同一个国家的作为国内法构成部分的涉外法要区分开来。

（2）根本法和普通法

根据法的内容、法律效力和制定程序划分为根本法和普通法。一般来说，根本法即宪法。普通法，指宪法以外，法律地位和效力低于宪法的所有其他法律，其内容一般是调整某一或某些社会关系，效力低于根本法，制定和修改必须符合根本法，制定和修改程序较根本法简单。

（3）一般法和特别法

根据法的调整范围划分为一般法和特别法。一般法是指对一般人和事在不特别限定地区和时间内有效的法律。特别法是对于特定的人和事，或在特定的地区，或在特定的时间内有效的法律。

（4）实体法和程序法

根据法所规定的内容不同划分为实体法和程序法。实体法是指所规定的主要是法律关系主体的实体权利和义务（或者职责、职权）的法律，如民法、刑法。程序法是指所规定的主要是保证法律关系主体的权利和义务得以实施的程序或方式的法律，如民事诉讼法。这种划分是相对的，不是绝对的。

5. 法的适用原则

在立法过程中，虽然严格遵照了立法权限和立法程序，但仍然会出现法律冲突问题。法律冲突在任何一个国家都是不可避免的。不同位阶的法律规范之间，同位阶法律规范之间，都有可能发生冲突。在发生法律冲突时，应按以下原则来确定其适用性。

（1）法律优先或称法律优位原则，是指在多层次、多位阶立法体制下，法律处于最高位阶，其他法律规范都必须与之保持一致。这是保证法律规范统一的最重要的原则。从广义上说，既然所有的法律规范都必须与法律保持一致，那么，这也就必然要求下一位阶的法律规范与上一位阶的法律规范保持一致。也就是说，不同位阶的法律效力的等级是不同的：宪法具有最高的法律效力；法律的效力高于行政法规、地方性法规、规章；行政法规的效力高于地方性法规、规章；地方性法规的效力高于本级和下级地方政府规章；省、自治区的人民政府制定的规章的效力高于本行政区域内的较大的市的人民政府制定的规章；部门规章之间、部门规章与地方政府规章之间具有同等效力，在各自的权限范围内施行。

（2）特别法优于普通法的原则，是指对同一事项两部法律分别有一般和特别规定时，特别规定的效力高于一般规定的效力。

（3）新法优于旧法的原则，是指新法、旧法对同一事项有不同规定时，新法的效力优于旧法。如滞纳金的规定，《外国企业和外商投资企业所得税法》规定滞纳金比例为2‰，《中华人民共和国税收征收管理法》（以下简称《税收征管法》）修订后规定滞

纳金比例为0.5‰，新《税收征管法》出台后，滞纳金一律按0.5‰征收。

（4）法律不溯及既往原则，是指一部新法实施后，对新法实施之前人们的行为不得适用新法，而只能沿用旧法。如新《税收征管法》增加了对纳税人不进行纳税申报，不缴或者少缴应纳税款行为的处罚，但也只能从2001年5月1日起实施，不能适用于新《税收征管法》颁布实施以前。有时为了更好地保护公民、法人和其他组织的权利和利益，法律也会作出特别规定，如刑法有从旧兼从轻的原则。

（5）实体从旧、程序从新原则，其基本含义为：一是实体法（如各税种的单行条例）不具备溯及力；二是程序性法律（如《税收征管法》）在特定条件下具备一定的溯及力。

二、我国的安全生产法律法规体系

1. 宪法

《宪法》由全国人民代表大会制定，是国家的根本大法，是其他一切法律的立法依据。《宪法》在安全生产和劳动保护方面提出“加强劳动保护，改善劳动条件”，是安全生产领域最高层面的规定。

2. 相关法律

由全国人大或全国人大常委会制定，国家主席签署主席令予以公布。安全生产相关法律包括：①安全生产基本法律：如《安全生产法》；②单行安全生产法律：如《矿山安全法》《海上交通安全法》《消防法》等；③相关安全生产法律：如《劳动法》《工会法》《矿产资源法》《煤炭法》《电力法》《铁路法》《公路法》《民航法》《建筑法》等。

3. 行政法规

行政法规是国务院根据宪法和法律制定的安全生产方面的规范性文件，由国务院总理令公布，如《煤矿安全监察条例》《生产安全事故报告和调查处理条例》《煤炭生产许可证管理办法》《安全生产许可证条例》等。

4. 地方性法规

由省、自治区、直辖市的人民代表大会及其常委会，根据本行政区内具体情况和实际需要，依照法律规定的权限和程序制定的规范性文件，地方性法规只限于本地区使用。地方性法规不能与宪法、法律和行政法规相抵触。

5. 部门规章

由国务院所属各部、委员会、中国人民银行、审计署和具有行政管理职能的直属机构，依据法律和行政法规、决定、命令制定的规范性文件。

6. 地方政府规章

省、自治区、直辖市和设区的市、自治州的人民政府，根据法律、行政法规和本

省、自治区、直辖市的地方性法规，制定规章。

7. 标准

标准是对重复性事物和概念所做的统一规定。它以科学、技术和实践经验的综合成果为基础，经有关方面协商一致，由主管机构批准，以特定形式发布，作为共同遵守的准则和依据。

8. 国际公约、国际条约

我国与外国签订的国际条约以及我国宣布承认或参加的一些已经存在的安全生产相关的国际公约，如我国已加入《建筑业安全卫生公约》。

三、标准体系

由于公开发布的各类标准是指导企业现场工作的具体规范性文件，对提高企业安全管理水平、技术水平、质量水平和工作效率具有特殊的指导意义和现实意义，本部分对我国的标准体系进行简要介绍。

1. 标准的分类

（1）按照适用范围划分

根据《中华人民共和国标准化法》的规定，我国标准分为国家标准、行业标准、地方标准和企业标准。

1）国家标准：是指对我国经济技术发展有重大意义，必须在全国范围内统一的标准。对需要在全国范围内统一的技术要求，应当制定国家标准。我国国家标准由国务院标准化行政主管部门编制计划和组织草拟，并统一审批、编号和发布。国家标准在全国范围内适用，其他各级标准不得与国家标准相抵触。国家标准一经发布，与其重复的行业标准、地方标准相应废止，国家标准是四级标准体系中的主体。

2）行业标准：由国务院有关行政主管部门制定并报国务院标准化行政主管部门备案，在全国某个行业范围内统一实施的标准，称为行业标准。行业标准是对国家标准的补充，行业标准在相应的国家标准实施后，应自行废止。

3）地方标准：对没有国家标准和行业标准而又需要在省、自治区、直辖市范围内统一的工业产品的安全和卫生要求，可以制定地方标准。地方标准由省、自治区、直辖市人民政府标准化行政主管部门编制计划，组织草拟，统一审批、编号、发布，并报国务院标准化行政主管部门和国务院有关行政主管部门备案。地方标准在本行政区域内适用。在相应的国家标准或行业标准实施后，地方标准应自行废止。

4）企业标准：企业标准是指企业所制定的产品标准和对于在企业内需要统一的技术要求及管理要求所制定的标准。企业生产的产品没有国家标准、行业标准和地方标准的，应当制定企业标准，作为组织生产的依据。对已有国家标准、行业标准和地方

标准的，国家鼓励企业制定严于国家标准、行业标准或地方标准的企业标准，在企业内部适用。企业标准由企业组织制定，并按省、自治区、直辖市人民政府的规定备案。企业标准体系包括技术标准、管理标准和工作标准。

（2）按照法律约束性划分

1）强制性标准。强制性标准是指具有法律属性，在一定范围内通过法律、行政法规等强制手段加以实施的标准。强制性标准主要是保障人体健康，人身、财产安全的标准和法律、行政法规规定强制执行的标准，包括强制性的国家标准、行业标准和地方标准。违反强制性标准就是违法，就要受到法律的制裁。不符合强制性标准的产品，禁止生产、销售和进口。

2）推荐性标准。推荐性标准是指在生产、交换、使用等方面，通过经济手段调节而自愿采用的一类标准，又称为自愿性标准。这类标准任何单位都有权决定是否采用，违反这类标准，不承担经济或法律方面的责任。但是，一经接受采用，或各方面商定同意纳入商品、经济合同之中，就成为各方共同遵守的技术依据，具有法律上的约束力，各方必须严格遵照执行。

3）标准化指导性技术文件。标准化指导性技术文件，是为仍处于技术发展过程中（如变化快的技术领域）的标准化工作提供指南或信息，供科研、设计、生产、使用和管理等有关人员参考使用而制定的标准文件。符合下列两种情况之一的项目，可制定指导性文件：①技术尚在发展中，需要有相应的标准文件引导其发展或具有标准化价值，尚不能制定为标准的项目；②采用国际标准化组织、国际电工委员会及其他国际组织（包括区域性国际组织）的技术报告的项目。指导性技术文件由国务院标准化行政主管部门编制计划和组织草拟，并统一审批、编号和发布。

（3）按照标准的性质划分

1）技术标准：对标准化领域中需要协调统一的技术事项而制定的标准。主要是事物的技术性内容。

2）管理标准：对标准化领域中需要协调统一的管理事项而制定的标准。主要是规定人们在生产活动和社会生活中的组织结构、职责权限、过程方法、程序文件以及资产分配等事宜。它是合理组织国民经济，正确处理各种生产关系，实现合理分配，提高生产效率和效益的依据。

3）工作标准：对标准化领域中需要协调统一的工作事项而制定的标准。工作标准是针对具体岗位而规定人员和组织在生产经营管理活动中的职责、权限，对各种过程的定量定性要求以及活动程序和考核评价要求等。

每个企业应建立以技术标准为主，包括管理标准和工作标准在内的完善的、科学的企业标准体系。

（4）按照标准化的对象和作用划分

1）基础标准：在一定范围内作为其他标准的基础并普遍使用，具有广泛指导意义的标准，如名词、术语、符号、代号、标识、方法、模数、公差与配合、优先数系、基本参数系列、产品系列型谱、产品环境条件、可靠性要求等。

2）产品标准：为保证产品的适用性，对产品必须达到的某些或全部要求所制定的标准。其范围包括：品种、规格、技术性能、试验方法、检验规则、包装、储藏、运输等要求。

3）方法标准：以试验、检查、分析、抽样、统计、计算、测定、作业等各种方法为对象而制定的标准。

4）安全标准：以保护人的安全为目的而制定的标准。

5）卫生标准：为保护人的健康，对食品、医药及其他方面的卫生要求而制定的标准。

6）环境保护标准：为保护环境和有利于生态平衡，对大气、水体、土壤、噪声、电磁波等环境质量、污染管理、监测方法及其他事项而制定的标准。

2. 标准的代码和编号

（1）国家标准的代号和编号

国家标准的代号由大写汉字拼音字母构成，强制性国家标准的代号为“GB”，推荐性国家标准的代号为“GB/T”。国家标准的编号由国家标准代号、标准发布顺序号和标准发布年代号（四位数）组成，示例如图1—2所示。

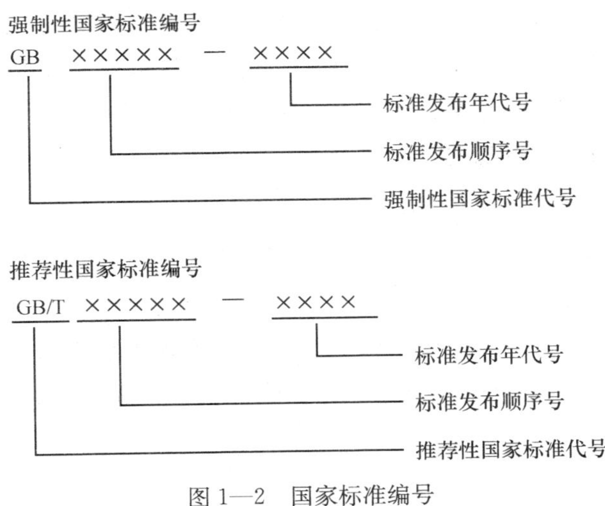

图1—2　国家标准编号

（2）行业标准的代号和编号

行业标准的代号由汉字拼音大写字母组成。行业标准代号由国务院各有关行政主管部门提出其所管行业的标准代号申请报告，国务院标准化行政主管部门审查确定并正式公布该行业的标准代码。如安全标准为AQ、煤炭标准为MT、汽车标准为QC、交通标准为 JT、环境保护标准为 HJ 等。行业标准的编号由行业标准代号、标准发布顺序号和标准发布年代号（四位数）组成，示例如图 1—3 所示。

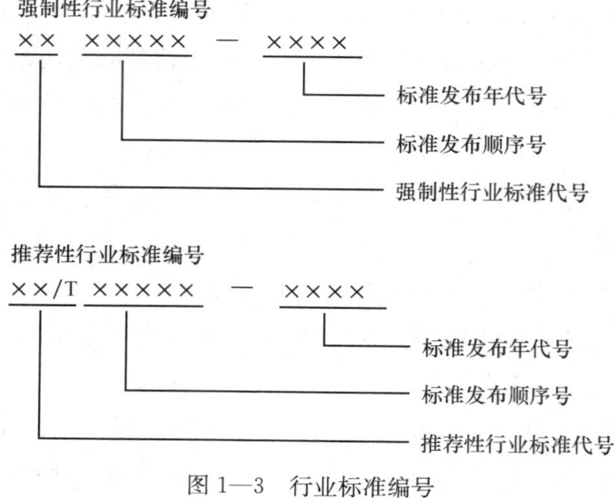

图 1—3　行业标准编号

（3）地方标准的代号和编号

地方标准的代号由大写汉字拼音字母“DB”加上省、自治区、直辖市行政区划代码的前两位数字构成，强制性地方标准的代号为“DB××”，推荐性地方标准的代号为“DB××/T”。省、自治区、直辖市行政区划代码由六位数字组成，可查表获得，如北京市代码为 110000，天津市为 120000，河北省为 130000，山西省为 140000，山东省为 370000，安徽省为 340000 等。地方标准的编号由地方标准代号、标准发布顺序号和标准发布年代号（四位数）组成，示例如图 1—4 所示。

（4）企业标准的代号和编号

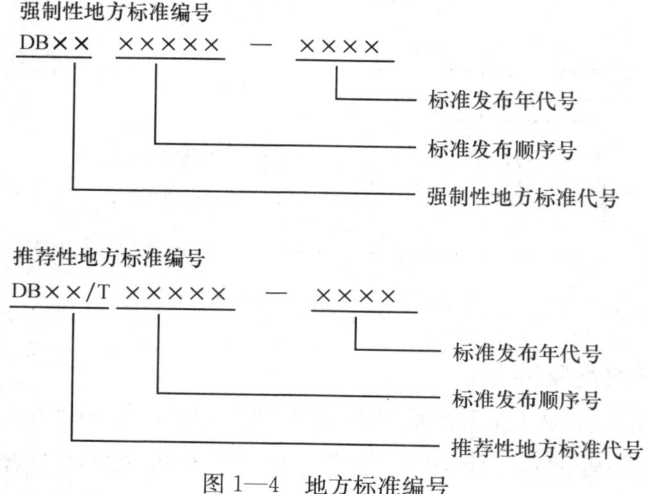

图 1—4　地方标准编号

企业标准的代号由大写汉字拼音字母“Q”加斜线再加企业代号构成，中央所属企业的代码由国务院有关行政主管部门确定，地方企业的代码由省、自治区、直辖市政府标准化行政主管部门来确定。企业标准一经制定颁布，即对整个企业具有约束性，是企业法规性文件，没有强制性企业标准和推荐性企业标准之分。企业标准的编号由企业标准代号、标准发布顺序号和标准发布年代号（四位数）组成，示例如图 1—5 所示。

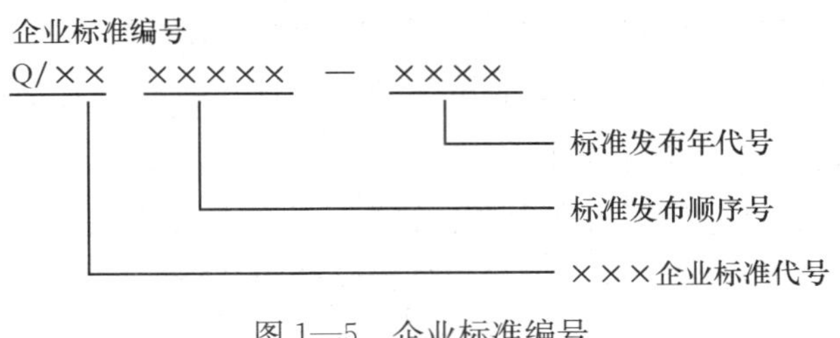

图 1—5　企业标准编号

四、《中华人民共和国安全生产法》简述

1. 颁布实施

《中华人民共和国安全生产法》（以下简称《安全生产法》）是为了加强安全生产监督管理，防止和减少生产安全事故，保障人民群众生命和财产安全，促进经济发展而制定的法律。2002 年 6 月 29 日由第九届全国人民代表大会常务委员会第二十八次会议通过，2002 年 11 月 1 日起施行。

2. 最新修订版本

《全国人民代表大会常务委员会关于修改〈中华人民共和国安全生产法〉的决定》已由中华人民共和国第十二届全国人民代表大会常务委员会第十次会议于 2014 年 8 月 31 日通过，自 2014 年 12 月 1 日起施行。新的《安全生产法》吸收了国际上的一些很成熟的安全生产的监管经验，按照国家治国理政的新要求做出了修改，由 97 条变为 114 条，增加了 17 条，修改了 70 多个条款。

3. 修订主要内容解读

（1）明确了立法目的和调整范围

1）明确立法目的：明确规定为了加强安全生产工作，预防和减少生产安全事故，保障人民群众生命健康和财产安全，促进经济社会和谐发展，根据宪法，制定该法。

2）调整范围：删除了有关法律、行政法规对消防安全和道路交通安全、铁路交通安全、水上交通安全、民用航空安全另有规定的，适用其规定的内容；规定学校、幼儿园、医院、公园等公益性单位的安全生产，参照该法的规定执行。

（2）完善安全工作方针和机制

1）关于安全生产工作方针：将原法规定的“安全生产管理，坚持安全第一、预防为主的方针”，修改为：“安全生产应当以人为本，坚持安全第一、预防为主、综合治理的方针，建立政府领导、部门监管、单位负责、群众参与、社会监督的工作机制”。

2）政府编制安全生产规划：规定国务院和县级以上地方各级人民政府应当制定安全生产规划，将其纳入国民经济和社会发展规划，并组织实施。

（3）完善建设项目“三同时”制度

1）扩大了建设项目进行安全条件论证和安全评价的范围：规定冶金、使用危险物品从事生产并且使用量达到规定数量的单位的建设项目，以及其他风险较大的重点建设项目必须进行安全条件论证和预评价。

2）增加了矿山重点建设项目和生产、储存危险物品建设项目的安全准入规定：新增规定矿山重点建设项目和生产、储存危险物品的建设项目，其安全条件论证和安全预评价报告未经安全生产监督管理部门或者有关部门审核同意，有关部门不得批准该建设项目，与《危险化学品安全管理条例》相衔接。

3）规范了建设项目安全设施设计审查的程序：规定高危建设项目的安全设施设计应当报安全生产监督管理部门或者有关部门审查同意后方可开始施工。审查部门及其负责审查的人员对审查结果负责。负责审查的安全生产监督管理部门或者有关部门应当自收到安全设施设计后45日内作出审查意见书，并书面通知建设单位。审查不得收取任何费用。安全风险较大的建设项目的安全设施设计应当报安全生产监督管理部门或者有关部门备案，安全生产监督管理部门或者有关部门应当进行抽查。

4）明确了施工单位的职责：规定高危建设项目的施工单位必须按照批准的安全设施设计施工，对安全设施的工程质量负责，并保留完整记录。安全风险较大的重点建设项目的安全设施设计经依法抽查不合格的，施工单位应当停止施工。

5）新增了监理单位的责任：规定工程监理单位对高危建设项目应当审查施工组织设计中的安全技术措施或者专项施工方案是否符合相关标准，并对建设工程安全生产承担监理责任。

6）新增了高危建设项目安全设施预防效果的评价：规定高危建设项目竣工投入生产或者使用前，建设单位应当委托具有国家规定资质条件的技术服务机构对其安全设施的预防效果进行评价，与《职业病防治法》相一致。

7）明确了建设项目竣工验收的程序：规定高危建设项目经安全生产监督管理部门或者有关部门对安全设施进行验收；验收合格后，方可投入生产和使用。安全风险较大的重点建设项目竣工验收后，其安全设施验收报告应当按照国家有关规定报安全生产监督管理部门或者有关部门备案，安全生产监督管理部门和有关部门应当进行抽查。经依法抽查不合格的，不得投入生产和使用。

（4）补充了安全文化建设的内容

1）提高全社会的安全生产意识：国家将安全教育纳入国民教育内容，大中专院校和中小学应当开设安全知识课程，提高学生安全、紧急避险、救护知识和防灾能力。各级人民政府及其有关部门应当采取多种形式，加强对有关安全生产的法律、法规和知识的宣传教育，推进安全文化建设，提高全社会的安全生产意识。

2）加强生产经营单位安全文化建设：生产经营单位应当加强安全文化建设，建立完善安全生产绩效考核奖惩制度，促进从业人员遵章守纪。生产经营单位应当组织从业人员每月至少开展一次安全生产知识方面的宣传教育活动，培养从业人员安全生产意识、习惯和技能。安全生产活动情况应当记录备查。生产经营单位的车间（区队）应当每周至少召开一次安全会，分析安全生产情况；班组应当每日召开一次班前会，并对所辖作业区域至少进行一次安全巡查，查明作业场所和工作岗位可能存在的重大危险和事故隐患，提出防范和整改措施。车间（区队）安全会、班组安全巡查情况应当记录备查。

3）推进安全生产诚信体系建设：①国家推进安全生产诚信体系建设。安全生产监督管理部门和有关部门应当建立安全生产违法行为信息系统，记录生产经营单位的安全生产违法行为信息；对违法行为情节严重的生产经营单位，向社会公示，接受社会监督。县级以上各级人民政府安全生产监督管理部门和有关部门组织对生产经营单位安全生产标准化建设分级考核，考核结果向社会公开，并通报银行业、证券业、保险业等主管部门，作为生产经营单位信用评级的重要参考依据。②发生重大、特别重大生产安全责任事故或者一年内发生两次以上较大生产安全责任事故并负主要责任，以及存在重大隐患整改不力的生产经营单位，由有关部门依照有关规定限制其新增项目核准、用地审批、证券融资和银行贷款。

（5）补充了生产安全事故应急救援的规定

1）建立全国统一的生产安全事故应急救援信息系统：国务院安全生产监督管理部门应当建立全国统一的生产安全事故应急救援信息系统，国务院有关部门应当建立健全相关专业的生产安全事故应急救援信息系统。县级以上地方各级人民政府应当建立或者确定本行政区域统一的生产安全事故应急救援信息系统。生产安全事故应急救援信息系统应当与各级人民政府建立的突发事件信息系统实现互联互通、信息共享。

2）国家加强应急能力建设：国家建立矿山、危险物品、公路交通、铁路运输、水上搜救、油气田事故应急救援基地和应急救援队伍。县级以上地方各级人民政府应当根据本地区安全生产的特点，建立或者确定相应的专业应急救援队伍，并配备必要的设备、设施和器材。

3）政府应当储备必要的应急救援物资：县级以上地方各级人民政府应当安排一定数量的生产安全事故应急救援资金，储备必要的生产安全事故应急救援物资，用于重大、特别重大生产安全事故的应急救援工作。

4）生产经营单位制定应急预案并演练：生产经营单位应当按照有关规定制定生产安全事故应急预案，报安全生产监督管理部门和有关部门备案，并定期进行演练。生产安全事故应急预案应当根据安全生产实际情况适时修订。

5）应急救援费用的承担：因事故救援发生的费用，由事故发生单位承担；事故发生单位无力承担的，由所在地人民政府解决。

（6）强化了生产经营单位安全生产主体责任

1）增设了生产经营单位主要负责人安全职责的内容：生产经营单位主要负责人负有确定符合条件的分管安全生产的负责人、技术负责人，组织开展本单位的安全生产教育培训和应急演练工作，组织开展安全生产标准化建设，实施本单位的职业危害预防工作，保障从业人员的职业健康等职责，并且应当每年向职工代表大会、职工大会、股东大会报告，接受监督。

2）新增高危企业安全生产管理人员资格准入制度：矿山、冶金、轨道交通运营、道路交通运营、建筑施工单位，危险物品的生产、经营、储存单位和使用危险物品从事生产并且使用量达到规定数量的单位的专职安全生产管理人员应当具有注册安全工程师资格和三年以上相应工作经历。

3）规定建立职工安全教育和培训档案：在原法规定生产经营单位应当对从业人员进行安全生产教育和培训的基础上，为督促生产经营单位切实做好安全生产教育和培训工作，规定生产经营单位应当建立安全生产教育和培训档案，如实记录安全生产教育和培训的时间、内容、参加人员以及考核结果等情况。

4）明确了劳务派遣用工的安全管理责任：目前劳务派遣形式用工比较普遍，用工单位、派遣单位相互回避责任的情况十分严重，从业人员安全培训不到位的现象较多。修订稿对劳务派遣用工的安全责任作出了规定，明确使用劳务派遣人员的生产经营单位将现场劳务派遣人员纳入本单位从业人员统一管理，履行安全生产保障责任。

5）新增生产经营单位负责人轮流现场带班的规定：矿山等高危企业应当按照国家有关规定轮流现场带班，带班负责人应当掌握现场安全生产情况，及时发现和处置事故隐患。井工矿山负责人现场带班，应当与从业人员同时下井、同时升井。

6）新增安全生产标准化建设的规定：国家推行安全生产标准化建设，生产经营单位应当开展以岗位达标、专业达标和企业达标为内容的安全生产标准化建设，加强安全生产基础工作。安全生产标准化等级与工伤保险费率挂钩。县级以上各级人民政府安全生产监督管理部门和有关部门组织对生产经营单位安全生产标准化建设分级考核，考核结果向社会公开，并通报银行业、证券业、保险业等主管部门，作为生产经营单位信用评级的重要参考依据。

7）新增安全生产状态定期报告制度：生产经营单位应当建立安全生产状态报告制度，并按照国家有关规定定期向安全生产监督管理部门和有关部门提交本单位的安全生产状态报告。生产经营单位的主要负责人应当保证安全生产状态报告的内容客观真实、采取的措施符合相关要求。

8）新增重大事故隐患治理的督办和代治理制度：县级以上地方各级人民政府安全生产监督管理部门或者有关部门应当建立重大事故隐患治理督办制度，督促生产经营单位消除重大事故隐患；对生产经营单位逾期不履行重大事故隐患治理责任的，应当向本级人民政府报告，可以提请人民法院依法冻结生产经营单位重大事故隐患治理所需资金，委托具有相应资质的单位代为治理。

（7）完善了安全生产投入的规定

规定生产经营单位应当按照国家有关规定提取和使用安全生产费用：安全生产费用提取、使用办法由国务院财政部门会同国务院安全生产监督管理部门制定，安全生产费用的税前扣除按照税法有关规定执行。规定生产经营单位应当保障用于事故隐患排查治理、职业病危害预防、劳动防护用品配备、安全生产教育培训和应急演练等费用，并按照国家有关规定，在生产成本中据实列支，与《职业病防治法》的表述相一致。

（8）强化安全监管行政执法措施

1）增大查封、扣押违法范围：对不符合安全生产法律、法规、国家标准或者行业标准的设施、设备、器材和非法、违法生产、经营、储存、使用的危险物品以及作业场所予以查封或者扣押，并应当在 35 日内依法作出处理决定。

2）建立生产安全事故查处挂牌督办制度：国家建立生产安全事故查处挂牌督办制度。发生重大、较大生产安全事故，除按照有关规定进行调查处理外，国务院、省级人民政府的安全生产委员会分别对其查处情况实行挂牌督办，并在政府网站予以公示，接受社会监督。

3）停止向违法企业供应动力等资源：负有安全生产监督管理职责的部门对生产经营单位依法作出停产停业整顿、停产停业、停止建设、停止施工、停止使用等行政处罚决定或者行政强制措施后，生产经营单位应当立即执行，并在 3 日之内报告整改措施和执行情况。对于生产经营单位拒不执行行政处罚决定或者行政强制措施的，为防止发生生产安全事故，负有安全生产监督管理职责的部门有权通知有关单位采取停止生产经营单位供电和民用爆炸物品供应等措施，有关单位应当予以配合。

（9）加大了对安全生产违法行为的处罚力度

1）加大了安全生产违法行为的处罚范围：①矿山重点建设项目安全条件论证和安全预评价的情况报告未经安全生产监督管理部门或者有关部门审核同意，有关部门批准该建设项目的，对有关部门的工作人员依照规定追究法律责任。②劳务派遣单位未对劳务派遣人员进行必要的安全生产教育和培训，或者使用劳务派遣人员的生产经营单位未对劳务派遣人员进行岗位安全操作规程和安全操作技能的教育和培训的，责令

限期改正，可以并处5万元以下的罚款。③高危建设项目以及其他安全风险较大的重点建设项目，未按照国家有关规定进行安全条件论证和安全评价的，责令限期改正，可以并处5万元以下的罚款。④安全风险较大的重点建设项目安全设施设计未按照规定备案，或者安全设施设计经抽查不合格继续施工的，责令限期改正，处5万元以上20万元以下的罚款；逾期未改正的，责令停止建设或者停产停业整顿；造成严重后果，构成犯罪的，依照刑法有关规定追究刑事责任。⑤安全风险较大的重点建设项目竣工后，其安全设施未按照规定备案，或者安全设施经抽查不合格投入生产或者使用的，责令限期改正，处5万元以上20万元以下的罚款；逾期未改正的，责令停止建设或者停产停业整顿；造成严重后果，构成犯罪的，依照刑法有关规定追究刑事责任。⑥矿山、冶金、建筑施工单位，危险物品的生产、储存单位和使用危险物品从事生产并且使用量达到规定数量的单位的负责人未轮流现场带班的，责令限期改正，处5万元以下的罚款；逾期未改正的，责令停产停业整顿。井工矿山负责人现场带班，未与从业人员同时下井、同时升井的，给予负责人撤职或者开除处分，对生产经营单位依照规定处罚。⑦高危建设项目以及其他安全风险较大的重点建设项目，未按照国家有关规定进行安全条件论证和安全评价的，责令限期改正，可以并处5万元以下的罚款。⑧生产经营单位未建立事故隐患排查治理制度，或者未按照规定提交重大事故隐患的治理效果评估报告的；未建立安全生产动态监控体系，或者未定期进行安全生产风险分析的；未按照规定提交安全生产状态报告、评价报告以及整改方案的落实情况的；未按照规定制定生产安全事故应急救援预案、备案或者演练的，责令限期改正，可以处2万元以上5万元以下的罚款；逾期未改正的，责令停产停业整顿。⑨生产经营单位进行临近高压输电线路作业，危险场所动火作业，在有限空间内作业以及爆破、吊装、悬吊、挖掘、建筑物和构筑物拆除等危险作业，未执行有关危险作业管理制度，或者未安排专门人员进行现场安全管理的，责令限期改正，处5万元以上20万元以下的罚款；逾期未改正的，责令停产停业整顿，可以并处2万元以上10万元以下的罚款；造成严重后果，构成犯罪的，依照刑法有关规定追究刑事责任。⑩生产经营单位拒绝、阻挠负有安全生产监督管理职责的部门及其监督检查人员依法实施的监督检查的，责令改正，可以处2万元以下的罚款；情节严重的，责令停产停业整顿，处5万元以上10万元以下的罚款；构成犯罪的，依照刑法关于妨害公务罪或者其他罪的规定追究刑事责任。

2）加大了对技术服务机构安全生产违法行为的处罚力度：承担安全评价、认证、检测、检验、培训工作的机构，出具虚假或者严重不符合事实的证明，构成犯罪的，依照刑法有关规定追究刑事责任；尚不够刑事处罚的，没收违法所得，违法所得在5万元以上的，并处违法所得2倍以上5倍以下的罚款，没有违法所得或者违法所得不足5万元的，单处或者并处5万元以上10万元以下的罚款，对其直接负责的主管人员和其他直接责任人员处 2 万元以上 5 万元以下的罚款；给他人造成损害的，与生产经营单位承担连带赔偿责任。

3）加大了对生产经营单位安全生产违法行为的处罚力度：①生产经营单位的决策机构、主要负责人、个人经营的投资人不依照规定保证安全生产所必需的资金投入，致使生产经营单位不具备安全生产条件的，责令限期改正，提供必需的资金，对主要负责人、个人经营的投资人处 5 000 元以上 2 万元以下的罚款；逾期未改正的，责令生产经营单位停产停业整顿，对主要负责人处 2 万元以上 5 万元以下的罚款。②生产经营单位的主要负责人未履行安全生产法规定的安全生产管理职责的，责令限期改正，对主要负责人处 5 000 元以上 2 万元以下的罚款；逾期未改正的，责令生产经营单位停产停业整顿，并处 2 万元以上 5 万元以下的罚款。③生产经营单位有未按照规定设立安全生产管理机构或者配备安全生产管理人员；特种作业人员未按照规定经专门的安全作业培训并取得特种作业操作资格证书，上岗作业等行为之一的，责令限期改正，处 5 万元以下的罚款；逾期未改正的，责令停产停业整顿。④生产经营单位有高危建设项目没有安全设施设计或者安全设施设计未按照规定报经有关部门审查同意的；高危建设项目的施工单位未按照批准的安全设施设计施工等行为之一的，责令限期改正，处 5 万元以上 20 万元以下的罚款；逾期未改正的，责令停止建设或者停产停业整顿；造成严重后果，构成犯罪的，依照刑法有关规定追究刑事责任。⑤生产经营单位未经依法批准，擅自生产、经营、储存危险物品的，责令停止违法行为或者予以关闭，没收违法所得，违法所得 20 万元以上的，并处违法所得 1 倍以上 5 倍以下的罚款，没有违法所得或者违法所得不足 20 万元的，单处或者并处 20 万元以上 100 万元以下的罚款；造成严重后果，构成犯罪的，依照刑法有关规定追究刑事责任。⑥生产经营单位将生产经营项目、场所、设备发包或者出租给不具备安全生产条件或者相应资质的单位或者个人的，责令限期改正，没收违法所得；违法所得 10 万元以上的，并处违法所得 1 倍以上 5 倍以下的罚款；没有违法所得或者违法所得不足 10 万元的，单处或者并处 10 万元以上 50 万元以下的罚款；导致发生生产安全事故给他人造成损害的，与承包方、承租方承担连带赔偿责任。⑦生产经营单位与从业人员订立协议，免除或者减轻其对从业人员因生产安全事故伤亡依法应承担的责任的，该协议无效；对生产经营单位的主要负责人处 10 万元以上 50 万元以下的罚款。

（10）注册安全工程师制度的原则规定

规定生产经营单位应当按照国家有关规定提取和使用安全生产费用：矿山、冶金、交通运营、建筑施工单位，危险物品的生产、经营、储存、装卸、运输单位和使用危险物品从事生产并且使用量达到规定数量的单位的专职安全生产管理人员应当具有注册安全工程师资格和三年以上相应工作经历。注册安全工程师的专业设置、考试、注册、执业及管理办法由国务院安全生产监督管理部门会同国务院人力资源和社会保障

部等有关部门制定。

（11）对安全生产相关的重要概念做出了明确规定

1）生产经营单位：规定生产经营单位是指从事生产或者经营活动的企业、事业单位、个体经济组织及其他组织和个人。

2）主要负责人：规定主要负责人是指生产经营单位内对生产经营活动负有决策权并能承担法律责任的人，包括法定代表人、实际控制人、总经理、经理、厂长等。

3）事故隐患：规定事故隐患是指违反安全生产法律、法规、规章、国家标准、行业标准、安全规程和管理制度的规定，或者因其他因素在生产经营活动中存在可能导致事故发生的物的危险状态、人的不安全行为和管理上的缺陷。

4）重大事故隐患：规定重大事故隐患是指危害或者整改难度较大，需要全部或者局部停产停业，并经过一定时间整改治理方能排除的事故隐患，或者因外部因素影响致使生产经营单位自身难以排除的事故隐患。

5）重大危险源：对重大危险源概念进行了修改，规定重大危险源是指依据安全生产国家标准、行业标准或者国家有关规定辨识确定的危险设备、设施或者场所（包括场所和设施）。

6）生产安全事故：规定生产安全事故，是指在生产经营活动中造成人身伤亡（包括急性工业中毒）或者直接经济损失的事故。

五、主要安全法律法规

1.《中华人民共和国煤炭法》

《中华人民共和国煤炭法》（以下简称《煤炭法》）是我国煤炭行业发展走上规范化、法制化轨道的一个重要里程碑。《煤炭法》由第八届全国人民代表大会常务委员会第二十一次会议于1996年8月29日通过，自1996年12月1日起施行。2013年6月29日，第十二届全国人民代表大会常务委员会第三次会议决定，对《中华人民共和国煤炭法》作出修改。此次修改是在进口煤炭持续增加、国内产量持续扩大和煤炭价格持续走低的大环境下进行的，引起业内广泛关注，也会对煤炭行业产生深远影响。此次修订的主要内容包括：取消煤炭生产许可证，取消煤炭经营许可证。

2.《中华人民共和国突发事件应对法》

《中华人民共和国突发事件应对法》（以下简称《突发事件应对法》）由第十届全国人民代表大会常务委员会第二十九次会议于2007年8月30日通过，自2007年11月1日起施行，共7章70条。该法律规定了我国建立突发事件应急管理体制的要求：统一领导、综合协调、分类管理、分级负责、属地管理为主。这既明确了突发事件应急管理体制建设的原则，也明确了突发事件应对的职责。《突发事件应对法》确定了我国突发事件应急管理的组织机构，并规定了各主体在应急管理的整个过程中的预防与应急准备、监测与预警、应急处置与救援、事后恢复与重建等工作中的权力和职责，使得预防和减少突发事件的发生，控制、减轻和消除突发事件引起的严重社会危害等工作有法可依。

3.《生产安全事故报告和调查处理条例》

《生产安全事故报告和调查处理条例》于2007年3月28日国务院第172次常务会议通过，自2007年6月1日起施行，国务院1989年3月29日公布的《特别重大事故调查程序暂行规定》和1991年2月22日公布的《企业职工伤亡事故报告和处理规定》同时废止。该条例共6章46条。条例规定，事故报告应当及时、准确、完整，任何单位和个人对事故不得迟报、漏报、谎报或者瞒报。任何单位和个人不得阻挠和干涉对事故的报告和依法调查处理。在事故报告方面，条例规定，事故发生后，事故现场有关人员应当立即向本单位负责人报告；单位负责人接到报告后，应当于1小时内向事故发生地县级以上人民政府安全生产监督管理部门和负有安全生产监督管理职责的有关部门报告。在事故调查方面，条例规定，事故调查组由有关人民政府、安全生产监督管理部门、负有安全生产监督管理职责的有关部门、监察机关、公安机关以及工会派人组成，并应当邀请人民检察院派人参加。事故调查组有权向有关单位和个人了解与事故有关的情况，并要求其提供相关文件、资料，有关单位和个人不得拒绝。在事故处理方面，条例明确，有关机关应当按照人民政府的批复，依照法律、行政法规规定的权限和程序，对事故发生单位和有关人员进行行政处罚，对负有事故责任的国家工作人员进行处分。条例规定，事故发生单位对事故发生负有责任的，依照下列规定处以罚款：发生一般事故的，处10万元以上20万元以下的罚款；发生较大事故的，处20万元以上50万元以下的罚款；发生重大事故的，处50万元以上200万元以下的罚款；发生特别重大事故的，处200万元以上500万元以下的罚款。

4.《突发事件应急预案管理办法》

2013年10月25日，国务院办公厅以国办发〔2013〕101号印发《突发事件应急预案管理办法》。该《办法》分总则，分类和内容，预案编制，审批、备案和公布，应急演练，评估和修订，培训和宣传教育，组织保障，附则9章34条，自印发之日起施行。我国从战胜“非典”开始推进应急预案编制工作，取得了显著成效，预案数量大幅增长、质量逐步提高、结构不断优化、管理普遍加强，在加强应急准备、有效应对突发事件中发挥了不可替代的作用，但同时也存在针对性、实用性、可操作性不强和培训不足、演练不够等问题，需要在国家层面出台管理办法，予以规范和加强。

5.《生产安全事故应急预案管理办法》

《生产安全事故应急预案管理办法》于2009年3月20日国家安全生产监督管理总局局长办公会议审议通过，自2009年5月1日起施行。该办法共7章39条，对生产

安全事故应急预案的编制、评审、发布、备案、培训、演练和修订等工作进行了规范，对加强生产安全事故应急预案的管理，完善应急预案体系，增强应急预案的科学性、针对性、实效性，起到了非常重要的指导作用。

6.《生产经营单位生产安全事故应急预案编制导则》

《生产经营单位生产安全事故应急预案编制导则》（GB/T 29639—2013），由国家质量监督检验检疫总局和国家标准化管理委员会联合于 2013 年 7 月 19 日发布，自 2013 年 10 月 1 日起执行。这是安全生产应急管理领域的第一个国家标准，充分体现了应急预案管理在安全生产中的重要地位和作用。该《导则》是在认真分析目前应急预案体系建设阶段性特点和问题的基础上修订的，其颁布实施，将对指导生产经营单位做好生产安全事故应急预案编制工作，解决目前部分生产经营单位应急预案存在的问题，提高生产经营单位应急预案的编制质量，起到重要推动作用。

7.《生产安全事故应急演练指南》

为规范生产安全事故应急演练工作，国家安全生产监督管理总局于 2011 年 4 月 19 日发布了《生产安全事故应急演练指南》，2011 年 9 月 1 日起实施。该指南规定了生产安全事故应急演练（以下简称应急演练）的目的、原则、类型、内容和综合应急演练的组织与实施。其他类型演练的组织与实施，可根据演练规模和复杂程度参照这一指南进行。《生产安全事故应急演练指南》的颁布实施，为规范生产安全事故应急演练奠定了基础。

8.《生产经营单位生产安全事故应急预案评审指南（试行）》

为了贯彻实施《生产安全事故应急预案管理办法》，指导生产经营单位做好生产安全事故应急预案评审工作，提高应急预案的科学性、针对性和实效性，规范应急预案评审工作，国家安全生产监督管理总局办公厅于 2009 年 4 月 29 日印发《生产经营单位生产安全事故应急预案评审指南（试行）》，该文件规定了应急预案的评审方法、评审程序、评审要点，是预案评审的主要依据。

第四节　职业卫生法律法规

一、职业卫生概述

1. 职业卫生

职业卫生研究的是人类从事各种职业劳动过程中的卫生问题，它以职工的健康在职业活动过程中免受有害因素侵害为目的，其中包括劳动环境对劳动者健康的影响以及防止职业性危害的对策。只有创造合理的劳动工作条件，才能使所有从事劳动的人员在体格、精神、社会适应等方面都保持健康。只有防止职业病和与职业有关的疾病，才能降低病伤缺勤，提高劳动生产率。因此，职业卫生实际上是指对各种工作中的职业病危害因素所致损害或疾病的预防，属预防医学的范畴。

2. 职业卫生服务的内容

职业卫生服务主要是通过向职工提供职业卫生服务和向雇主提供咨询来保护和促进职工健康，改善劳动条件和工作环境，从整体上维护职工健康。职业卫生服务内容包括以下方面：

（1）工作环境监测，用来判定和评价工作环境和工作过程中影响工人健康的危害因素的存在、种类、性质和浓（强）度。

（2）作业者健康监护，包括就业前健康检查、定期检查、更换工作前检查、脱离工作时检查、病伤休假后复工前检查和意外事故接触者检查等。

（3）高危和易感人群的随访观察。

（4）收集、发布、上报和传播有关职业危害的判别和评价资料，包括工作环境监测、作业者健康监护和意外事故的数据。

（5）工作场所急救设备的配置和应急救援组织的建立。

（6）安全卫生措施，包括工程技术控制和安全卫生操作规程。

（7）估测和评价因职业病和工伤造成的人力和经济损失，为调配劳动力资源提供依据。

（8）编制职业卫生与安全所需经费预算，并提供给相关管理部门。

（9）健康教育和健康促进。

（10）与作业者健康有关的其他初级卫生保健服务，如预防接种、公共卫生教育等。

（11）职业卫生标准的制订和修订，职业健康质量保证体系、职业卫生管理体系和服务机构的资质认证和管理。

3. 职业病危害因素分类

职业病危害因素是指职业活动中存在的各种有害的化学、物理、生物因素以及在作业过程中产生的其他职业有害因素。职业病危害因素的分类通常有以下两种方法。

（1）按照危害因素的来源分类

按照职业危害因素的来源可分为生产工艺过程中的有害因素、劳动过程中的有害因素和生产环境中的有害因素。

1）生产工艺过程中的有害因素

①化学因素：包括生产过程中的许多化学物质和生产性粉尘。如有机溶剂类（苯、甲苯、二甲苯），有毒气体（一氧化碳、氰化物、氮氧化物、氯气、氨气、硫化氢气

体、光气、二氧化硫、硫酸二甲酯等），有机磷农药，矽尘、煤尘、石棉尘、水泥尘、电焊尘等。

②物理因素：包括异常气象条件、异常气压、噪声、振动、非电离辐射、电离辐射等。

③生物因素：如炭疽杆菌、布氏杆菌、森林脑炎病毒等传染性病原体。

2）劳动过程中的有害因素

劳动过程中的有害因素主要包括劳动组织和劳动过程不合理、劳动强度过大、过度精神或心理紧张、劳动时个别器官或系统过度紧张、长时间不良体位、劳动工具不合理等。

3）生产环境中的有害因素

生产环境中的有害因素主要包括自然环境因素、厂房建筑或布局不合理、来自其他生产过程散发的有害因素所造成的生产环境污染。

(2）按导致职业病危害的直接原因分类

按照《职业病危害因素分类目录》，将职业病危害因素分为六大类，分别为：粉尘类、化学因素类、物理因素类、放射因素类、生物因素类和其他因素类。

4．职业病

职业病是指企业、事业单位和个体经济组织等用人单位的劳动者在职业活动中，因接触粉尘、放射性物质和其他有毒、有害物质等因素而引起的疾病。在生产劳动中，接触生产中使用或产生的有毒化学物质，粉尘气雾，异常的气象条件，高低气压，噪声，振动，微波，X射线，γ射线，细菌，霉菌；长期强迫体位操作，局部组织器官持续受压等，均可引起职业病，一般将这类职业病称为广义的职业病。对其中某些危害性较大，诊断标准明确，结合国情，由政府有关部门审定公布的职业病，称为狭义的职业病，或称法定（规定）职业病。我国规定诊断为法定职业病的，需由诊断部门向卫生行政主管部门报告；规定职业病患者，在治疗休息期间，以及确定为伤残或治疗无效而死亡时，按照国家有关规定，享受工伤保险待遇或职业病待遇。职业病的诊断由卫生行政部门授权的具有一定专门条件的单位进行。

2013年12月23日，国家卫生计生委、人力资源和社会保障部、安全生产监督管理总局、全国总工会四部门联合印发《职业病分类和目录》。该目录将职业病分为职业性尘肺病及其他呼吸系统疾病、职业性皮肤病、职业性眼病、职业性耳鼻喉口腔疾病、职业性化学中毒、物理因素所致职业病、职业性放射性疾病、职业性传染病、职业性肿瘤、其他职业病10类132种。

5．职业卫生监管机构

新中国成立以来，我国职业卫生监管职能发生了三次重大变化。第一阶段自新中国成立到1998年，职业卫生监管主要由劳动部门负责；第二阶段1998年政府机构改革，将劳动部承担的职业卫生监察职能，变由卫生部承担；第三阶段是2003年中央机构编制委员会办公室下发了《关于国家安全生产监督管理局（国家煤矿安全监察局）主要职责内设机构和人员编制调整意见的通知》，对职业卫生监督管理的职责进行了调整，将卫生部承担的作业场所职业卫生监督检查职责划到国家安全生产监督管理总局，2005年又明确将此项职能划归国家安全生产监督管理总局，煤矿这方面的职能划给了国家煤矿安全监察局。2008年，国家安全生产监督管理总局增设职业安全健康监督管理司，负责依法监督检查工矿商贸作业场所（煤矿作业场所除外）职业卫生情况；按照职责分工，拟订作业场所职业卫生有关执法规章和标准；组织查处职业危害事故和违法违规行为；承担职业卫生安全许可证的颁发管理工作；组织指导并监督检查有关职业安全培训工作；组织指导职业危害申报工作；参与职业危害事故应急救援工作。

二、职业卫生法律法规体系

目前，我国职业卫生的法律法规体系已基本形成，包括全国人大及其常委会颁布的相关法律、国务院颁布的行政法规和地方性行政法规及各种标准等技术性法规。这些法律、法规大多数立足于作业场所生产过程中防控职业危害，来规范相应主体所承担的义务和享有的权利。安全监管部门作为行政执法主体，有权适用相关规范，确保相应权利义务得到落实。我国职业卫生法律、法规按其立法主体、法律效力不同，分为以下几种：

1. 宪法

宪法是国家的根本大法，具最高法律地位和法律效力。其他所有职业卫生安全法律都要依据宪法的基本原则来制定。

2. 职业卫生法律

由全国人大及其常务委员会制定的有关职业卫生安全方面的法律规范性文件，其法律地位和法律效力仅次于宪法，例如，《职业病防治法》《劳动法》等。

3. 职业卫生行政法规

由国务院制定的有关各类条例、办法、规定、实施细则、决定等，例如，《使用有毒物品作业场所劳动保护条例》《中华人民共和国尘肺病防治条例》《放射性同位素与射线装置安全和防护条例》等。

4. 地方性职业卫生法规

由省、自治区、直辖市人大为执行和实施宪法，职业卫生安全法律、行政法规，根据本行政区域具体情况和实际需要，在法定权限内制定、发布的规范性文件。通常形式有“条例”“办法”。

5. 职业卫生规章

由国务院所属部委以及地方人民政府在法律规定的范围内，依职权制定、颁布的

有关职业卫生安全行政管理的规范性文件。例如《职业病分类和目录》《职业病危害因素分类目录》《职业病危害项目申报管理办法》等。

6. 国际公约

经我国批准生效的有关职业卫生安全的国际条约、公约，是作为制定我国职业卫生安全法规参考依据之一，并应采取必要的措施履行。

三、职业卫生主要法律法规

1.《职业病防治法》

《中华人民共和国职业病防治法》（以下简称《职业病防治法》）是我国21世纪颁布的第一部卫生单行法律。它以保护广大劳动者健康权益为宗旨，规定了我国在预防、控制和消除职业病危害、防止职业病中的各种法律制度。该法律确定的职业病防治法律关系主体有：政府卫生及相关行政部门，产生职业病危害的用人单位，接触职业病危害因素的劳动者以及承担职业卫生检测、体检和职业病诊断的职业卫生技术服务单位等四方。法律明确了上述四方之间的行政和民事法律关系，并分别规定了各自的权利义务、法律地位、法律责任。《职业病防治法》确立了我国职业病防治所采取的“控制职业病危害源头、预防为主、防治结合、分类管理、综合治理”的策略；明确了用人单位在职业病防治中的职责和义务；突出了劳动者健康权益受到法律保护；规定了政府卫生行政部门在职业病防治监管中的职责；职业卫生技术服务机构的职能以及各法律关系主体违反《职业病防治法》应承担的法律责任。

《职业病防治法》的立法宗旨是预防、控制和消除职业病危害，保护劳动者健康及其相关权益，保障劳动力资源的可持续发展，促进社会经济发展。《职业病防治法》规定了国家职业病防治工作总体运行制度，即政府监管与指导、用人单位实施与保障、劳动者权益维护和自律、社会监督与参与以及职业卫生服务技术保障等。

《职业病防治法》明确了我国职业病防治的基本法律制度是：职业卫生监督制度；用人单位职业病防治责任制度；按职业病目录和职业卫生标准管理制度；劳动者职业卫生权利受到保护制度；职业病病人保障制度；职业卫生技术服务、职业病事故应急救援、职业病事故调查处理、职业病事故责任追究制度；鼓励科学防治制度。淘汰落后的职业危害严重的技术、工艺和材料以及职业卫生监督和技术服务机构及其队伍管理制度等。《职业病防治法》的颁布，是我国职业安全卫生管理与国际接轨的重要步骤，也是我国政府在职业卫生和安全管理方面，履行与国际劳工组织、国际标准化组织、世界贸易组织和世界卫生组织所签署的公约或承诺的重要体现。新修订的《职业病防治法》分总则、前期预防、劳动过程中的防护与管理、职业病诊断与职业病病人保障、监督检查、法律责任、附则，共7章90条，自2011年12月31日起施行。

2. 职业病防治法相关配套法规与规章

为使《职业病防治法》规范地施行，《职业病防治法》正式颁布后，原卫生部相继发布了一系列与《职业病防治法》相关的配套卫生规章和规范性文件，其中包括《国家职业卫生标准管理办法》《职业病危害项目申报管理办法》《建设项目职业病危害分类管理办法》《职业健康监护管理办法》《职业病诊断与鉴定管理办法》《职业病危害事故调查处理办法》《职业卫生技术服务机构管理办法》以及《职业病分类和目录》《职业病危害因素分类和目录》《建设项目职业病危害评价规范》《建设项目职业卫生审查规定》等多个卫生规章和规范性文件。此外，国务院颁布的《尘肺病防治条例》《女职工劳动保护规定》《放射性同位素与射线装置放射防护条例》《使用有毒物品作业场所劳动保护条例》以及后续发布的其他相关卫生规章，都是职业病防治法律体系的组成部分，同时具有法律效力。

3. 职业卫生标准

职业卫生标准是以保护劳动者健康为目的，对劳动条件各种卫生要求所做出的技术规定，可视作技术尺度，可被政府采用，成为实施职业卫生法规的技术规范，卫生监督和管理的法定依据。1965 年由原国家建设委员会、卫生部批准、发布的《工业企业设计暂行卫生标准》是我国第一部与职业卫生有关的国家标准，其中规定了 85 种有害物质的最高容许浓度。这个标准经多次修订后成为《工业企业设计卫生标准》。1981 年，我国成立了包括劳动卫生标准技术委员会在内的全国性卫生标准组织，卫生标准工作取得长足的进步。随着我国社会和经济的发展，加入世界贸易组织，职业卫生标准必须符合国际惯例和要求。因此，我国于 2002 年将《工业企业设计卫生标准》修订为两个标准：《工业企业设计卫生标准》和《工作场所有害因素职业接触限值》。《工业企业设计卫生标准》规定了设计应考虑的一般卫生要求，主要包括物理性有害的限值。《工作场所有害因素职业接触限值》则重点规定了化学性的接触限值。此外，新标准有一些重要的变动，除增加了化学物的接触限值外，还采用时间加权平均容许浓度作为主体性的限值单位。生产性粉尘的标准除总尘外，要求主要测定呼吸性粉尘。

4. 国际职业卫生法规与管理

职业卫生法规、管理与国家的历史及体制有关，因此它在各国的情况大不一样。随着欧洲工业化的进程，德国在 19 世纪即着手建立社会保障系统，保险职工的疾病、养老和工伤事故，并于 1894 年 7 月 6 日出台世界上第一部事故保险法（包括工伤和职业病）。相比之下，美国联邦政府管理职业卫生还是近期的事情，1970 年以前尚没有全国性法规，保护的程度在各州间有很大差别。1970 年美国国会颁布职业安全与卫生法，要求为全国工人提供安全和健康的工作条件。此外，有些国际组织和学术团体制定职业安全与卫生法规，力求在世界范围保障工人的健康。随着全球经济一体化，职业卫生法规与管理也成为世界范围的问题。

复习思考题

1. 简述安全管理的基本原则。
2. 简述安全管理的主要内容。
3. 简述我国现行的安全管理体制。
4. 简述我国安全法律法规体系的内容。

技能实训一　某生产企业工会组织的建立

一、实训目标

1. 明确生产企业工会组织的作用和建立条件。
2. 掌握工会组织建立的程序。
3. 掌握工会组织的机构及职责。
4. 按照企业生产实际，掌握工会组织的主要工作重点。

二、任务描述

工会组织是劳动者利益的代表，同时也是保障企业安全生产的重要部门。某新建企业属高危行业（煤炭生产、非煤矿山开采、建设工程施工、危险品生产与储存、交通运输、烟花爆竹生产、冶金、机械制造、武器装备研制生产与试验等），要求学生结合企业类型及生产实际，依据相关法规和要求，论述该企业工会组织的作用和意义，工会组织的建立条件、建立程序、机构设置、部门职能和岗位职能、工作重点等。实训形式为提交报告，格式符合科技报告要求。

三、任务准备

提前做好以下准备工作：

1. 由任课教师给出某一企业的概况，也可由学生查找相关资料构建一个新建企业，企业类型属于高危行业。明确企业的性质、生产规模、生产类型、组织管理机构、从业人数、主要的危险源等。

2. 查找与企业工会组织相关的各类法规、标准、规章等，如《中华人民共和国劳动法》《中华人民共和国劳动合同法》《中华人民共和国工会法》《中国工会章程》及地方政府制定的各种规章。

3. 查找科技报告标准格式，熟悉报告编写的框架和要求。

四、知识要点

我国现行的安全管理体制中，群众监督包括各级工会、社会团体、民主党派、新闻单位等对安全生产工作的监督。其中工会监督是最基本的监督形式，是指工会组织代表职工群众依法对劳动安全法律、法规的贯彻实施情况进行监督，维护职工劳动安全卫生方面的合法权益。针对政府和生产经营单位和企业行政方面存在的忽视劳动安全的问题，提出批评和建议，甚至抗议，以至支持工人拒绝操作，组织职工撤离危害作业现场。对严重损害职工利益的违法行为，向司法机关提出控告。

五、实训过程

1. 对照相关法规，分析构建企业是否符合工会组织的设置条件。

2. 明确建立工会组织的流程和步骤。

3. 设置工会组织机构及人员配置情况。

4. 明确工会组织的部门职责及岗位职责。

5. 结合企业实际，论述该企业工会组织的工作重点。

6. 探讨工会组织的工作模式和方法。

7. 按照科技报告的形式撰写报告。

六、注意事项

1. 注意采用最新的法律法规、规章及标准。

2. 工会组织的建立要构建出流程图。

3. 工会组织的工作内容要紧密结合行业特点和企业实际情况。

4. 报告格式要标准规范。

七、总结与思考

1. 结合工会组织的工作重点，论述工会在企业安全生产和职工保护方面的作用。

2. 如何做一名合格的工会主席。

3. 如何提升工会工作人员的素质。

第二章
安全科学基础理论

本章学习目标

1. 了解安全科学的主要基础理论。

2. 掌握安全哲学、安全心理学、安全行为学、安全文化、安全经济学和安全教育学包含的主要内容及相关理论原理。

科学原理是指导实践的准绳，也是保障学科有序发展的基础。随着近年来安全科学研究的逐渐深入，相应的方法和体系建设也随之扩展。从安全科学学科的高度和大安全的视角，安全科学体系由安全生命科学、安全自然科学、安全技术科学、安全社会科学和安全系统科学五大一级原理和25条二级原理组成。本章主要介绍与安全管理相关的安全科学基础理论。

第一节　安全哲学

安全哲学是人类安全活动的认识论和方法论，是安全科学最顶层和最高级原理，是安全科学理论的基础，是安全社会科学和自然科学的理论核心。安全哲学对安全学科的发展具有重要的意义。

一、安全哲学原理

1. 安全哲学定义

哲学是世界观、方法论，马克思主义哲学包括辩证唯物论和历史唯物论，是一切科学的理论和方法的基础。安全哲学是总结安全实践的历史和现状，把人类长期积累的哲学意识、思维方法与马克思主义哲学原理相结合，在安全方面形成特定认识论和方法论的哲学思想，并揭示出劳动者同劳动对象二者之间矛盾的本质规律，对安全具

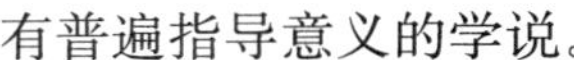

有普遍指导意义的学说。

2. 安全哲学范畴

安全哲学又称安全观，包括安全世界观、安全人生观、安全价值观、安全道德观，以及安全方法论。现代安全观是大安全、大环境观。所谓安全不仅仅指生产安全（人身不受伤害、财产不受损失），还包括生活安全、身心健康舒适、生态环境安全等。

（1）安全世界观

世界观是人们对世界的总体看法和根本观点，主要解决世界“是什么”的问题。从总体上说，宏观世界表现出极大的有序性和规律性，天行有常，四季更替，昼夜轮换，生老病死等都有规律可循，人类很早就把握了这些规律，所以能有效地进行生产、生活等活动，并使人类社会向前发展。但另一方面，外部世界又客观存在人们不能完全预测的方面，“天有不测风云，人有旦夕祸福”，尽管人们总是期望在一个宁静、安全、有序、可预见的自然环境和社会环境中生活，但是，无论自然界的运行还是社会的运行，都会发生人们预料不到的意外，有时甚至遇到意想不到的事故和灾害。人类的文明程度在一定意义上来说，就是人类对这些意想不到的重大事件处理的能力和水平。安全世界观认为，安全是一种“天人合一、天人调谐”的境界。人类只有遵循自然规律，充分认识、掌握、利用自然规律，才能实现安全、维持安全；违背自然规律，以自我为中心，以“万物之灵”、自然界的征服者和最高主宰者自居，一味地向自然界索取，肆意掠夺、破坏自然，并过分陶醉于每一次对自然界做斗争的胜利，必然遭到自然界通过事故、灾害的形式给予的一次次残酷无情的报复。人类对待自然的态度上必须作全面反省，实行根本的转变。生产力的发展方向应当是顺应自然、保护自然、合理利用自然，实现人与自然的协调与和谐，从自然的发展中以及人与自然的和谐中寻求人自身需要的满足。人类应把实现人和自然之间、社会各要素之间、自然界各要素之间和谐共处的关系，作为全人类共同的道义和责任。

（2）安全人生观

人生观是对人生目的、意义的根本看法和态度。安全人生观认为，人类进行的一切活动都是为了人类自身的利益，而人身安全健康是最基本、最重要的利益，爱护生命、重视健康、珍惜人生，是每一个正常人的正当追求。人类创造、积累的各种物质是人类利益所在，人类的生存和发展离不开物质，物质拥有量成为生活水平的重要标志，但人的身心健康和安全则是最宝贵的财富，是生活质量的根本标志。人类不能仅仅关注物质的增长，更应当关注人自身的安全健康和全面发展。

（3）安全价值观

安全价值观是人们价值观中有关安全行为选择、判断、决策的观念总和，一方面，它涉及人与人的关系，认为凡是侵犯他人人身安全、健康的行为都是不道德的，凡违章都是不对的；另一方面，又被用来判断人与自然的关系是否可行，是否符合人

的意愿。

（4）安全道德观

安全道德观产生于两种观点：唯利主义和理性主义观点。前者局限于保障个人、局部的安全利益而不考虑他人、全局的安全利益，往往不惜嫁祸于人、损人利己；后者以社会化道德标准为准绳，以寻求人人都有理想的平等的生存空间为目的，对人类活动提出理性化要求，在一定限度内采取共同行动以维护公共安全。现代安全道德观主要是理性主义观点，既关心和保护个人、局部的安全，也更关心和保护全社会的安全，强调个人、局部都应服从集体、全局，达到一种协调和谐的状态，为了一个共同的目标，使系统运转处于正常、平稳的状态，实现安全。

（5）安全方法论

方法论是人们认识世界、改造世界的一般方法，是人们用什么样的方式、方法来观察事物和处理问题，主要解决“怎么办”的问题。安全方法论包括科学方法论和技术方法论。前者是从事安全科学研究、认识和揭示安全本质、安全规律的一般方法，包括科学抽象、科学思维的逻辑方法、矛盾分析方法以及数学分析法等。后者是从事安全技术研究与开发活动所采用的手段、途径和行为方式的可操作性的规则和模式，包括本质安全化方法、人机匹配法、系统方法，生产安全管理一体化方法、安全教育方法、安全经济学方法等。安全逻辑思维方法也称为安全逻辑学，是运用普通逻辑学的原理，研究与安全问题有关的人的思维形式结构、思维基本规律，以及认识现实的简单逻辑方法的一门新兴的应用逻辑学。它帮助人们正确认识与安全有关的各种事物，提供了交流安全思想、安全工作体会和安全技术与方法的共享的逻辑工具，提供了发现、揭露和纠正安全工作中逻辑错误的分析手段，帮助人们正确分析事故原因，正确制定安全对策。

3. 安全哲学的作用

（1）有利于指导安全文化的全面建设

安全哲学是安全文化发展的基石和指南，也是安全文化发展至高点上的学术精华。安全文化的进步需要安全哲学的指导，安全哲学的锤炼也需要安全文化的滋润和护养。

（2）有利于指导安全管理科学体系的发展

安全哲学始源于朴素的历史发展过程，从保障安全、防止事故、减少人身伤害和财产损失的角度，进而深入探研人在实践中的活动规律，力求达到主观与客观的辩证统一，用实事求是的态度不断改进安全管理工作，最大限度地调动生产实践者主观能动的创造潜能和启迪人的安全智慧，形成完备而长效的安全机制。

（3）有利于指导安全心理学理论研究

安全心理学是研究和总结管理者和被管理者在实践活动中的心理活动及其行为规律的学说。人的不安全因素与人的不安全行为有关，人的不安全行为又起源于人的行

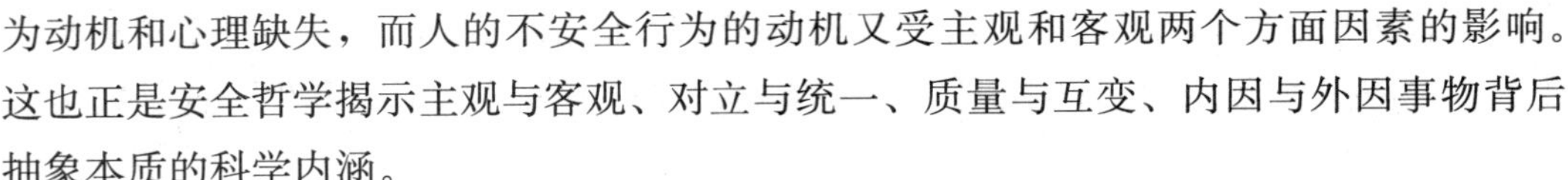

为动机和心理缺失，而人的不安全行为的动机又受主观和客观两个方面因素的影响。这也正是安全哲学揭示主观与客观、对立与统一、质量与互变、内因与外因事物背后抽象本质的科学内涵。

（4）有利于提高实践者哲理修养

研究安全哲学的意义，就在于哲学是聪明之学，是人类安全生产实践活动的理论总结。但安全哲学思想又是人理性的工具，从起源就肩负着解决安全的本质和真理的问题，有关安全实践者如何认识和把握规律的问题，有关生命意义与科学实践的问题和有关安全文化、安全管理、安全心理学和人的安全素质修养等使命。安全哲学能让人通过理性思维，在安全实践中自觉地将物与物、人与物、人与人三大关系有机地结合起来，形成改造自然、征服自然无穷无尽的精神动力源泉。

4. 安全哲学的应用方法

人是哲学研究的永恒主题，培养人、关心人、激励人、尊重人是安全生产哲学内在的本质特征。运用安全生产哲学的目的，就是在于指导安全生产实践活动更加具有超前性、预测性、针对性和实效性。首先要保持理论指导上的清醒，才能在行动上自觉地加以运用。从认识到方法应当重点把握好如下安全与生产的哲学关系：

（1）安全第一与以经济效益为中心的关系

经济效益是企业生产经营活动追求的最终目的。安全生产是企业生产经营工作中不可缺少和分割的部分，两者之间是“目的”和“手段”的关系。在市场经济条件下，企业要以经济效益为中心，但必须遵循“安全第一”的原则。这是因为，安全既“人命关天”，又直接关系经济效益。因此，企业以经济效益为中心，必须坚持“安全第一”的指导思想绝不动摇。

（2）安全生产中的肯定与否定的关系

安全生产是一个永恒的主题。但是，企业的工作包括方方面面，不能因为发生了一起安全事故就否定一切工作，也不能以安全事故否定曾做过的安全工作。在成绩之中有经验也有教训，成绩后面还有隐患和问题；在事故面前，不只是有教训，也有可借鉴的经验。在总结安全生产成绩的时候，要查找隐患；在总结事故教训的时候，也要振作精神，要倍加提高干好工作的勇气。

（3）安全成绩的渐进性与突变性的关系

安全生产的成绩是日积月累的，它不像完成生产任务，既不能用革新的方法加快“成效”，也不能靠加班加点突击“成效”。“百安”“千安”是一天天渐进的。但一旦发生事故，安全生产的成绩却突变从“0”开始。所以说安全生产“只有起点没有终点”就是这个道理。

（4）安全效益的潜在性与现实性的关系

安全工作的效益是潜在的，它虽然不能直接产生经济效益，但一旦出事故造成的损失却直接抵减经济效益。因此，安全工作的效益又是现实的，不出事故或防止事故不造成经济损失就是它的现实效益。安全与效益同行，事故与损失共生，这是安全生产中的一条哲理。

（5）事故的必然性与偶然性的关系

安全工作是系统工程，安全工序犹如连环，安全事故必然发生在最薄弱的环节。但哪一环最薄弱不是绝对不变的，是相对的。往往认为容易出事故的环节因安全工作到位却不出事故，事故却偏偏出在意想不到的被遗忘的环节。因此，安全工作来不得半点马虎和侥幸，搞不得“形式主义”，更不能有“死角”、有“盲区”，必须警钟长鸣，使每个工作环节都随时处在可控安全状态。

（6）事故主观性与客观性的关系

事故的主观因素是人的原因，如管理不善、违章违纪等；客观因素是物的原因，如设备故障、不利的天气等。但设备是由人来保养和操作的，不利的天气采取措施是可以防范的。因此，分析安全事故要着重从主观方面、从人的身上找原因。人的因素在安全生产中起决定性作用。所以，安全的基础在严格管理，在提高职工队伍的素质，安全工作必须“以人为本”。

（7）安全工作的长期性与广泛性的关系

生产是有节奏的，张弛有度。安全工作却是永恒的，它贯穿于生产的全过程，不论生产紧张还是松弛，都不能松懈。越是生产松弛的时候，越是认为不会出事故的地方，越容易思想麻痹而导致事故。安全工作又是全员的，安全事故的直接责任者一般都是生产一线操作者，只有层层落实安全生产责任制，把安全教育、安全操作规程、标准化作业真正落实到了基层，落实到了每一个实际操作的职工，安全工作才算夯实了基础。

（8）安全管理的过程与结果的关系

安全生产是动态的管理过程。安全生产的成效是整个管理过程的结果，安全生产工作的过程与结果则是一个辩证的关系。在实际工作中，如果不管过程，只求结果，就会使安全生产无序可控，处于失控状态，达不到安全生产的目标；如果只注重过程，不注重结果，就会把安全生产管理工作搞成一种“花架子”。因此，安全生产必须要有严格的管理过程和明确的目标结果，它是过程和结果的辩证统一。

（9）安全工作与其他工作的关系

事物的存在和发展都是互相联系的。企业的安全生产是一项系统工程，它同企业的方方面面工作都有联系，需要党、政、工、团齐抓共管，需要各部门同心协作。比如思想政治工作、业余文化生活搞好了，也能使职工心情舒畅，上班有良好的精神状态，对安全生产能起到“保驾”作用。反之，这些工作做不好，就会给安全生产增加隐患，甚至直接造成事故。所以，抓安全生产不能单打一，不能就安全抓安全，必须

同各项工作密切配合。所谓木桶原理的“短板理论”就是这个道理。

二、安全哲学理论

1. 基于科学理论中认识安全哲学

（1）安全历史学揭示的安全策略

17 世纪前，人类安全的认识论是宿命论的，方法论是被动承受型的，这是人类古代安全文化的特征；17 世纪末期至 20 世纪初，人类的安全认识论提高到经验论水平，方法论有了“事后弥补”的特征。这种由被动变为主动，由无意识变为有意识是一种进步；20 世纪初至 50 年代，随着工业社会的发展和技术的不断进步，人类的安全认识论进入了系统论阶段，从而在方法论上能够推行安全生产与安全生活的综合型对策，进入了近代的安全文化阶段；20 世纪 50 年代以来，随着人类的高技术的不断应用，如宇航技术、核技术的利用、信息化社会的出现，人类的安全认识论进入了本质论阶段，超前预防型成为现代安全文化的主要特征，这种高技术领域的安全思想和方法论推进了传统产业和技术领域的安全手段和对策的进步。因此，预防为主是安全史学总结出的最基本的安全生产策略和方法。

（2）安全文化理论的启示

根据安全原理，事故相关的人、机、环境、管理四要素中，“人因”是最为重要的。因此，建设安全文化对于保障安全生产有着重要和现实的意义。从安全文化的角度，人的安全素质包括人的安全知识、技能和意识，甚或包括人的安全观念、态度、品德、伦理、情感等更为基本的人文素质层面。安全文化建设要提高人的基本素质，需要从人的深层的、基本的安全素质入手。这就要求进行全民的安全文化建设，建立大安全观的思想。安全文化建设包含安全科学建设、发展安全教育、强化安全宣传、提倡科学管理、建设安全法制等精神文化领域，同时也涉及优化安全工程技术、提高本质安全化等物质文化方面。因此，安全文化建设对人类的安全手段和对策具有系统性意义。由此可看出，预防型的安全文化是人类现代安全行为文化最重要、最理性的安全活动方式。

（3）系统科学观点的指导

保障安全生产要通过有效的事故预防来实现。在事故预防过程中，涉及两个系统对象，一是事故系统，其要素是：人的不安全行为是事故的最直接的因素；机的不安全状态是事故的物质根源；生产环境影响人的行为和对机械设备产生不良的作用；管理的欠缺是事故发生的外在因素。二是安全系统，其要素是：人的安全素质，包括心理与生理，安全能力，文化素质等；设备与环境的安全可靠性，包括设计安全性、制造安全性、使用安全性等；生产过程中能量的有效控制；充分可靠的安全信息流，即

管理效能的充分发挥是安全的基础保障。认识事故系统要素，对指导我们从打破事故系统来保障人类的安全具有实际的意义，这种认识带有事后型的色彩，是被动的、滞后的，而从安全系统的角度出发，则具有超前和预防的意义。因此，从建设安全系统的角度来认识安全原理更具有理性的意义，更符合科学性原则。根据安全系统科学的原理，预防为主是实现系统（工业生产）本质安全化的必由之路。

（4）安全经济学结论的论证

安全经济学研究的最基本的内容是安全的投资或成本规律、安全的产出规律、安全的效益规律等基本问题。安全经济学研究的成果，使人们认识安全经济规律有事故损失、安全投资、事故直接和间接损失倍比系数、安全投入产出比、安全生产贡献率、预防性投入效果与事后整改效果的关系等。预防性投入与事故整改的关系及安全效益“金字塔法则”都表明：预防型的“投入产出比”高于事后整改的“产出比”。

（5）工业安全实践中得到的证明

应用安全评价的理论，对一般工业安全措施实践的安全效益进行科学合理的评估，得到安全效益的“金字塔法则”，其结论是：系统设计 1 分安全性＝10 倍制造安全性＝1 000 倍应用安全性。由此可以说：超前预防型效果优于事后型整改效果。因此，主张在设计和策划阶段要充分地重视安全，落实预防为主的策略。

（6）事故致因理论的阐明

根据事故理论的研究，事故具有四种基本性质，即因果性、潜在性、偶然性与必然性。现代工业生产系统是人造系统，这种客观实际给预防事故提供了基本的前提。所以说，任何事故从理论和客观上讲，都是可预防的。因此，人类应该通过各种合理的对策和努力，从根本上消除事故发生的隐患，把工业事故的发生降低到最小限度。

（7）国际安全管理发展之潮流

在企业的安全管理策略上推行预期型管理；在企业安全管理过程中采用无隐患管理法、安全目标管理法，以及推行行为抽样管理技术；对重大工程项目进行安全预评价，对一般技术项目推行预审制；企业对于重大危险源进行监控和建立应急预案。这些做法都是国际安全生产管理的现代潮流。

2. 基于历史学的角度认识安全哲学

（1）宿命论与被动型的安全哲学

这样的认识论与方法论表现为：对于事故与灾害听天由命，无能为力。认为命运是老天的安排，神灵是人类的主宰。事故对生命的残酷与践踏，人类无所作为，人类对灾难与事故只能是被动地承受，人类的生活质量无从谈起，生命与健康的价值被抹灭，处于一种落后和愚昧的社会意识。

（2）经验论与事后型的安全哲学

随着生产方式的变更，人类从农牧业进入了早期的工业化社会——蒸汽机时代。

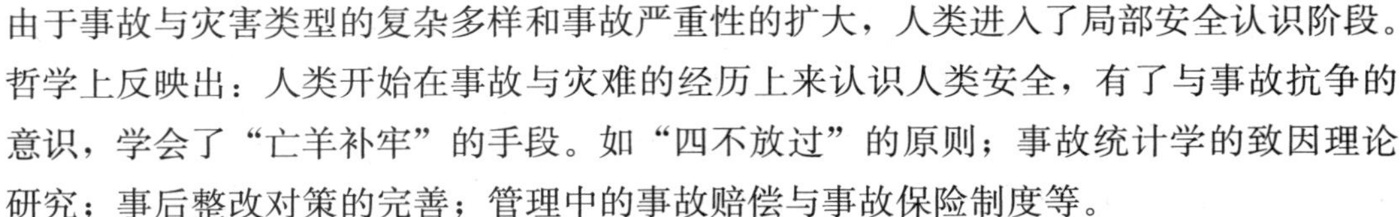

由于事故与灾害类型的复杂多样和事故严重性的扩大，人类进入了局部安全认识阶段。哲学上反映出：人类开始在事故与灾难的经历上来认识人类安全，有了与事故抗争的意识，学会了“亡羊补牢”的手段。如“四不放过”的原则；事故统计学的致因理论研究；事后整改对策的完善；管理中的事故赔偿与事故保险制度等。

（3）系统论与综合型的安全哲学

建立了事故系统的综合认识，认识到了人、机、环境、管理事故综合要素，主张采取工程技术硬手段与教育、管理软手段综合措施。其具体思想和方法有：全面安全管理的思想；安全与生产技术统一的原则；讲求安全人机设计；推行系统安全工程；国家、行业、企业、工会、个人综合负责的体制；生产与安全的管理中要讲同时计划、布置、检查、总结、评比的“五同时”原则；企业各级生产领导在安全生产方面向上级、向职工、向自己负责的“三负责”制；安全生产过程中要查思想认识、查规章制度、查管理落实、查设备和环境隐患，进行定期与非定期检查相结合，普查与专查相结合，自查、互查、抽查相结合，生产企业岗位每天查、班组车间每周查、厂级每季查、公司年年查，定项目、定标准、定指标、科学定性与定量相结合等安全检查系统工程。

（4）本质论与预防型的安全哲学

进入了信息化社会，随着高技术的不断应用，人类在安全认识论上有了自组织思想和本质安全化的认识，方法论上讲求安全的超前、主动。具体表现为：从人与机器和环境的本质安全入手，人的本质安全指不但要解决人知识、技能、意识素质，还要从人的观念、伦理、情感、态度、认知、品德等人文素质入手，从而提出安全文化建设的思路；物和环境的本质安全化就是要采用先进的安全科学技术，推广自组织、自适应、自动控制与闭锁的安全技术；研究人、物、能量、信息的安全系统论、安全控制论和安全信息论等现代工业安全原理；技术项目中要遵循安全措施与技术设施同时设计、施工、投产的“三同时”原则；企业在考虑经济发展、进行机制转换和技术改造时，安全生产方面要同时规划、发展、同时实施，即所谓“三同步”的原则；进行不伤害他人、不伤害自己、不被别人伤害的“三不伤害活动”，整理、整顿、清扫、清洁、素养“5S”活动，生产现场的工具、设备、材料、工件等物流与现场工人流动的定置管理，对生产现场的“危险点、危害点、事故多发点”的“三点控制工程”等超前预防型安全活动；推行安全目标管理、无隐患管理、安全经济分析、危险预知活动、事故判定技术等安全系统工程方法。

3．现代社会的安全哲学观念

“观”即观念，是认识的表现，思想的基础，行为的准则。它是方法和策略的基础，是活动艺术和技巧的灵魂。进行现代的安全活动，需要正确的安全观指导，只有对人类的安全态度和观念有着正确的理解和认识，并有高明安全行动艺术和技巧，人

类的安全活动才算走入了文明的时代。

（1）“安全第一”的哲学观

“安全第一”是一个相对、辩证的概念，它是在人类活动的方式上必须遵循的原则。“安全第一”的原则通过如下方式体现：在思想认识上，安全高于其他工作；在组织机构上，安全权威大于其他组织或部门；在资金安排上，安全强度重视程度重于其他工作所需的资金；在知识更新上，安全知识学习先于其他知识培训和学习；在检查考评上，安全的检查评比严于其他考核工作；当安全与生产、安全与经济、安全与效益发生矛盾时，安全优先。安全既是企业的目标，又是各项工作的基础。建立起辩证的安全第一哲学观，就能处理好安全与生产、安全与效益的关系，才能做好企业的安全工作。

（2）重视生命的情感观

安全维系人的生命安全与健康，“生命只有一次”“健康是人生之本”；反之，事故对人类安全的毁灭，则意味着生存、康乐、幸福、美好的毁灭。由此，充分认识人的生命与健康的价值，强化“善待生命，珍惜健康”的“人之常情”之理，是我们社会每一个人应该建立的情感观。不同的人应有不同层次的情感体现，员工或一般公民的安全情感主要是通过“爱人、爱己”“有德、无违”。而对于管理者和组织领导，则应表现出：用“热情”的宣传教育激励教育职工；用“衷情”的服务支持安全技术人员；用“深情”的关怀保护和温暖职工；用“柔情”的举措规范职工安全行为；用“绝情”的管理严爱职工；用“无情”的事故启发人人。以人为本，尊重与爱护职工是企业法人代表或雇主应有的情感观。

（3）安全效益的经济观

实现安全生产，保护职工的生命安全与健康，不仅是企业的工作责任和任务，而且是保障生产顺利进行、实现企业效益的基本条件。“安全就是效益”、安全不仅能“减损”而且能“增值”，这是企业法人代表应建立的“安全经济观”。安全的投入不仅能给企业带来间接的回报，而且能在实际上产生经济效益。

（4）预防为主的科学观

要高效、高质量地实现企业的安全生产，必须走预防为主的道路，必须采用超前管理、预期型管理的方法，这是生产实践证实的科学真理。现代工业生产系统是人造系统，这种客观实际给预防事故提供了基本的前提。因此，人类应该通过各种合理的对策和努力，从根本上消除事故发生的隐患，把工业事故的发生降低到最小限度。采用现代的安全管理技术，变纵向单因素管理为横向综合管理；变事后处理为预先分析；变事故管理为隐患管理；变管理的对象为管理的动力；变静态被动管理为动态主动管理，实现本质安全化。这些是我们应建立的安全生产科学观。根据安全系统科学的原理，预防为主是实现系统本质安全化的必由之路。

（5）人机环管的系统观

保障安全生产要通过有效的事故预防来实现。在事故预防过程中，要充分考虑系统中存在的各种要素，包括：人——人的安全素质（心理与生理，安全能力，文化素质）；物——设备与环境的安全可靠性（设计安全性，制造安全性，使用安全性）；能量——生产过程能的安全作用（能的有效控制）；信息——充分可靠的安全信息流（管理效能的充分发挥）是安全的基础保障。

第二节 安全心理学

一、安全心理学基础

1. 安全心理学的定义

心理学是研究人的心理现象以及规律的科学，心理学是一个学科体系，它由众多的心理学分支组成。安全心理学就是以生产劳动中的人为对象，从保证生产安全、防止事故、减少人身伤害的角度研究人的心理活动规律的一门科学。安全心理学是介于社会科学与自然科学之间的一门交叉学科。

2. 安全心理学的作用

人是生产力中最活跃的因素，在导致事故发生的种种原因中，人的不安全因素是一种很重要的原因。要想搞好安全生产，防止事故发生，必须及时矫正各种影响安全的不良心理和纠正各种违章行为。这就要求我们研究并运用安全心理学，探索人的安全心理，从而减少人的不安全因素。安全心理学在社会的生产、生活等方面发挥着重要的作用。例如，安全心理学告诉人们该如何布置生产环境，以最有效的方式安排作业流程，让人们在理想的工作氛围中发挥自己最大的潜力并保证安全。

3. 安全心理学的意义

心理学以“人”和“心理”研究为基础，重在研究“人”的心理活动和心理特性的发展规律，从而达到控制、改进人的心理活动和心理特征的目的，使其向我们所预期的目标和方向发展，充分调动“人”的主观能动性。安全心理学作为心理学的一个应用分支学科，它的研究意义主要体现在以下方面：

（1）为工程技术设计部门提供心理学依据和参照，使机器设备的设计和制造不仅能具备改造劳动对象的优良性能，且更符合人的心理特征和行为规律，即具有适宜人的特性。

（2）为生产所处的自然环境的改善和改造提供指导，使之更能发挥人的创造性和

积极性。

（3）可使安全管理部门制定合理和科学的安全法规、条例、制度等，提高安全管理科学水平。

（4）可为提高对职工进行安全教育的效果提供更具说服力的理论方法和手段，有助于增强职工的安全意识。

（5）可为人们分析事故发生的原因提供深层次的解释，从而帮助人们找到预防事故更具针对性的措施和方法。

二、安全心理学理论

为了适应周围环境的变化，有意识、有计划地改造世界，人们需要对周围的人以及自身有所认识以便采取适当的行为。正是在人与外界事物的相互作用过程中才产生了人的认知心理。所谓认知心理也就是人在认识活动中所体现出来的心理现象或心理活动。认知心理的具体表现形式是多种多样的。心理学的研究表明，人的认识过程是由一串相互作用、相互影响的阶段或环节构成的，其中包括感觉、知觉、记忆、思维、想象等。其中感觉是人对直接作用于本身的感觉器官的个别属性的反映过程，它是使外界事物的刺激进入人脑的中介和桥梁，是把人同外界事物联系起来的纽带。知觉是对直接作用于感觉器官的事物的整体的反映过程，体现为感觉的综合。记忆是人对以往曾经接触过的对象和现象的复现过程，是使人能够积累经验、丰富头脑表象储备的心理保证。思维和想象是人对进入人脑的各种信息、知识、表象进行概括、提炼、加工、改造的过程，是认知心理的关键环节和步骤。

1．安全心理状态

安全心理学特别强调人的行为受制于人的心理活动。这就是说，人的心理在波动、异常时会导致生产工作的不稳定性，而良好的安全心理活动可以发挥人的积极性、主动性、创造性，可以为提高安全效果提供稳定可靠的保障。这就告诉我们，在实际工作中，如果使职工保持良好的心理状态，有一个稳定的心理活动，我们的安全生产局面在某种程度上就会趋于稳定。最容易发生事故的心理状态有以下几种：

（1）疲劳

疲劳包括体力疲劳、心理疲劳、病态疲劳。人在疲劳时，感觉机能弱化，听觉和视觉敏锐度变低，眼睛运动的正常状态被破坏。随着疲劳的进一步发展，引起心理活动上的变化，人的“注意”变得不稳定，注意的范围变小，注意的转移和分配发生困难。在疲劳过程中，记忆力降低，创造性和思维能力也明显降低，人的思维和判断的错误增多，因而对潜在的事故的可能性和应付的方法就考虑不周，甚至出现错误，结果导致事故发生。

（2）下意识动作

由于长期的工作行为、工作动作习惯，导致在特殊情况下发生危险动作。

（3）侥幸心理

虽然知道自己的行为可能造成危险，但出于对自己和环境的盲目自信，仍然做出违反安全规范的举动。侥幸心理是形成事故的重要心理因素之一，仅仅想依靠运气等规避危险的发生，显然不能达到目的。

（4）省能心理

想花最少的力气、时间，做最多的事，获取最大的回报，也是惰性心理的表现。它形成的直接结果是忽视必要的安全工作，不按照安全规程操作，不注重安全防护，因而也容易造成安全事故的发生。

（5）配合不好

发生在需要配合的连续的工序或者工作环节中，发生事故的原因有心理方面的，也有管理、技术方面的。

（6）判断失误

不能正确地判断事态的发展和进行合理的应急处置，常常导致小事变大事。

（7）注意力问题

注意力不集中或过分集中于外部事物，导致事故的发生。

（8）逆反心理

由于批评、教育、处罚方式不当，当事者产生对抗心理，这是一种与正常行为相反的叛逆心理。处于这种心理状态下，也容易发生事故。

2. 安全心理与事故

意外事故发生的原因可分为人的因素和物的因素两个方面。人的因素有疲劳、情绪波动、不注意、判断错误、人际关系不和谐等。物的因素如设备发生故障、仪器失灵以及工作条件不良等。物的因素之所以导致事故，又与人的管理不善有关。因此，在人和物这两个因素中，人的因素是主要的、大量的。对事故肇事者个人因素，包括智力、年龄、性别、工作经验、情绪状态、个性、身体条件等的研究表明，智力与事故的发生率并不呈负相关关系。智力高者在从事较为一般的工作时有时也会发生事故；而智力低者在从事智力要求较低的工作时，发生事故的情况并不多。年龄与事故的发生却有明显的联系，很多工种中的事故多发生在年轻工人身上。如在交通事故中，约70%事故发生在30岁以下的司机身上。情绪因素与工伤事故发生率的关系表明：工人愉快和满足时工伤事故发生率低；愤怒、受挫、忧虑时工伤事故发生率较高。从人的因素出发解释事故发生的原因时，有两种理论较为流行，一种是事故倾向理论，另一种是生物节律理论。

（1）事故倾向理论

事故总是发生在少数几个人身上，这几个容易出事故的人不管工作情境如何，也不管干什么工作，总要出事故。研究也确实表明，50%事故是由10%的人造成的。这些人就是所谓的易出事故者。根据这一理论，只要对易出事故的人加以分析，发现他们个性中的共同特征，然后把这些共同的特征作为标准，就可以预测出易出事故者，这就为减少事故提供了依据。然而对这一理论持反对看法的人也很多。反对者认为，事故倾向不是一成不变的，一个人不是时时处处都易发生事故。有些人做某种工作容易发生事故，而做另一种工作并不发生事故。一个人过去的事故记录并不能作为预测此人将来是否出事故的依据。

（2）生物节律理论

生物节律理论认为，人的体力、情绪和智力是起伏变化的，它们各有自己的高潮期和低潮期。体力23天、情绪28天、智力33天为一周期，在高潮期与低潮期相互转移的“临界期”间，由于机体内部发生剧烈变化，往往注意力不集中、心不在焉，所以容易出差错。如果在临界期内多加注意，即可避免事故的发生。节律周期的换算方法是以出生日为基点，将出生日至测定当天为止的总天数分别除以23天、28天和33天，其余数即为当天的体力基数、情绪基数和智力基数。对该理论持反对意见的人认为其理论依据不足，这种理论并没有说清为什么以出生日为基点，而不以怀孕日为基点；也没有说清三种周期为什么人人都一样而没有个别差异，而且宣传这三种节律只会使人盲目乐观、忽视安全。为防止意外事故的发生，安全心理学提出一些对策，如从业人员的选拔（即职业适宜性检查），机器的设计要符合工程心理学要求，开展安全教育和安全宣传，以及培养安全观念和安全意识等。

3. 安全心理与管理

（1）加强“以人为本”的安全管理方式

1）人性化安全生产管理工作的开展，首先要从管理人员做起，无论是基层管理人员还是中级管理人员，都要将“以人为本”的观念落到实处。同时要进一步完善中基层干部的绩效考核机制，将基层管理人员工作作风作为考核的重要指标，要求干部要在严格管理的同时，必须关心、爱护员工。考核工作有细化、量化的要求，并且部分班组员工直接参与考评打分。

2）作为管理者，应该掌握员工个人特征，对员工性格有所了解，应根据员工性格的多种多样，在处理安全与人的管理上要讲究方式，用合适方式把其引导到有利于安全管理工作的轨道上来。

3）重视当班员工的心理疲劳。对于当班员工，特别是一线高危在岗员工，管理上要注意，重视安全措施，丰富工作内容，保证在岗人员的休息和合适的情绪调节方式等。

（2）加强安全文化建设，切实提高全员安全理念

1）通过建立企业安全文化，用安全文化潜移默化的力量来改变员工对安全的认识，达到真正的安全管理和全员参与。

2）安全文化体现的是每一个人、每一个群体对安全的态度、思维程序及采取的行动方式。它在组织及协调安全管理机制的同时，能创造良好的、安全的作业环境和制定自我约束的管理体系，提高全员安全意识和安全技能，规范其作业行为，也能自觉地帮助他人规范安全行为，减少违章引发的事故。

3）在积极推进“以人为本”的安全管理同时，应重视环境对人心理的影响，并想方设法改善环境条件，使之有利于安全生产。为了创造较好的环境和其他外在条件，使人不受环境和条件不良的影响而产生不安全行为，应对工作条件经常进行检查，并及时纠正和解决存在的问题。

4）增加安全标志。安全标志可以在无人监督的情况下提醒操作人员注意自己的动作，也可提醒工作人员危险品的存在和危险部位。在危险处悬挂安全标志，用文字和色彩来提醒员工注意，增强视觉和知觉的效果，充分利用知觉对强度的反映规律，改进和完善工作区的安全标志，以此提高员工的安全警惕性。

5）实践证明，心理素质强的员工，在技术素质方面会有更好的发挥，在处理险情方面能力也比一般人更胜一筹。因此，我们在开展员工技能培训的同时，应该加强员工安全心理培训，并关注他们的心理健康状况。

第三节　安全行为学

一、安全行为学概述

1. 安全行为学定义

安全行为科学是把社会学、心理学、生理学、人类学、文化学、经济学、语言学、法律学等多学科基础理论应用到安全管理和事故预防的活动之中，为保障人类安全、健康和安全生产服务的一门应用性科学。

2. 安全行为学研究对象

安全行为科学的研究对象是社会、企业或组织中的人和人之间的相互关系以及与此相联系的安全行为现象，即个体安全行为、群体安全行为和领导安全行为等方面的理论和控制方法。

（1）个体安全行为

人既是自然的实体，又是社会的实体。从自然实体来说，人是在形体组织和解剖

特点上具有特定的形态，并且能思维、会说话、会劳动的动物。从社会实体来说，人是社会关系的总和，这是它的最本质的特征，凡是这些自然的、社会的本质特点全部集于某一个人的身上时，这个人就称为实体。个体是人的心理活动的承担者，个体心理包括个体心理活动过程和个性心理特征。个体的心理活动过程是指认识过程、情感过程和意志过程；个性心理特征表现为个体的兴趣、爱好、需要、动机、信念、理想、气质、能力、性格等方面的倾向性和差异性。

任何企业或组织都是由众多的个体的人组合而成的。所有这些人都是有思想、有感情、有血有肉的有机体。但是，由于各人先天遗传素质的差别和后天所处社会环境及经历、文化教养的差别，导致了人与人之间的个体差异。这种个体差异也决定了个体安全行为的差异。在一个企业或组织中由于人们分工不同，有领导者、管理人员、技术人员、服务人员以及各种不同工序的工人等不同层次和不同职责的划分，他们从事的劳动对象、劳动环境、劳动条件等方面也不一样，加之个体心理的差异，所以他们在安全管理过程中安全的心理活动必然是复杂多样的。因此，在分析人的个体差异和分析各种职务差异的基础上，了解和掌握人的个体安全心理活动，分析和研究个体安全心理规律，对于了解安全行为、控制和调整管理安全行为是很重要的，这对于安全管理来说是最基础的工作之一。

（2）群体安全行为

群体是指在组织机构中，由若干个人组成的为实现组织目标利益而相互信赖、相互影响、相互作用，并规定其成员行为规范所构成的人群结合体。对于一企业来说，群体构成了企业的基本单位。现代企业都是由大小不同、多少不一的群体组成。群体的主要特征表现为：①各成员相互依赖，在心理上彼此意识到对方；②各成员间在行为上相互作用，彼此影响；③各成员有“我们同属于一群”的感受，实际上也就是彼此间有共同的目标或需要的联合体。从群体形成的内容上分析可以得知，任何一个群体的存在都包含了三个相关联的内在要素，这就是相互作用、活动与情绪。所谓相互作用，是指人们在活动中相互之间发生的语言沟通与接触。活动是指人们所从事的工作的总和，它包括行走、谈话、坐、吃、睡、劳动等，这些活动被人们直接感受到。情绪指的是人们内心世界的感情与思想过程，即人们的态度、情感、意见和信念等。群体的作用是将个体的力量组合成新的力量，以满足群体成员的心理需求，其中最重要的是使成员获得安全感。在一个群体中，人们具有共同的目标与利益，在劳动过程中，群体的需求很可能具有某一方面的共同性，或劳动对象相同，或工作内容相似，或劳动方式一样，或劳动在一个环境之中及具有同样的劳动条件等。他们的安全心理虽然具有不同的个性倾向，但也会有一定的共性。分析、研究和掌握群体安全心理活动状况是搞好安全管理的重要条件。

（3）领导安全行为

在企业或组织各种影响人积极性的因素中，领导行为是一个关键性因素。因为不同领导的心理与行为，会造成企业不同的社会心理氛围，从而影响企业职工的积极性，有效的领导是企业或组织取得成功的一个重要条件。管理心理学家认为，领导是一种行为与影响力，不仅是指个人的职位，而且是指引导和影响他人或集体在一定条件下向组织目标迈进的行动过程。领导与领导者是两个不同的概念，它们之间既有联系又有区别。领导是领导者的行为，促使集体和个人共同努力，实现企业目标的全过程，即为领导；而致力于实现这个过程的人，则为领导者。虽然领导者在形式上有集体、个人之分，但作为领导集体的成员，在他履行自己的职责时，还是以个人的行为表现来进行的。从安全管理的要求来说，企业或组织的领导者对安全管理的认识、态度和行为，是搞好安全管理的关键因素。分析、研究领导安全行为，是安全管理的重要内容。

3. 安全行为学基本任务

安全行为科学的基本任务是通过对安全活动中各种与安全相关的人的行为规律的揭示，有针对性和实用性地建立科学的安全行为激励理论，并应用于提高安全管理工作的效率，从而合理地发展人类的安全活动，实现高水平的安全生产和安全生活。安全行为学是一门新兴学科，至今还很少有人对其进行系统的研究。但就目前的发展趋势来看，它是一门正在发展的科学，是社会化大生产发展的必然产物。

4. 安全行为学研究内容

（1）人的安全行为规律的分析和认识

1）认识人的个体自然生理行为模式和社会心理行为模式；

2）分析影响人的安全行为心理因素，如情绪、气质、性格、态度、能力等；

3）分析影响人的安全行为的社会心理因素，如社会知觉、价值观、角色作用等；

4）分析影响群体安全行为的因素，如社会舆论、风俗习惯、非正式团体行为等。

（2）安全需要对安全行为的作用

需要是一切行为的动力来源，安全需要是人类安全活动的基础动力，因此，从安全需要入手，在认识人类安全需要的基本前提下，应用需要的动力性来控制和调整人的安全行为。

（3）劳动过程中安全意识的规律

安全意识是良好安全行为的前提条件，是作用人的行为要素之一。这部分内容研究劳动过程的感觉、知觉、记忆、思维、情感、情绪等对人的安全意识的作用和影响规律，从而达到强化安全意识的目的。

（4）个体差异与安全行为

主要分析和认识个性差异和职务（职业、职位）差异对安全行为的影响，通过协调、适应、调控等方式，控制、消除个性差异和职务差异对安全行为的不良影响，促

进其良好作用。

（5）导致事故产生的心理因素分析

人的行为与心理状态有着密切的关系。探讨事故形成和发生的过程中，导致人失误的心理过程和影响作用规律，对于控制和防止失误有着重要的意义。这部分主要探讨人的心理因素与事故的关系、致因的机理、作用的方式和测定的技术等。

（6）挫折、态度、群体与领导行为

研究挫折这种特殊心理条件下人的安全行为规律；态度心理特征对安全行为的影响；群体行为与领导行为在安全管理中的作用。

（7）注意在安全中的作用

探讨人的注意力的规律，即注意的分类、功能、表现形式、属性，以及在生产操作、安全教育、安全监督中的应用。

（8）安全行为的激励

应用行为科学的激励理论，即权变理论、双因素理论、强化理论、期望理论、公平理论等，来激励工人个体、企业群体和生产领导的安全行为。

5．安全行为学研究方法

任何科学的形成、发展以及成果的取得，都必须遵循一定的基本原则，同时，还要掌握科学的研究方法。研究安全行为的方法有如下几种：

（1）观察法

即通过人的感官在自然的、不加控制的环境中观察他人的行为，并把结果按时间顺序作系统记录的研究方法。

（2）谈话法

即通过面对面的谈话，直接了解他人行为及心理状态的方法。应用前事先要有周详的计划，确定谈话的主题，谈话过程中要注意引导，把握谈话的内容和方向。这种方法简单易行，能迅速取得第一手资料，因此被行为科学家广泛应用。

（3）问卷法

问卷法是根据事先设计好的表格、问卷、量表等，由被试者自行选择答案的一种方法。一般有三种问卷形式：判断式，选择式和等级排列式。这种方法要求问题明确，能使被试者理解、把握。调查表收回后，要运用统计学的方法对其数据作处理。

（4）测验法

即采用标准化的量表和精密的测量仪器，来测量被试者有关心理品质和行为的研究方法，如常见的智力测试、人格测验、特种能力测验等。这是一种较复杂的方法，需由受过专门训练的人员主持测验。

二、安全行为学应用

安全行为科学可应用于深入、准确地分析事故原因和责任，以便科学、有效地控制人为事故。同时，安全行为科学可应用于安全管理、安全教育、安全宣传、安全文化建设等，也可为提高安全专业人员和职工的素质服务。

1. 分析事故原因和责任

（1）事故原因

行为科学的理论指出：人的行为受社会、生理和环境等因素的影响。因此，生产中引起人的不安全行为、造成的人为失误和“三违”发生的原因是复杂的。有了这样的认识，对人为事故原因的分析就不能停留在“人因”这一层次上，应该进行更为深入的分析。例如在分析人的不安全行为表现时，应分清是生理还是心理的原因；是客观还是主观的原因。对于心理、主观的原因，要从人的内因入手，通过教育、监督、检查、管理等手段来控制或调整；对于生理、客观的原因，除了需要管理和教育的手段外，更重要的是从物态和环境的方面进行研究，以适应人的生理客观要求，减少人的失误。行为科学中的人的行为模式、影响人行为的因素分析、挫折行为研究、注意与安全行为、事故心理结构、人的意识过程等理论和规律都有助于研究和分析事故的原因。

（2）事故责任

根据心理学所揭示的规律，人的行为是由动机来支配的，而动机则是由需要引起，需要、动机、行为、目标四者之间的关系是很密切的。例如，安全管理中开办的特种作业人员的培训工作，学员来自各个企业，都表现出积极的学习热情。这种热情是来源于其学习的动机，因为在工作中，一个特种作业人员缺少应有的安全技术知识和技能，就不可能胜任自己的工作，甚至会引发事故。就是这种实际工作的需要产生了学习的动机，进而产生了学习的热情。动机和行为有复杂的关系，在对待事故责任者的分析判断上，要从分析行为与动机的复杂关系入手，为此可从三个方面考虑：①同一动机可引起不同的行为。例如，想尽快完成生产任务，这种动机可表现为努力工作，提高效率；也可能出现盲干违章，不顾操作规程等。②同一行为可出自不同的动机。例如“三违”这类不良行为，有的是有意为之，明知故犯，也有是无意失误的情况。③合理的动机也可能引起不合理甚至错误的行为。在分析事故责任者的行为时，要全面分析个人因素与环境因素相互作用的情况，任何行为都是个人因素与环境因素相互作用的结果，是一种综合效应。因此，事故责任者的行为与个人因素和环境因素有关。例如要提高工效，可能会忽视了劳逸结合，造成疲劳工作，从而导致事故。因此，在分析问题、解决问题时，要透过现象看本质，从人的动机入手，实事求是地进行分析

处理，这样才能既符合实际，又切中其弊，使事故责任处理准确合理。

2. 在安全管理中的运用

（1）基于行为科学理论合理安排工作

根据人的个性心理，合理选择工种在国外得到了普遍应用。在我国，对专业司机进行心理咨询实践方面也获得成功。对于一些特殊的工种或岗位，应该利用行为科学中对于性格、气质、兴趣等个性心理行为规律研究的成果，进行合理的工种和工作的指导安排。在生产安排上，为减少可能的行为失误，要分析情绪、能力、爱好、生理等特点和状态，做出合理的协调。

（2）科学应用管理手段

安全管理中要善于应用激励理论进行科学管理，如科学运用激励理论激发安全行为，抑制“三违”行为；利用角色作用理论，调动各级领导和安全兼职人员的积极性；应用领导理论进行有效的安全管理等。

（3）进行合理的班组建设

在考虑班组人员的搭配上，为使团体行为安全协调，需要研究人员结构效应。如需要考虑班组中的职工气质互补、性格互补，价值观倾向搭配等。

3. 安全宣传与教育中的应用

安全教育和安全宣传的效果往往与其方式有关。从行为科学的角度，利用心理学、社会学、教育学和管理学的方法和技巧，会取得较好的效果。例如，利用认知技巧中的第一印象作用和优先效应来强化新工人的“三级教育”；应用意识过程的感觉、知觉、记忆、思维规律，设计安全教育的内容和程序；研究安全意识规律，通过宣教的方法来强化人的安全意识等。

4. 安全文化建设中的应用

安全文化建设的实践之一就是要提高全员的安全文化素质。显然，不同的对象（决策者、管理者、工人、安全技术人员等）对其安全文化的内容和要求是不一样的，不同的对象需要采取不同的安全文化建设（管理、宣传、教育等）方式。行为科学的理论还使我们认识到：人的行为受心理、生理等内部因素的支配和作用，也受人文环境和物态环境等外部因素的影响和作用，因而人的行为表现出其动态性和可塑性，这样，对于行为的控制和管理需要动态、变化的方式相适应，还要求有艺术、形象、美感的技巧，这样才能达到理想的效果。因此，安全文化活动需要定期与非定期相结合；安全教育在必要的重复基础上，需要艺术的动态；安全宣传有技巧与关键；安全管理要从简单的监督检查变为艺术的激励和启发等。

5. 安全监管人员心理品质塑造中的应用

安全管理和监察人员工作对象和方式的多样性、复杂性与重要性，要求他们具有较高的思想品质和能力素质。一般来说，一个安全监管人员的个性品质、思维能力都是在进行有关工作的实践中形成的。在工作实践中他们遇到多种多样的事物，考虑并解决着多种多样的问题，逐渐地形成所从事的职业的心理品质。这些心理品质表现在：首先，安全监管人员应当具有工作所必需的道德修养，这是由每年的工作任务决定的；他们要对生产过程中事故责任者进行处理、教育，只有受过良好教育，具有崇高的道德品质的人，才能对其他人产生良好的影响。其次，安全监管人员必须有良好的分析问题的能力，如处理事故时对其原因的分析和责任的处理都需要分析能力和综合能力。所以，安全监管人员还需要有敏捷与灵活的思维，以及善于综合处理问题的能力。在分析事故时，需要设想肇事者的行为，这要求安全监管人员具有空间想象的能力；还要求具有果断、耐心、沉着、自制、有主见、纪律性强和认真精神等个性品质，以及较好的人际关系处理方面的艺术。只有在实践中锻炼、学习，才能提高自己的心理素质和品质。在安全管理的监察活动中，创造性的活动是经常和必然碰到的，进行创造性活动的基本条件是具有对本职工作的兴趣和热爱。良好的修养、合作精神，个人利益服从集体利益和国家的利益，完成任务的纪律性，自我牺牲精神等，都是安全监管人员应具有的品质。安全认识活动的复杂结构要求掌握心理学知识。思维的高度和深度；分析问题解决问题的独立性和批判性；善于根据个别事实和细节复现过去事件的模型；思维心理过程的状态应当保证揭示信息的系统性与完备性；保证找到为充分建立过去事件模型所必需的新信息的途径等，都要求有行为科学的知识。安全管理与监察工作者在完成自己职责时，还需要适应各种不利的条件，善于抑制各种消极性情，只有具有建立在对智力、意志和情绪的品质进行训练基础上的适应性，才能很好地完成复杂的各种安全分析、事故处理等活动。总而言之，通过对安全行为科学的研究和掌握，对提高安全监管人员的全面素质具有现实的意义。

第四节　安 全 文 化

一、安全文化概述

1. 安全文化定义

安全文化就是安全理念、安全意识以及在其指导下的各项行为的总称，主要包括安全观念、行为安全、系统安全、工艺安全等。安全文化主要适用于高技术含量、高风险操作型企业，在能源、电力、化工等行业内重要性尤为突出。安全文化的核心是以人为本，这就需要将安全责任落实到企业全员的具体工作中，通过培育员工共同认可的安全价值观和安全行为规范，在企业内部营造自我约束、自主管理和团队管理的

安全文化氛围，最终实现持续改善安全业绩、建立安全生产长效机制的目标。

2. 安全文化内涵

安全文化有广义和狭义之别，但从其产生和发展的历程来看，安全文化的深层次内涵，仍属于“安全教养”“安全修养”或“安全素质”的范畴。也就是说，安全文化主要是通过“文之教化”的作用，将人培养成具有现代社会所要求的安全情感、安全价值观和安全行为表现的人。

3. 安全文化功能

安全文化具有规范人们行为的作用，其基本功能有以下几个方面：

（1）导向功能

企业安全文化提倡、崇尚什么将通过潜移默化作用，接受共同的价值观念，职工的注意力必然转向所提倡、崇尚的内容，将职工个人目标引导到企业目标上来。

（2）凝聚功能

当一种企业安全文化的价值观被该企业成员认同之后，它就会成为一种黏合剂，从各方面把其成员团结起来，形成巨大的向心力和凝聚力，这就是文化力的凝聚功能。

（3）激励功能

文化力的激励功能，指的是文化力能使企业成员从内心产生一种情绪高昂、奋发进取的效应。通过发挥人的主动性、创造性、积极性、智慧能力，使人产生激励作用。

（4）约束功能

这是指文化力对企业每个成员的思想和行为具有约束和规范作用。文化力的约束功能，与传统的管理理论单纯强调制度的硬约束不同，它虽也有成文的硬制度约束，但更强调的是不成文的软约束。

4. 安全文化研究对象

安全文化的研究目标是以辩证、历史、唯物的文化观，研究人类生存、繁衍和发展的历程中，在生产、生活及实践活动的一切领域内，为保障人类身心安全与健康并使其能安全、健康、舒适、高效地从事一切活动，预防、避免、控制和消除事故灾害（人为灾害及自然灾害）和风险所创造的安全物质财富和安全精神财富。研究和发展人类的安全文化，就是要通过确立“以人为本、安全第一”的安全理念，实现人们生存权、劳动权、生命权的维护和保障。安全文化研究的具体对象分为安全观念文化、安全行为文化、安全制度文化和安全物态文化四大范畴。

（1）安全观念文化

安全观念文化是一个组织、单位或企业全体成员一致、高度认同的安全方针、安全理念、安全意识、安全态度、安全承诺、安全价值观、安全愿景、安全使命、安全认知等精神和意识层面的总和。安全观念文化是安全文化的核心和灵魂，是形成和决定安全行为文化、制度文化和物态文化的基础。当代，我们需要研究如何建立组织或

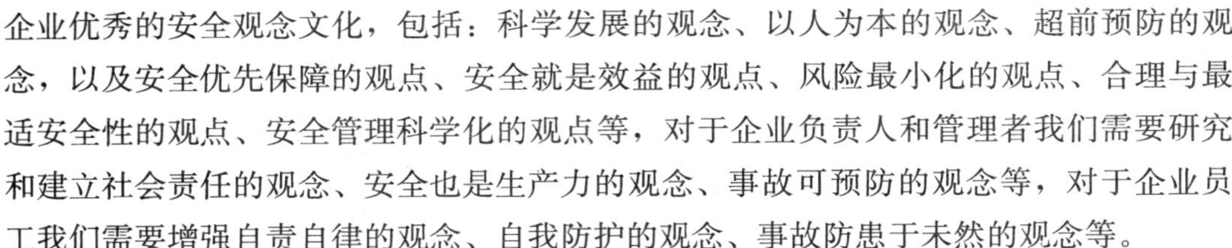

企业优秀的安全观念文化，包括：科学发展的观念、以人为本的观念、超前预防的观念，以及安全优先保障的观点、安全就是效益的观点、风险最小化的观点、合理与最适安全性的观点、安全管理科学化的观点等，对于企业负责人和管理者我们需要研究和建立社会责任的观念、安全也是生产力的观念、事故可预防的观念等，对于企业员工我们需要增强自责自律的观念、自我防护的观念、事故防患于未然的观念等。

（2）安全行为文化

安全行为文化是组织全体成员普遍、自觉接受的安全职责、安全行为规范、安全行为习惯、安全行为实践等有意识的行动与活动。安全行为文化是在安全观念文化指导下，人们在生活和生产过程中的安全行为准则、安全价值关系、思维方式、行为模式的表现。对于安全行为文化的研究，需要分析和探讨安全责任落实、安全素质培养、安全行为规范、安全制度执行、安全习惯养成、安全激励方法、安全参与方式、安全楷模的建立等。安全行为文化既是安全观念文化的反映，同时又作用于和改变观念文化。现代工业化社会，需要发展的安全行为文化主要有：具有科学的安全思维方式；建设“学习型组织”，强化高质量的安全学习；执行严格的安全规范，提高安全法规标准的执行力；进行科学的安全领导和指挥；掌握必需的应急自救技能；进行合理的安全决策和操作等。

（3）安全制度文化

安全制度文化是指组织、单位或企业成员对确保安全法律、规程、规范、标准的理解、认知和自觉执行的方式和水平。企业安全制度文化是企业安全管理的根基，能够决定企业安全管理的成败与效能。安全制度文化能对社会组织（或企业）及其成员的行为产生规范性、约束性影响和作用，安全制度文化集中体现观念文化和物质文化对人的要求。安全制度文化的建设从社会层面上讲，包括建立法制观念、强化法制意识、端正法制态度，到科学地制定法规、标准和规章，严格的执法程序和自觉的执法行为等；从企业层面上讲，安全制度文化的建设主要需要研究：如何提高安全制度的执行力？如何提升安全管理的科学性及有效性？如何拓展与丰富安全管理的方法和手段，如亲情式管理、参与式管理、人性化管理、激励式管理、自律式管理等？目前，有的行业和企业正在探索和研究，如何从经验管理到科学管理，从科学管理到文化管理的发展模式和方向。因此，文化管理正在逐步成为安全管理发展的新体系和必然趋势。

（4）安全物态文化

安全物态文化是组织、企业或社区空间内的安全生产或活动的条件、安全信息环境、安全标识、安全警示等安全文化物态载体的总和。企业安全物态文化是安全观念文化、安全行为文化和安全制度文化的载体和形态表现。安全物态文化是安全文化的表层部分，它是形成和表现安全观念文化与安全行为文化的条件和形式。安全物态文

化包含安全识别系统、安全警示氛围、安全人文环境、安全条件状态、安全信息沟通等。从安全物态文化中往往能形象化地体现出组织或企业领导的安全认识和态度，反映出组织或企业安全管理的理念和哲学，折射出安全行为文化和制度文化的成效。所以说，物态是文化的体现，又是文化发展的基础。企业安全生产过程中的安全物态文化主要体现在：一是人类技术和生活方式与生产工艺的本质安全性；二是生产和生活中所使用的技术和工具等人造物及与自然相适应有关的安全装置、仪器、工具等物态本身的安全条件和安全可靠性；三是有形的安全文化氛围（标识、警示、声光环境、人文器物等）。安全物态文化不是对安全技术和安全装备、设施等有形安全物态的代替，而是丰富和补充。

二、安全文化建设

1. 安全文化建设的意义

正确理解与认识安全文化建设在安全生产管理中的重要性，切实加强安全文化建设，对促进安全生产管理的有效开展具有重要意义。安全文化建设的意义具体包括以下几个方面：

（1）有利于树立正确的安全生产观

安全文化包括三个要素：安全物质文化、安全制度文化、安全精神文化。企业员工的安全意识、安全观念、安全目标等构成了安全文化的主要内涵。通过加强安全文化建设，确立“安全第一，预防为主”的指导思想，把“没有安全就没有效益”的经营理念贯穿于企业的整个经营活动中，是搞好安全生产管理的前提。然而在实际工作中，个别企业片面追求经济利益，放松了安全生产监管，安全生产管理制度不健全，甚至发生违章指挥、违章作业等现象，导致安全生产处于被动状态。正确认识安全文化作为一种新型管理理论的价值，将安全生产管理与安全文化建设有机结合，让“安全第一，预防为主”的思想渗透到企业经营理念和企业文化中，有利于推动安全生产管理工作深入开展。

（2）有利于增强安全防范意识

做好安全生产管理工作，应有超前的安全防范意识。一要做到“防在前”：安全管理人员要把各项防范措施落实到生产经营的每个环节。二要做到“想在前”：企业的每一名员工都要时刻想安全，想一想通过什么办法、采取什么措施、运用什么手段能保证安全生产。三要实现“做在前”：在生产经营过程中，对生产者的不安全行为、机械设备的不安全状态、环境的不安全因素、管理工作中存在的不安全隐患等，安全管理人员要准确鉴别和判断，采取及时有效措施加以整改。安全生产工作是一项长期而艰巨的任务，必须警钟长鸣，常抓不懈。要根据安全发展的需要，认真总结经验教训，防止和杜绝事故的发生。要对企业安全生产现状、作业现场的基本情况等做到了如指掌。安全工作是关系职工生命、国家财产的大事，要制定长远的安全管理规划，建立安全生产管理长效机制。安全生产管理工作直接关系到国家、企业和员工的利益，必须树立全局观念，从整体利益出发，将其作为企业生产经营中的头等大事。对生产过程中出现的问题和矛盾，要以个体服从整体、局部服从全局为原则，正确处理各方面的关系。要从企业实际出发，对现有的安全生产技术与管理模式进行改革创新，创建具有自身特色的安全生产管理体系，促进企业持续健康发展。人是安全生产管理中最活跃的因素，要搞好安全生产，必须树立以人为本的理念。要加强安全生产宣传教育，让全员自觉参与安全生产管理制度的制定和执行，充分发挥其积极性、主动性、创造性。做好安全生产管理必须从源头抓起，加大安全生产科技投入，避免随意减少安全生产投入、削减安全生产成本的短期行为，杜绝产生安全隐患，提高安全生产管理效率。

（3）有利于健全安全生产组织管理

健全组织机构，强化组织管理，树立以人为本的管理理念，充分发挥员工的聪明才智，让员工投身于企业安全生产活动之中，是安全文化建设的精髓所在。通过健全和完善安全生产组织管理模式，明确、落实安全生产管理职责，可有效提高安全生产管理的组织效率。具体要做好以下几个方面：一要明确安全生产管理的组织分工与职责，实行分区分段定点包干责任制，层层签订责任书，落实安全生产责任。二要按照“谁主管，谁负责”的原则，把安全管理工作落到实处，把安全防范责任落实到每个部门、岗位、个人。三要建立健全奖惩制度，把安全生产与员工的业绩考评、职位晋升挂钩，增强员工的责任感、紧迫感。四要强化预防功能，堵塞安全管理漏洞，杜绝由于组织不健全、责任不明确、管理不到位、措施不得力造成的事故。

（4）有利于建立安全生产管理长效机制

注重制度“硬管理”和文化“软管理”的有机结合，既是企业文化建设的需要，更是建立长效安全管理机制的需要。一方面是制度“硬管理”。通过健全与完善安全管理制度，包括安全责任制度、安全生产管理制度、安全设备与设施管理制度、防范检查制度、突发事件处理程序等，切实规范安全生产管理，明确与落实安全管理工作职责，实现安全生产制度化、规范化。另一方面是文化“软管理”。要通过企业文化建设，促使员工认同企业使命、企业精神，从而自觉执行企业的各项规章制度，按照企业的整体战略目标和制度要求来规范自己的行为，统一思想、统一认识、统一行动。

（5）有利于实施预防型安全生产管理

安全文化不是现时的“消费”，而是一种“长期投资”。它能促使企业实现管理资源的优化整合，达到提高安全生产管理效率和增加经济效益的目的。预防型安全管理作为安全管理的重要方法之一，符合现代企业安全生产管理的发展需要。只有将预防工作做好，才能有效杜绝各种问题的发生。通过加强安全文化建设，确保预防型安全

管理持续有效开展。一要始终贯彻“安全第一，预防为主”的指导思想，从战略管理的高度，进行科学的安全管理规划，确立安全目标，制订安全计划，认真组织实施。二要时刻保持高度警惕，密切注意生产动态，采取预先防范措施，对可能发生的危险进行预测和评估，确定危险等级，进行分级管理，以及时发现和消除安全隐患，预防可能发生的安全问题，提高安全生产管理效率。三要加强安全生产管理队伍建设，提高实施预防型安全管理的组织协调与实际操作能力。四要加强宣传教育和培训，让员工明确实施预防型安全管理的重要性和必要性，积极参与预防型安全生产管理，确保安全管理目标顺利实现。

2. 安全文化建设的内容

企业安全文化是指企业安全活动创造的安全生产及劳动保护的观念、行为、环境、物态条件的总和，体现为每一个人、每一个单位、每一个群体对安全的态度、思维程度及采取的行动方式，是得到企业每个员工自觉接受、认同并自觉遵守的共同安全价值观。企业安全文化建设主要包括四个方面的内容：

（1）构建安全文化理念体系，提高职工安全文化素质

安全文化理念是人们关于企业安全以及安全管理的思想、认识、观念、意识，是企业安全文化的核心和灵魂，是建设企业安全文化的基础。它主要包括安全的价值观、经营观、管理观、责任观、标准观、投入观、分配观、环境观、方法观等内容。各企业一是要提炼好企业安全文化理念。要结合行业特点、实际、岗位状况以及本企业的文化传统，提炼出富有特色、内涵深刻、易于记忆、便于理解的，为职工所认同的安全文化理念并形成体系。二是要宣贯好安全文化理念。开展多种形式的安全文化活动，通过企业板报、电视、刊物、网络等多种传媒以及举办培训班、研讨会等多种方法，将企业安全文化理念灌输并根植于全体员工。三是要固化好安全文化理念。要将安全文化理念让职工处处能看见，时时有提醒，外化于形，固化于心，寓于各项工作之中，成为企业职工的自觉行动。

（2）构建安全文化制度体系，把安全文化融入企业管理全过程

安全制度文化是企业安全生产的运作保障机制重要组成部分，是企业安全理念文化的物化体现。它是企业为了安全生产及其经营活动，长期执行较为完善的保障人和物安全而形成的各种安全规章制度、操作规程、防范措施、安全教育培训制度、安全管理责任制以及遵章守纪的自律安全的厂规、厂纪等，也包括安全生产法律、法规、条例及有关的安全卫生技术标准等。建设好安全制度文化，要重点抓好五个方面的工作：一是各企业要按照“一岗双责”的要求，制定岗位安全职责，做到全员、全过程、全方位安全责任化，建立和完善横向到边、纵向到底的安全责任体系，各司其职、合力监管的安全监管体系，反应及时、保障有力的安全预防体系，以人为本、保障安全和健康的管理体系。二是抓好国家劳动安全卫生法规的贯彻、执行。三是各企业要根

据法律法规的要求，结合企业实际，制定好各类安全制度。四是要抓好安全标准化体系的建设，按照各行业标准化要求，开展标准化达标活动。五是抓好制度的贯彻执行，不断强化制度的执行力。

（3）构建安全文化行为体系，培养良好的安全行为规范

安全行为文化指在安全观念文化指导下，人们在生产过程中的安全行为准则、思维方式、行为模式的表现。安全行为体系包括决策层、管理层和执行层的安全行为建设。企业决策层要制定安全行为规范和准则，形成强有力的安全文化的约束机制。管理层要按照决策层制定的安全行为规范和准则，进行管理和监督，形成管理层的安全文化；操作层自觉遵章守纪，贯彻执行自律安全的行为和规范，形成班组员工的安全文化。各企业要从实际出发，从提高教育效果入手，不断探索喜闻乐见的安全教育新模式，使安全教育工作落实到全员。通过决策层和管理层的行为教育，引导全体员工树立“安全问题人人有责”的思想。不断提高他们在生产过程中的安全文化素质和技术素质，增强对隐患的判断技能和分析能力。

（4）构建安全文化物质体系，创造良好的工作环境

企业安全物质文化是指整个生产经营活动中所使用的保护员工身心安全与健康的安全器物和员工在生产过程中的良好环境氛围，是加强安全文化建设的物质基础。各企业一方面要加大安全投入，坚持科技兴安，解决安全技术难题；加强现场管理，积极改善工作环境和条件，建立科学的预警和救援体系，努力追求人、机、环境的和谐统一，实现系统无缺陷、管理无漏洞、设备无障碍；另一方面要依托企业文化建设系统，建立安全文化的理念识别系统、视觉识别系统和行为识别系统，营造良好的工作环境和氛围，为安全生产工作提供有力支撑。

3. 安全文化建设的步骤

（1）建立机构

领导机构可以定为“安全文化建设委员会”，必须由生产经营单位主要负责人担任委员会主任，同时要确定一名生产经营单位高层领导人担任委员会的常务副主任。其他高层领导可以任副主任，有关管理部门负责人任委员。其下还必须建立一个安全文化办公室，办公室可以由生产（经营）、宣传、党群、团委、安全管理等部门的人员组成，负责日常工作。

（2）制定规划

对本单位的安全生产观念、状态进行初始评估。对本单位的安全文化理念进行定格设计，制订出科学的时间表及推进计划。

（3）培训骨干

培养骨干是推动企业安全文化建设不断更新、发展，非做不可的事情。训练内容可包括理论、事例、经验和本企业应该如何实施的方法等。

（4）宣传教育

宣传、教育、激励、感化是传播安全文化，促进精神文明的重要手段。规章制度那些刚性的东西固然必要，但安全文化这种柔的东西往往能起到制度和纪律起不到的作用。

（5）努力实践

安全文化建设是安全管理中高层次的工作，是实现零事故目标的必由之路，是超越传统安全管理来解决安全生产问题的根本途径。安全文化要在生产经营单位安全工作中真正发挥作用，必须让所倡导的安全文化理念深入到员工头脑里，落实到员工的行动上。在安全文化建设过程中，紧紧围绕“安全—健康—文明—环保”的理念，通过采取管理控制、精神激励、环境感召、心理调适、习惯培养等一系列方法，既推进安全文化建设的深入发展，又丰富安全文化的内涵。

4．安全文化建设的评价

企业安全文化建设的评价可以从其外在效果和自身建设两个方面进行考核。

（1）企业安全文化建设的外在效果

企业安全文化建设的外在效果可以从企业的安全状况和职工的职业安全健康两方面来考察。企业的安全状况指标主要包括：事故率、人员伤亡率、违章操作率、安全周期。这四个主要指标体现了安全价值观、安全理念等在员工心中的认同程度以及在员工行动中的自觉性。职业安全健康包括职工对生产环境的满意度、对社会、企业的满意度以及员工家属对企业的满意度。这三个主要指标反映了安全文化在企业实际的作用效果，作用效果好，则满意度高；反之，则满意度低。

（2）安全文化的自身建设

安全文化的自身建设包括组织的承诺、管理参与、员工授权、奖惩系统、报告系统和安全文化的培训教育。

1）安全文化中的组织承诺。就是企业组织的高层管理者对安全所表明的态度。组织高层领导对安全的承诺不应该口是心非，而是组织高层领导将安全视作组织的核心价值和指导原则。因此，这种承诺也能反映出高层管理者始终积极地向更高的安全目标前进的态度，以及有效激发全体员工持续改善安全的能力。只有高层管理者做出安全承诺，才会提供足够的资源并支持安全活动的开展和实施。

2）安全文化中的管理参与。是指高层和中层管理者亲自积极参与组织内部的关键性安全活动。高层和中层管理者通过每时每刻参加安全的运作，与一般员工交流注重安全的理念，表明自己对安全重视的态度，将会在很大程度上促使员工自觉遵守安全操作规程。

3）安全文化中的员工授权。是指组织有一个“良好的”授权于员工的安全文化，并且确信员工十分明确自己在改进安全方面所起的关键作用。在组织内部，失误可以发生在任何层次的管理者身上，然而，第一线员工常常是防止这些失误的最后屏障，从而防止伤亡事故发生。授权的文化可以带来员工不断增加的改变现状的积极性，这种积极性可能超出了个人职责的要求，但是为了确保组织的安全而主动承担责任。根据安全文化的含义，员工授权意味着员工在安全决策上有充分的发言权，可以发起并实施对安全的改进，为了自己和他人的安全对自己的行为负责，并且为自己的组织的安全绩效感到骄傲。

4）安全文化中的奖惩系统。就是指组织需要建立一个公正的评价和奖惩系统，以促进安全行为，抑制或改正不安全行为。一个组织的安全文化的重要组成部分，是其内部所建立的一种行为准则，在这个准则之下，安全和不安全行为均被评价，并且按照评价结果给予公平一致的奖励或惩罚。因此，一个组织用于强化安全行为、抑制或改正不安全行为的奖惩系统，可以反映出该组织安全文化的情况。但是，一个组织的奖惩系统并不等同于安全文化或安全文化的一部分，从文化的角度说，奖惩系统是否被正式文件化、奖惩政策是否稳定、是否传达到全体员工和被全体员工所理解等才更属于文化的范畴。

5）安全文化的报告系统。是指组织内部所建立的、能够有效地对安全管理上存在的薄弱环节在事故发生之前就被识别并由员工向管理者报告的系统。有人认为，一个真正的安全文化要建立在“报告文化”的基础之上，有效的报告系统是安全文化的中流砥柱。一个组织在工伤事故发生之前，就能积极有效地通过意外事件和险肇事故取得经验并改正自己的运作，这对于提高安全来说，是至关重要的。一个良好的“报告文化”的重要性还体现在：对安全问题可以自愿地、不受约束地向上级报告，可促进员工在日常的工作中对安全问题的关注。需注意的是，员工不能因为反映问题而遭受报复或其他负面作用；另外要有一个反馈系统告诉员工他们的建议或关注的问题已经被处理，同时告诉员工应该如何去做以帮助其自己解决问题。总之，一个具有良好安全文化的组织应该建立一个正式的报告系统，并且该系统被员工积极地使用，同时向员工反馈必要的信息。

6）安全文化中的培训教育。除了上述五种评价因素外，实际上还应该有一个评价安全文化的重要因素，就是培训教育。安全文化培训教育，既包括培训教育的内容和形式，也包括安全培训教育在企业重视的程度、参与的主动性和广泛性以及员工在工作中通过传帮带自觉传递安全知识和技能的状况等。

有了上述关于安全文化的表征因素，还必须根据这些因素建立具体的评价方法。安全文化评价的方法较多，有定性评价、定量评价和定性定量相结合的方法，针对安全文化评价的复杂性，本着实用、方便的原则，可以采用评分法进行评判。即：对每一个因素划分出等级并赋予一个分值，将安全文化的状况按各因素等级进行对照，确定出相应的分值，最后相加各分值得到总分，即为安全文化状况的评价结果。

第五节　安全经济学

随着人类社会的发展和人民生活水平及受教育程度的提高，安全生产的作用、功能、理念不断发生变化，人们对安全的重视程度越来越高。生产过程中，在强调生命价值、职业健康、社会效益的同时，也要注重经济意义对促进社会发展的作用。安全经济活动在安全生产实践中至关重要，安全生产科学决策与管理、安全人力资源的配置、安全生产投资政策的制定、事故损失评估与风险管理等均涉及安全经济学范畴，安全经济学是安全经济活动的理论基础。

一、安全经济学基础

1. 安全经济学的定义

安全经济学以经济科学理论为基础，以安全领域为阵地，为安全经济活动提供理论指导和实践依据，它是一门经济学与安全科学相交叉的综合性科学。安全经济学可定义为：研究安全的经济（利益、投资、效益）形式和条件，通过对人类安全活动的合理组织、控制和调整，达到人、技术、环境的最佳安全效益的科学。

2. 安全经济学的研究对象

安全经济学根据安全实现与经济效果对立统一的关系，从理论与方法上研究如何使安全活动（安全法规与政策的制定、安全教育与安全管理的进行、安全工程与技术的实施等），以最佳的方式与人的劳动、生活、生存合理地结合起来，最终达到安全劳动、安全生活、安全生存的可行和经济合理，从而使人类社会取得较好的综合效益。具体地说，安全经济学应研究如下几方面的问题：

（1）安全经济学的宏观基本理论

研究社会经济制度、经济结构、经济发展等宏观经济因素对安全的影响，以及与人类安全活动的关系；确立安全目标在社会生产、社会经济发展中地位和作用；从理论上探讨安全投资增长率与社会经济发展速度的比例关系；把握和控制安全经济规模的发展方向和速度。

（2）事故对社会经济的影响规律

研究不同时期（时间）、不同地区（行业、部门等空间）、不同科学技术水平和生产力水平条件下，事故的损失规律和对社会经济的影响规律；探求分析、评价事故和灾害损失的理论及方法，特别是根据损失的间接性、隐形性、连锁性等特征，探索科学、精确的测算理论和方法，为掌握事故和灾害对社会经济的影响规律提供依据。

（3）安全活动的效果规律

研究如何科学、准确、全面地反映安全的实现对社会和人类的贡献，即研究安全的利益规律。测定出安全的实现对个体（个人）、企业、国家，以及全社会所带来的利益，对制定和规划安全投入政策具有重要的意义，同时对科学地评价安全效益也是不可少的技术环节。

（4）安全活动的效益规律

安全的效益与生产的效益既有联系，又有区别。安全的效益不仅包括经济的效益，更为重要的是还包含有非价值因素（健康、安定、幸福等）的社会效益。这使得对安全效益的评定非常困难。为此，应细致地研究安全效益的潜在性、间接性、长效性、多效性、延时性、滞后性、综合性、复杂性等特征规律，把安全的总体、综合效益充分地揭示出来，为准确地评价和控制安全经济活动提供科学的依据。

（5）安全经济的科学管理

研究安全经济项目的可行性论证方法、安全经济的投资政策、安全经济的审计制度、事故和灾害损失的统计办法等安全经济的管理技术和方法，使国家有限的安全经费能得以合理使用，实现最大限度地发挥人类为安全所投入的人、财、物的潜力。

3. 安全经济学的研究内容

安全经济学的研究内容是相当广泛的，既有基础理论，也有应用理论，还有技术手段和方法。根据系统学和科学学的方法，我们把安全经济学的研究内容整理归类为安全经济学四层次结构体系，见表2—1。

表2—1　安全经济学的研究内容

学科层次	学科理论与方法特征	主要学科内容
工程技术	安全经济技术的方法与手段	（1）安全经济政策与决策 （2）安全经济标准 （3）安全经济统计 （4）安全经济分配 （5）损失计算技术 （6）安全投资优化技术 （7）安全成本核算 （8）安全经济管理
技术科学	安全经济学的应用基础理论	（1）安全经济原理 （2）安全经济预测理论 （3）安全经济分析理论 （4）安全经济评价理论 （5）安全价值工程 （6）非价值量的价值化技术

续表

学科层次	学科理论与方法特征	主要学科内容
基础科学	安全经济学的基础科学	(1) 宏观经济学 (2) 微观经济学 (3) 数量经济学 (4) 系统科学 (5) 数学科学
哲学	安全经济观、认识论和方法论	(1) 安全经济观 (2) 安全经济认识论 (3) 安全经济方法论

从表2—1中内容可认识到：

(1) 安全经济学的哲学问题是确立安全经济观，确立安全经济学的立论基点，指明安全经济学的发展方向，提供安全经济理论的思想基础。

(2) 安全经济学的基础科学是安全经济学理论和方法的根基和源泉。只有充分采用一般科学技术和一般经济学现有的理论、方法，安全经济学的发展才有基本的支柱和依靠。与此同时，安全经济学也应发展符合自身学科需要的理论科学。

(3) 安全经济学的技术科学是安全经济学的应用基础理论，它研究和探讨安全经济的基本原理和规律，提出安全经济控制和管理的理论。只有充分地认识和掌握了安全经济客观规律，确立了安全经济学的基本理论，安全经济活动的指导与控制才会准确和有效。

(4) 安全经济学的工程技术指安全经济活动或工作的方法和手段。安全经济学不仅仅是应用理论，更为有意义的是安全经济学的理论能指导安全工程技术的实践活动，使人类的安全活动符合客观实际和必须遵循的经济规律。

4. 安全经济学的特点

安全经济学是一门横跨自然科学和社会科学的新的、特殊的交叉学科。安全经济学从研究方法上讲，具有系统性、预见性、优选性；从学科本质上讲，具有部门性、边缘性及应用性。

(1) 系统性

安全经济问题往往是多目标、多变量的复杂问题。

(2) 预见性

安全经济的产出往往具有延时性和滞后性，而安全活动的本质具有超前性和预防性特征，因而，安全经济活动应具备适应安全活动要求的预见性。

(3) 优选性

安全经济的决策活动应建立在优选的基础上。安全经济学应提供安全经济优化技术和方法。

（4）部门性

安全经济学相对于一般经济学，具有部门的属性。

（5）边缘性

安全经济学是安全的自然科学与安全的社会科学交叉的边缘科学。

（6）应用性

安全经济学所研究的安全经济问题，都带有很强的技术性和应用性。安全经济学为这种实践提供技术和手段。

5. 安全经济学的研究方法

研究安全经济学的基本方法是辩证唯物论的方法，主要有以下几种：

（1）分析对比方法

进行分析和对比是掌握系统特性及规律的基本方法之一。为此，要注重微观与宏观相结合、特殊与一般相结合的原则。只有从总体出发，纵观系统全局，通过全面、细致的综合分析对比，才能把握系统的可行性和经济合理性，从而得到科学的结论。安全经济活动所特有的规律，如“负效益”规律、非直接价值性特征等，只有通过分析对比才能获得准确的认识。

（2）调查研究方法

认识安全经济规律，很大程度上应根据现有的经验和材料来进行，因此，调查研究是认识安全规律的重要方法。事故损失规律只有在大量的调查研究基础上，才能得以揭示和反映。

（3）定量分析与定性分析相结合

安全经济问题的数量关系分析和科学定量解决，是安全经济学发展的必然要求。由于受客观因素和基础理论的限制，安全经济领域有的命题是不能绝对定量化的，必须采取定量与定性相结合的方法，使获得的结论尽量合理和正确。

二、安全经济学原理

安全经济学是以经济学理论为基础，将相对成熟的经济学思想和研究方法运用于安全生产活动中，研究安全经济活动规律的科学。经济学在安全生产中有着至关重要的作用，通过引入经济学研究方法，可以对安全投入产出、安全效益、安全投资价值评估等基本活动进行更加精细的量化。安全经济学原理是对安全经济活动规律的总结与提炼，在经济学基础上，结合安全科学的学科特性，将经济学研究分析方法渗透并应用到安全生产活动中；通过实践活动的验证，不断总结安全经济规律并形成理论体系，最终提炼出原理。安全经济学核心原理侧重研究生产活动中定价、优化、价值分

析等规律，并结合经济学、哲学、管理学、人类工效学、心理学等学科思想，通过与各学科的充分融合和相互补充，将生产活动中对安全经济活动产生影响的各方面因素均考虑在内，使原理具备更强的指导性和实践性。

1. 生命安全价值原理

生产造成的人员伤亡历来是安全问题的核心，如何评估生命价值，保证公正合理的善后理赔等问题，受到社会各界高度重视。经济补偿是人员伤亡的主要解决办法，在许多国家也得到普遍认同甚至形成了法规条例，如德国基于公共保险的赔偿制度等。在进行高危项目施工设计时，常需要通过对生命定价进行可行性评估，常用的生命价值评定方法分别是人力资本法和支付愿意法，并且各自有具体的计算公式。

生命价值不仅是经济问题，也是伦理问题。从道德层面讲，经济学中的普遍做法相当于间接以金钱衡量生命，对生命进行明码标价，这似乎违背了道义准则，因为人的惯有思维是不应该把生命货币化，因为人的生命是无价的。生命是人与生俱来的特殊财产，无法交易，没有人愿意拿生命去交换别的东西，生命的价值无限大。生命有无限的价值，但无价格。价格是交换比率，而生命无法交换，所以无法像其他商品一样用货币来衡量。国内外常见的对因公伤亡的员工进行经济补偿是对员工亲属的精神抚慰或安家费，而不是对生命的直接定价。生命价值原理认可人的生命所创造的价值，也承认对因公伤亡进行经济补偿的合理性。但是，该行为只是由于资源利用、正常生产、事故损失统计、法律标准制定等活动的需求，并非是对生命进行交易性估价，有利于受损家庭迅速恢复生产，以及社会和谐稳定。

2. 安全经济最优化原理

最优化是在一定约束之下关于如何选取某些因素的值，使相应指标达到最优的一门学科。安全以保障生命健康为第一目的，是可以带来经济效益的有价值的活动，对生产经济的增长和社会经济的发展具有重要作用。将最优化思想与方法运用于安全生产活动中，提出安全经济最优化作为安全经济学的一条原理，揭示了安全投入与产出效果规律。

（1）各种社会实践活动均要投入一定人力、物力等资源。安全作为人类生存的最基本需求，只有通过实践活动才能得以实现，因此必然要消耗一定的资源，否则安全活动无法进行。任何一个组织的劣势部分往往决定着整个组织的水平，我国工矿企业生产过程普遍存在的短板是忽视安全，安全事故频发和惨痛的教训已经印证了安全投入的必要性。因此，安全投入是安全经济最优化最重要的约束条件。

（2）盲目的安全投入易导致资源浪费和生产成本增加，不利于正常生产活动的进行和安全最优化的实现。因此，确定安全投入的最佳比例，建立衡量安全投入与产出效果是否合理的评估机制是安全经济最优化原理的核心部分。

（3）根据经济学中边际成本和边际收益的概念提出边际安全成本与边际安全收益

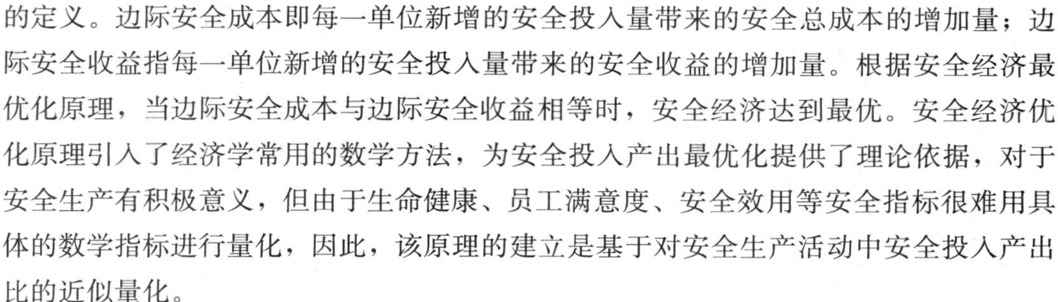

的定义。边际安全成本即每一单位新增的安全投入量带来的安全总成本的增加量；边际安全收益指每一单位新增的安全投入量带来的安全收益的增加量。根据安全经济最优化原理，当边际安全成本与边际安全收益相等时，安全经济达到最优。安全经济优化原理引入了经济学常用的数学方法，为安全投入产出最优化提供了理论依据，对于安全生产有积极意义，但由于生命健康、员工满意度、安全效用等安全指标很难用具体的数学指标进行量化，因此，该原理的建立是基于对安全生产活动中安全投入产出比的近似量化。

3. 安全经济效益辐射原理

在经济学中，经济效益是指通过商品和劳动的对外交换所取得的社会劳动节约，即以尽量少的劳动耗费获取尽量多的经营成果，或者以同等的劳动耗费取得更多的经营成果。由于客观因素和基础理论的限制，安全经济领域许多命题不能绝对量化，故将安全经济效益辐射原理作为安全经济学的一条核心原理。该原理可以使人们看到安全所带来的间接的或者隐形的经济效益，为安全生产决策者制订生产计划提供指导性意见，引起其对安全生产和安全投入的重视。

（1）安全生产方面，安全投入所产生的效益不可以用产品数量的增加、质量的改进等指标衡量，而体现在整个生产过程中。安全投入的直接结果是企业不发生或少发生事故和职业病，这是企业正常生产、取得持续效益的必要条件，是安全经济效益间接特性的体现，也是安全经济效益辐射原理的本质。

（2）安全系统是一个涉及面广、复杂多变的系统，安全经济方面的投入势必影响安全系统的多个因素，根据系统的相关性和动态性特征，安全投入带来的多因素状态的改变将产生辐射状的经济效益。

（3）安全经济效益辐射原理在指导安全生产方面意义重大。一方面，在制定安全投入决策时，不仅需要考虑安全投入的显性成本，而且需要与隐形安全成本相结合，制订最优的安全投入计划；另一方面，在计算安全投入带来的安全效益时，不能仅满足表面的可以量化的直接安全效益，如事故率的下降、安全生产效率的提高等，也应该关注安全的间接效益，如车间安全文化的形成、员工满意度的提高等。

4. 安全经济复杂性原理

安全经济复杂性原理的基础是安全经济变量的多样性和层次结构的交叉性。安全系统本身是复杂系统，其复杂性来自系统中各个变量的波动性，在安全经济系统中，每一个经济单位都按其经济结构的性质实现其自身利益的最大化，但是由于各个层次的经济利益并不一致，使得安全经济系统更加复杂。安全经济复杂性原理的核心表现在经济增长方式上。安全经济增长的方式主要是阶跃式，除了可见的投入会直接增加产出外，系统中政策因素、环境因素和结构变化也会对安全状况和经济增长做出贡献，并且这种变化是冲击性的，易导致相应的阶跃变化；影响安全经济增长方式的因素广

泛而复杂，如新技术、市场变化、制度可行性、规模效应、投资风险等。安全经济增长的上述方式和影响因素，可用安全经济复杂性原理解释。安全经济复杂性原理的根源在于非线性，现实世界的多样性、奇异性和复杂性的根源均是非线性的存在。安全经济复杂性原理的提出意在揭示安全生产过程中经济复杂性的根源，明确影响安全经济投入产出因素的多样性和广泛性，对企业正确分析安全经济形势、制定最优决策有重要意义。

5. 安全价值工程原理

价值工程主要通过降低产品成本、提高产品质量等措施寻求价值最大化。价值工程分析方法是经济分析决策中的重要工具，而安全价值工程是一种实用的安全技术经济方法，其原理可以作为安全经济学的一条核心原理。在安全经济分析与决策中采用价值工程的理论和方法，对于提高安全经济活动效果和质量有重要意义。安全价值工程原理是针对安全价值工程思想和应用提出的基础性理论解释。价值工程的基本思想是消除不必要的功能，使系统的结构更加合理。从安全系统工程的角度讲，系统由多个要素组合而成，而且各个要素都满足实现整体最优目标的需要，将各要素综合、统一成一个整体，从而产生新的功能，即系统作为一个整体才能发挥应有功能。因此，安全价值工程原理的基本思想源于系统的整体性和功能性。安全价值即安全功能与安全投入的比值。其中，安全功能即某项安全技术措施或方法在某系统中产生的影响及所负担的职能。在正常的生产过程中，欲提高安全价值，单纯地追求降低安全投入或片面追求提高安全功能是不明智的，必须要改善两者之间的比值。安全价值工程原理用于研究安全功能与安全投入最佳匹配关系，是综合考虑安全投入与安全功能的结果。安全价值工程原理将为实践中安全功能的优化奠定理论基础。

上述这五个原理全面而深入地揭示了安全经济学的内部规律，呈现出安全经济理论指导经济活动，安全实践反过来完善理论的运作机制，其共同点是通过引入经济学方法，在保证人生命安全与职业健康的前提下，获得最大程度的生产安全目标。

第六节　安全教育学

一、安全教育学基础

1. 安全教育学定义

安全教育学是基于马克思主义哲学，以安全科学与教育科学为主要理论基础，以保护人（受教育者）的身心安全健康、保障社会生活、生产安全及探索安全教育活动

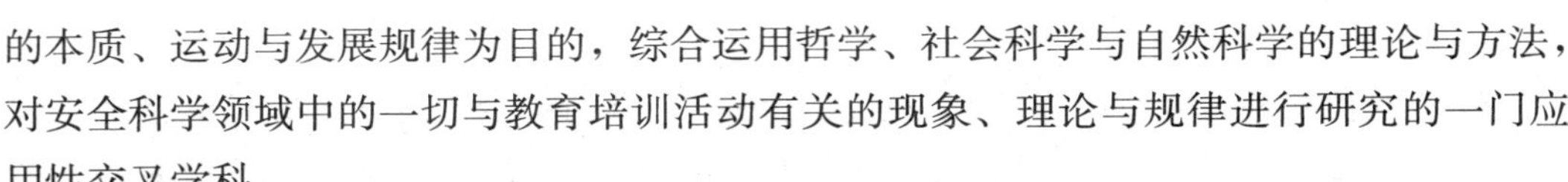

的本质、运动与发展规律为目的，综合运用哲学、社会科学与自然科学的理论与方法，对安全科学领域中的一切与教育培训活动有关的现象、理论与规律进行研究的一门应用性交叉学科。

2. 安全教育学的内涵

（1）安全教育学的指导思想为马克思主义哲学。安全教育学的理论基础是安全科学与教育学，两者基本规律与理论在一定条件下可以用来指导安全教育实践与研究，而其他相关学科理论可为其发展与实践提供借鉴。

（2）安全教育学研究的直接目的是探索关于安全教育活动的普遍性运动与发展的规律与本质，形成安全教育学的理论、研究方法与学科体系，用以指导安全教育实践、管理与研究等活动的开展；其最终目的通过对受教育者安全生产意识、知识与技能的教授，提高受教育者安全水平与素质，保障社会的和谐、人们生活的安康与企业生产的安全，以减少事故人员伤亡与财产损失，促进安全生产水平提高。

（3）安全教育学的核心目的是对人的安全教育，其教育对象、教育者与受益者均为人，关于人的生理、心理、行为与认知等活动的理论与规律都是安全教育学学科发展、理论形成与应用实践的根基，“以人为本”与坚持“人的核心地位”是安全教育基本属性之一。“人”的因素是安全教育的核心要素，在整个安全教育学理论研究与教育实践中必须坚持围绕“人”这个核心而展开。

（4）安全教育学是一门应用型的交叉学科，实践性是其显著的学科属性与特征，安全教育起源于大量的社会教育实践，其研究的终点也是服务安全教育实践，因此对安全教育的思考与研究，都要遵循“来自教育实践，再回到教育实践”的模式。

（5）安全教育学是涉及多门学科的应用性交叉学科，其理论基础与研究方法可广泛吸取众多相关学科知识，这决定其研究手段与模式可广泛借鉴哲学、社会与自然科学，其研究方法体系应该具有综合、系统与多维视角的特征，以满足安全教育学不同对象、不同领域与不同层次研究的需要。

（6）安全教育学的研究对象范畴是关于安全教育活动及其有关的一切现象与领域，涉及安全教育培训实践、安全教育模式与技术、安全教育学原理、安全教育学学科体系、安全教育基础理论、安全教育方法学、安全教育管理、安全教育研究与创新、安全教育研究方法、手段与模式、安全教育评价、安全教育资源开发、安全教育立法与执法等领域，研究领域与内容十分的宽广。

（7）安全教育学属于安全科学重要与独立的分支学科，具有马克思主义哲学、安全科学、教育学、生理学、管理学、认知学、心理学、传播学、行为科学、艺术学与信息科学等多学科的综合与交叉属性，其理论基础源于上述学科理论的综合、渗透与融合，而非教育学在安全科学中的简单应用，也非安全教育实践活动的简单总结，其有独立与完善的学科体系。

3. 安全教育学的研究对象

安全教育学的研究对象有广义与狭义之分：广义的安全教育学研究范畴指的在安全领域（大安全）中与教育培训有关的一切现象、活动与规律；狭义的安全教育学研究范畴局限于目前的安全生产与生活领域，针对受教育者开展的安全思想意识、安全法律法规、安全知识与安全技能的教育培训活动，以及与之对应的安全教育形式、师资力量、教育技术、教育资源（教材、经费与场地等）、安全教育学科学研究、学科体系、安全教育管理、组织机构与保障等方面的总和。

4. 安全教育学的研究内容

（1）安全教育方法论

安全教育方法论主要包括安全教育学哲学问题、起源、方法论及其体系、教学方法与教育技术、安全教育信息加工处理的方法、安全教育价值观，以及安全教育培训方针与指导思想等，属于安全教育学的上层建筑。

（2）安全教育学基础理论

安全教育学基础理论主要包括安全教育学概念、内涵与外延、意义与功能、性质与特征、研究范畴、哲学基础、学科理论、应用理论、安全教育史，以及安全教育活动规律等宏观性的基础理论；安全教育学原理、教学过程与规律、教学模式、内容与层次，安全教育生理学、心理学基础与安全教学认知机理，安全教育立法、安全教育投入产出、安全教育资源分配、安全教育绩效评估体系，以及安全教育管理机制与组织等微观性基础理论。

（3）安全教育学的学科体系

安全教育学的学科体系主要包括安全教育学学科分类及其划分标准、与其他相关学科的关系、学科层次与地位、学科体系框架、学科体系的层次结构与关系、分支体系的内容与特征，以及各分支体系间的关系等。

（4）安全教育培训实践

即各种形式的安全教育与培训活动的组织、管理与研究，主要包括安全教育对象特征、教学模式与形式设计、课堂教学设计、组织与控制、教学方法与手段、教学内容（安全思想意识教育、安全法律法规教育、安全知识教育与安全技能教育等）、课程设置与开发、教材编写、安全教育层次（学校专业安全教育、企业的职业安全教育培训与大众的科普安全教育）与安全教育应用等。

（5）安全教育组织与管理

即各类安全教育的管理与组织，涉及安全教育行政管理、专业发展与科研管理三个方面，包括安全教育政策规划、制定与实施，安全教育实践的监管，安全教育资源投入与分配，安全教育法制建设、安全教育体制及管理组织机构的设置，学科专业的设置与发展、人才培养方案设置与要求、培养机构设置等，以及安全教育科学研究管

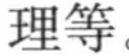

理等。

（6）安全教育技术

安全教育技术主要包括安全教育技术方法学、安全教育技术基础理论、安全教育技术发展及其与学科的关系、安全教育技术体系、层次与特点、安全教学模式与方法、安全教育技术的推广应用，以及安全教育技术开发与创新等。

5. 安全教育学的作用

（1）传递与诠释安全科学思想、理论与技术，推动安全科学持续发展。安全教育学作为教育学分支之一，其基本功能就是传授安全科学思想、知识与技能，是安全知识再生产的基础。安全科学要获得持续发展，一方面要对已有的安全科学思想、知识与技能进行传承，如将安全科学理论、技能与方法传授给受教育者，使其获得必要的安全知识与技能；另一方面就是基于社会需要与学科发展对其进行再生产、发展与创新，开拓安全科学的新理论、方法与领域，推动安全科学持续发展，不断获得新的生命力。

（2）提高劳动者安全知识、技能与素质，为社会培养更多安全型劳动者。“安全科学技术也是第一生产力”，安全教育学就是发展与推动这种生产力的最有效途径之一。安全教育学的基本任务就是培养各层次的安全管理、技术与科研人员，提高各类人员的安全意识、技能与素质。一方面为企业的安全生产培养更多的合格的安全生产人员与专职安全管理人员，减少事故的发生，实现安全教育的社会与经济效益，以及为政府培养出色的专业安全监管人员；另一方面，高层次的安全专业教育为安全科学发展培养大量优秀的安全科技工作者，不断推动安全科技更快更好地发展，服务于安全生产一线。

（3）传播与普及大众安全科普知识的功能，提高民众安全意识与应急能力。安全教育学的另一主要社会功能是安全科普教育与宣传，构建安全和谐型社会。要预防与减少事故、保障劳动者生命健康安全与社会财物，以及实现社会的和谐与可持续发展，安全型社会的构建是前提，而普及与提高人民的安全意识、技能与素质是这一前提得以实现的基础。因此，我们必须运用安全教育与宣传的手段方式，将各种安全科普知识与应急技能传授给广大民众，以改变民众的安全态度，增强全社会的安全意识，提高民众灾害与事故的应急能力。

（4）发展与完善安全教育理论与体系，为安全教育实践提供理论指导。安全教育学的建立与发展，能有效推动对安全教育基础理论的深入研究与学科体系完善，为目前广泛开展的安全教育培训实践提供指导。首先，其不断完善的学科理论与方法能为安全教育实践提供科学与先进的理论指导，有效地促进安全教育实践的发展，保障安全教育实践水平的提升；其次，安全教育理论与手段的持续发展与创新，可以满足安全教育实践不断提高的需求，同时为安全教育实践的革新提供支持，保证安全教育实

践的针对性、前沿性与有效性；最后，在安全教育实践与安全教育学理论互动发展过程中，会不断推动安全教育学学科的建设与发展，增强安全教育学研究的针对性与实用性，使得安全教育学在实践中不断得到新的发展与补充，也是安全科学体系发展的动力与不断完善的标志之一。

二、安全教育学原理

1. 安全教育学原理的定义

安全教育学原理主要指在研究安全教育基础理论、安全教育方法学、安全教育手段与模式等过程中获得的普适性基本规律。安全教育学原理主要研究安全教育系统中教育者、教育受众、教育信息、教育媒体和教育环境之间的协同关系，着力探讨如何使安全教育符合教育主体的生理学、心理学、社会学、管理学等特性，使得教育要素间相互配合以达到高效、高质的教育效果；同时探索如何使安全教育系统保持动态发展，以满足安全科学技术进步所带来的需求并最终实现安全目标。

2. 安全教育学原理的特征

（1）安全教育学原理来源于基础教育理论与安全教育活动的抽象概括，因而兼具基础理论的指导性与教育活动的实践性。

（2）安全教育学原理具有综合性的特征。尽管安全教育学是以安全科学和教育科学为理论基础，但其基础原理涉及的学科理论广泛多样，包含哲学、心理学、生理学、传播学及社会学等，因此，该原理并非单一学科的理论或实践总结。

（3）安全教育学原理具备系统性的特征。该原理的研究对象，即教育者、教育受众、教育信息、教育媒体和教育环境及其相互关系共同构成了一个系统，系统中各要素有其相适用的基础原理，要素之间要保持系统相对稳定协调的关系，其对应原理也应符合系统性。

3. 安全教育的双导向原理

安全教育的双导向原理是指：一方面，安全教育者能够科学系统地安排整个安全教育活动，并且通过自身的影响使受教育者在最大程度上获取知识，其自身所表现出的教育态度直接影响着受教育者接纳安全知识的程度，因此，安全教育者在教育活动中起着主导作用。另一方面，由于安全教育所产生的安全效益具有间接性、潜在性的特征，其对安全生产的重要性容易被人们忽视，主要表现在消极被动地接受安全教育以致安全意识薄弱，责任心不强。

4. 安全教育反复原理

安全教育的机理遵循着管理心理学的一般规律：生产过程中的潜变、异常、危险、事故给人以刺激，由神经传输给大脑，大脑根据已有的安全意识对刺激作出判断，形成有目的、有方向的行动。由于人的生理、心理特性决定人对于新鲜事物的学习过程中会出现遗忘现象，同时事故发生的偶然性会引起正确反应的消退，导致的后果便是对安全教育信息的错认，而人的安全行为、意识需要反复持续的教育刺激加强才能得以维持。因此，要定期反复地进行安全教育，以确保受众的安全技能、安全意识处在正确的反应状态下。安全教育最终要应用于实践，安全技能也需要通过练习加以巩固。因此，在教育过程中强调通过反复的刺激来强化获得的教育内容。安全教育包含安全意识的培养，而意识需要通过反复多次的刺激才能形成，其形成历程是长期的甚至贯穿人的一生并在人的所有行为中体现出来，所以只有不断地反复教育才能有助于员工形成正确的安全意识。反复原理并不是为了巩固知识而进行的单调的重复，而是要将知识概念与多样的实例、环境、情景相结合，建构多角度的背景意义，从不同的侧面理解教育内容的含义，以此维持和加深安全教育的效果。

5. 安全教育层次经验原理

安全教育应尽可能地给受教育者输入多种“刺激”，促使受众形成安全意识、作出有利安全生产的判断与行动、熟练掌握操作技能。层次经验原理即是从“刺激”的层面出发，强调安全教育信息的传递须在遵循信息传播通道多样原则的基础上，实现“抽象经验—观察经验—行为经验—抽象经验”几个经验层次间的循环。通过强化原有的抽象经验和观察经验，培养受教育者正确处理、判断事故及紧急情况的能力，以规范其安全行为、塑造安全意识。多次感官的接触积累才能形成一定内容和层次的意识，为保障传播通道的多样性，可利用视觉、听觉、触觉多重感官的特点和功能提高教育信息传播的效果。抽象经验是通过对诸如安全制度理论、安全操作规程等语言符号信息的理解而获得的经验；观察经验是通过对诸如事故纪录片、安全教育片等视觉信息的观察而获得的经验；行为经验则是通过诸如事故应急救援演练、现场实践操作等动作行为而获得的经验。安全教育最终要回归于实践，因此，要将所学安全知识转化为行为经验，以此对潜在危险进行防范或对已发生的事故进行应急处理。获得行为经验后也并非安全教育的终点，更多更新的具体行为经验还要转化为新的抽象的概念加入到教育内容中去，以此保证教育紧跟生产实际，这也充分体现出安全教育作为预防事故发生手段的前瞻性。所以，若没有从行为经验层次到抽象经验层次的再提升，就不能搭建起安全教育理论体系的框架。

6. 安全教育顺应建构原理

顺应即顺从适应，当社会安全大环境发生改变时，安全教育信息也随之改变；而对于具有实际操作经验的受教育者来说，原有的背景经验就可能成为接纳新安全知识的阻力，而克服该阻力的过程也就成了顺应的过程。安全教育活动受学习者原有知识结构的影响，新的信息只有被原有知识结构所容纳才能为学习者接受。顺应建构原理，即基于受众的文化层次和已有的经验基础，将新知识与已有的知识结构相结合，对新

旧知识进行重组改造，从自身背景经验角度出发对所学安全知识建构新的理解，同时保证建构的新知识体系符合当前的安全大环境。接受安全教育的受众往往是有一定经验基础或是有相关知识概念的成年人群体，他们在接受新技术、新知识的过程中往往会被已掌握的技能或已形成的意识影响，不自觉地在原有的经验背景和认知结构基础上理解和构建新事物，甚至还会由于惯性排斥与原有认知有差异的新信息。所以，在安全教育实施过程中要重视受众的背景经验构成，不能一味地将教育信息填充性地强加于受教育者，同时还要提升受众的纳新能力。

7. 安全教育环境适应原理

适应性用于描述系统内的子系统与整个系统的一致程度。安全教育的目标设定、组织安排最终取决于社会的客观需要，因此，它不能与社会的发展脱节。安全教育要迎合社会对于安全人才的需求，教育内容要反映实际生产的需要，教育结构还应与社会产业结构、科技结构相适应。安全教育也可称为适应性教育，它是为了员工适应安全工作需要而进行的教育，同样也要适应社会当前的生产制度以及法律规范。安全教育内容应该结合企业实际情况，要能满足企业目前和将来生产发展的需要。对环境适应原理的内涵可以从以下几个方面解释：社会不断发展，人类改造自然的方式发生变化。科技水平落后时期生产操作复杂，对人的操作技能要求很高，相应安全教育的主要内容是人的技能；而当科技发展、机械自动化逐步取代人的操作，则着重于人的安全态度、素养、行为习惯以及文化的教育，即教育内容也在发生变化。现代工业发达、设备不断更新、生产工艺逐步实现自动化，这些发展也从根本上改变了事故的种类、原因、特点甚至发生规律，因此，安全教育的形式与内容也应该作出相应调整。

8. 安全教育动态超前原理

正如一个系统若没有与外界物质、能量、信息的交换，系统就是孤立的状态，最终系统内各有序的环节也会瓦解。因此，要不断与外界交流，才能维持系统的生命力和有序性。安全教育系统是一个开放的系统，它需要通过教育者与受教育者之间的反馈通路使系统保持动态性。通过实践经验总结及反馈，系统薄弱之处才会逐渐被修复，而安全教育的原理、规律也得以从教育实践中升华提炼出来。社会关系、生产力水平、经济制度、科学技术水平决定着安全教育的规律、内容乃至性质。安全知识不是一成不变的，它紧随社会生产的发展而改变创新。随着安全科学技术的进步，新材料、新技术的不断开发运用提升了经济效益，也要求与之相匹配的安全教育能够贴合安全科学的发展。有效的教育活动是要适应社会发展的速度、满足时代要求并要有一定的超前性，做到用教育引领科技水平的提升。而安全教育也正是为了培养大量优秀的安全专业人才、促进安全科技创新而进行的工作。

复习思考题

1. 简述安全哲学的定义及作用。
2. 简述安全心理学的意义。
3. 简述安全行为学的研究对象。
4. 简述安全行为学在分析事故原因和责任中的作用。
5. 简述安全文化建设的主要内容。
6. 简述安全经济学的主要原理。
7. 简述安全教育学的作用。

技能实训二　企业安全管理人员专题培训方案策划

一、实训目标

1. 掌握企业培训的流程。
2. 掌握企业培训方案的编制。

二、任务描述

某企业拟对其安全管理人员进行应急管理专题培训，依据应急管理相关规定，结合企业实际编写培训方案。

三、任务准备

1. 给定某一生产企业及该企业应急管理工作现状。
2. 查找相关规定，明确企业应急管理工作应达到的标准。
3. 查找相关资料，明确安全培训的流程。
4. 查找相关资料，明确培训方案的总体框架。

四、知识要点

安全培训是安全教育学的主要范畴之一，是安全教育学在生产实际中的具体应用。通过安全培训可提高职工队伍的安全素质，增强安全意识和安全生产的责任感，提高遵守规章制度和劳动纪律的自觉性，增强安全生产的法制观念，提高职工安全技术知识水平，掌握预防、处理事故的能力。

五、实训过程

1. 分析企业应急管理工作的不足，明确培训目的。
2. 明确专题培训的对象和人员。
3. 策划培训的具体内容及课时。
4. 确定授课人员。

5. 明确培训选用的教材、资料等。

6. 确定培训的时间安排及地点。

7. 确定培训的过程管理和考核方式。

8. 明确负责培训的相关部门及具体负责人。

9. 编写培训方案。

六、注意事项

1. 对照企业应急管理现状与国家相关法规要求，确定培训内容。

2. 培训方案要层次清晰，论述简明扼要。具体格式可由教师统一布置。

3. 实训考核可采用答辩形式，培养学生语言表述和现场应答的能力。

七、总结与思考

1. 安全培训的目的和意义。

2. 安全培训的形式。

3. 如何组织好培训过程。

第三章
事故危险性分析与控制

本章学习目标

1. 掌握事故基本术语、安全评价定义内容。
2. 熟悉事故致因理论内容、危险源辨识方法、隐患排查方法。
3. 了解事故致因理论发展、事故控制对策措施。

第一节　事故致因理论

一、事故基本术语

事故（Accident）：针对事故后果的特征，事故定义为“造成死亡、职业病、伤害、财产损失或其他损失的意外事件”。从事故的本质出发，事故是能量的不正常转移。

险肇事故（Dangerous Occurrences）：生产经营单位发生的未造成人员伤亡和财产损失，或虽有轻微的人身伤害、财产损失小于 1 000 元或造成工作中断，但只需进行现场应急处理，就可以在当日恢复工作的事件。

事故法则（Heinrich Law）：也就是海因里希法则，即美国著名安全工程师海因里希提出的 300∶29∶1 法则。意思是当一个企业有 300 起隐患或违章，必然要发生 29 起轻伤事故或故障，在这 29 起轻伤事故或故障当中，会有一起重伤、死亡或重大事故。也可以说，在机械生产过程中，每发生 330 起意外事件，有 300 起未产生人员伤害，29 起造成人员轻伤，1 起导致人员重伤或死亡。对于不同的生产过程，不同类型的事故，上述比例关系不一定完全相同，但这个统计规律说明了在进行同一项活动中，无数次意外事件，必然导致重大伤亡事故的发生。而要防止重大事故的发生必须减少和消除无伤害事故，要重视事故的苗头和未遂事故，否则终会酿成大祸。重伤和死亡

事故虽有偶然性，但是不安全因素或动作在事故发生之前已暴露过许多次，如果在事故发生之前，抓住时机，及时消除不安全因素，许多重大伤亡事故是可以避免的。

事故隐患（Hidden Danger）：泛指生产系统中可导致事故发生的人的不安全行为、物的不安全状态和管理上的缺陷。隐患简要的定义是指人机环境系统安全品质的缺陷。

危险（Danger）：指某一系统、产品、设备或操作的内部和外部的一种潜在状态，其发生可能导致意外事故或事件，造成人员伤害、疾病或死亡，或者设备财产的损失或环境危害。危险是人们对事物的具体认识，必须指明具体对象，如危险环境、危险条件、危险状态、危险物质、危险场所、危险人员、危险因素等。

危险源（Hazard）：指可能造成人员伤害和疾病、财产损失、作业环境破坏或其他损失的根源或状态。根据在事故发生发展中的作用，分为第一类和第二类危险源。第一类危险源，是指在生产过程中存在的，可能发生意外释放的能量，包括生产过程中的各种能量源、能量载体或危险物质，它决定了事故后果的严重程度，具有的能量越多，事故后果越严重。第二类危险源，是指导致能量或危险物质约束或限制措施破坏或失效的各种因素，包括物的故障、人的失误、环境不良以及管理缺陷等因素。它决定了事故发生的可能性，出现越频繁，事故发生的可能性越大。在企业安全管理工作中，第一类危险源客观上已经存在并且在设计、建造时已经采取了必要的控制措施，因此，企业安全管理工作的重点是第二类危险源的控制问题。

重大危险源（Major Hazard）：广义上是指可能导致重大事故发生的危险源，也可定义为长期或者临时的生产、搬运、使用或者储存危险物品，且危险物品的数量等于或者超过临界量的单元（包括场所和设施）。

风险（Risk）：根据国际标准化组织的定义，风险是衡量危险性的指标，用来表示危险的程度，是某一有害事故发生的可能性与严重性的组合。风险 $R=pf$（p 为可能性，f 为严重性）。广义上，风险可分为自然风险、社会风险、经济风险、技术风险和健康风险五类。对于安全生产的日常管理来说，风险可以分为人、机、环境、管理风险四类。

风险评价（Risk Assessment）：估计风险程度并确定风险是否可容许的全过程。

生产安全事故（Accidents Related Work-Safety）：生产经营单位在生产经营过程中发生的，造成人员伤亡、财产损失的意外事故。

职业伤害（工伤）（Occupational Injure）：生产安全事故造成的人员身体伤害。

轻伤（Light Injure）：指损失工作日低于 105 日的失能伤害。

重伤（Heavy Injure）：指相当于损失工作日等于和超过 105 日的失能伤害。

直接经济损失（Direct Economic Loss）：指生产安全事故造成的人员伤亡及善后处理支出的费用和毁坏财产的价值。

损失工作日（Lost of Working Time）：指被伤害者失能的工作时间。

起因物（Agency）：指导致事故发生的物体、物质。

不安全状态（Unsafe Stage）：指能导致事故发生的物质条件。

不安全行为（Unsafe Action）：指能造成事故的人为错误。

伤亡事故：指企业职工在生产劳动过程中，发生的人身伤害、急性中毒等。

特种作业：国家安全生产监督管理总局令第 30 号《特种作业人员安全技术培训考核管理规定》附件特种作业目录中规定如下：电工作业、压力焊作业、高处作业、制冷与空调作业、煤矿安全作业、金属非金属矿山安全作业、石油天然气安全作业、冶金（有色）生产安全作业、危险化学品安全作业、烟花爆竹安全作业、安全监管总局认定的其他作业。

事故原因 4M 因素：包括人的不安全行为（Men）、机的不安全状态（Machine）、环境的不安全条件（Medium）、管理的混乱缺位（Management）。其中管理因素起主导制约作用，好的管理可以消除人机环境的事故隐患。

"四不放过"原则：事故原因不查清不放过，防范措施不落实不放过，职工群众未受到教育不放过，事故责任者未受到处理不放过。

安全设施：是指企业（单位）在生产经营活动中将危险因素、有害因素控制在安全范围内以及预防、减少、消除危害所配备的装置（设备）和采取的措施。安全设施分为预防事故设施、控制事故设施、减少与消除事故影响设施三类。

1. 预防事故设施

（1）检测、报警设施，包括压力、温度、液位、流量、组分等报警设施，可燃气体、有毒有害气体、氧气等检测和报警设施，用于安全检查和安全数据分析等的检验检测设备、仪器；

（2）设备安全防护设施，包括防护罩、防护屏、负荷限制器、行程限制器，制动、限速、防雷、防潮、防晒、防冻、防腐、防渗漏等设施，传动设备安全锁闭设施，电气设备过载保护设施，静电接地设施；

（3）防爆设施，包括各种电气设备、仪表的防爆设施，抑制助燃物品混入（如氮封）、易燃易爆气体和粉尘形成等的设施，阻隔防爆器材，防爆工具；

（4）作业场所防护设施，包括作业场所的防辐射、防静电、防噪声、通风（除尘、排毒）、防护栏（网）、防滑、防灼烫等设施；

（5）安全警示标志，包括各种指示、警示作业安全和逃生避难及风向的警示标志。

2. 控制事故设施

（1）泄压和止逆设施，包括用于泄压的阀门、爆破片、防空管等设施，用于止逆的阀门等设施，真空系统的密封设施等；

（2）紧急处理设施，包括紧急备用电源，紧急切断、分流、排放（火炬）、吸收、中和、冷却等设施，通入或者加入惰性气体、反应抑制剂等设施，紧急停车、仪表连锁等设施。

3. 减少与消除事故影响设施

(1) 防止火灾蔓延设施，包括阻火器、安全水封、回火防止器、防油（火）堤，防爆墙、防爆门等隔爆设施，防火墙、防火门、蒸汽幕、水幕等设施，防火材料涂层；

(2) 灭火设施，包括水喷淋、惰性气体、蒸汽、泡沫释放等灭火设施，消火栓、高压水枪（炮）、消防车、消防水管网、消防站等；

(3) 紧急个体处置设施，包括洗眼器、喷淋器、逃生器、逃生索、应急照明等设施；

(4) 应急救援设施，包括堵漏、工程抢险装备和现场受伤人员医疗抢救装备等；

(5) 逃生避难设施，包括逃生和避难的安全通道（梯）、安全避难所（带空气呼吸系统）、避难信号等；

(6) 劳动防护用品和装备，包括头部，面部，视觉、呼吸、听觉器官，四肢，躯干防火、防毒、防灼烫、防腐蚀、防噪声、防光射、防高处坠落、防砸击、防刺伤等免受作业场所物理、化学因素伤害的劳动防护用品和装备。

二、事故致因理论

事故发生有其自身的发展规律和特点，只有掌握了事故发生的规律，才能保证安全生产系统处于有效状态。学者们站在不同的角度，对事故进行研究，给出了很多事故致因理论，下面简单介绍几种。

1. 事故频发倾向理论

1939 年，英国的法默（H. Farmer）和查姆勃（Chamber）等人提出了事故频发倾向理论（Accident Proneness)。事故频发倾向，是指个别容易发生事故的稳定的个人内在倾向。少数具有事故频发倾向的工人是事故频发倾向者，他们的存在是工业事故发生的原因。如果企业中减少了事故频发倾向者，就可以减少工业事故。

因此，人员选择就成了预防事故的重要措施，通过严格的生理、心理检验，从众多的求职人员中选择身体、智力、性格特征及动作特征等方面优秀的人才就业，而把企业中的所有事故频发倾向者解雇。

事故频发倾向者往往有以下的性格特征：感情冲动，容易兴奋；脾气暴躁；厌倦工作，没有耐心；慌慌张张，不沉着；动作生硬，工作效率低；喜怒无常，感情多变；理解能力低，判断和思考能力差；极度喜悦或悲伤；缺乏自制力；处理问题轻率、冒失；动作神经迟钝，动作不灵活等。

事故频发倾向理论是早期的事故致因理论，显然不符合现代事故致因理论的理念。研究表明，把事故发生次数多的工人调离后，企业的事故发生率并没有下降，随后就出现了以物为主的事故归因思想，即事故遭遇倾向论（Accident Liability）。然而，工业生产中的许多操作对操作者的素质都有一定的要求，需经过专门的培训考核才能从事，所以该理论也有局限性。

2. 海因里希事故因果连锁理论

美国著名安全工程师海因里希把工业伤害事故的发生发展过程描述为具有一定因果关系事件的连锁，即人员伤亡的发生是事故的结果；事故的发生原因是人的不安全行为或物的不安全状态；人的不安全行为或物的不安全状态是由于人的缺点造成的；人的缺点是由于不良环境诱发或是由先天的遗传因素造成的。

海因里希将事故因果连锁过程概括为以下五个因素：遗传及社会环境，人的缺点，人的不安全行为或物的不安全状态，事故，伤害。海因里希用“多米诺骨牌”来形象地描述这种事故的因果连锁关系。在多米诺骨牌系列中，一枚骨牌被碰倒了，则将发生连锁反应，其余几枚骨牌相继被碰倒。如果移去中间的一枚骨牌，则连锁被破坏，事故过程被中止。海因里希认为，企业安全工作的中心就是防止人的不安全行为，消除机械的或物质的不安全状态，中断事故连锁的进程，从而避免事故的发生（见图3—1）。

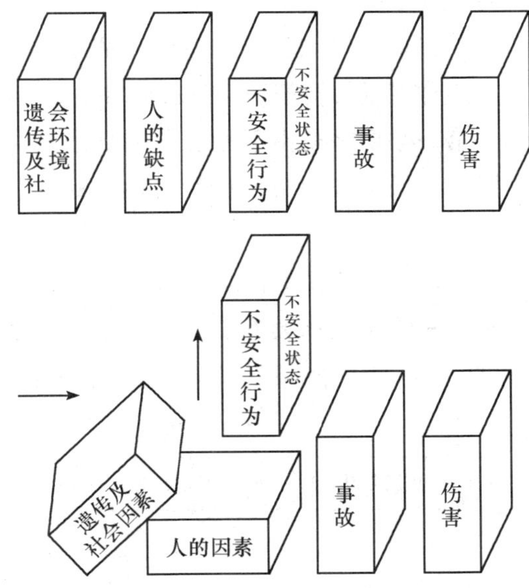

图 3—1 海因里希事故因果连锁理论示意图

但是海因里希认为，人和物是孤立的原因，没有一起事故是由两者共同引起的，他下结论说几乎所有的工业伤害事故都是由于人的不安全行为造成的，因此其理论和事故频发倾向论一样，都属于单一因素归因理论，具有一定的局限性。

3. 现代因果连锁理论

与早期的事故频发倾向、海因里希因果连锁等理论强调人的性格、遗传特征等不

同，第二次世界大战后，人们逐渐认识到管理因素作为背后原因在事故致因中的重要作用。人的不安全行为或物的不安全状态是工业事故的直接原因，必须加以追究。其实，它们只不过是其背后的深层原因的征兆和管理缺陷的反映。只有找出深层的、背后的原因，改进企业管理，才能有效地防止事故。美国工程师博德（Frank Bird）在海因里希事故因果连锁理论的基础上，提出了现代因果连锁理论，如图 3—2 所示。

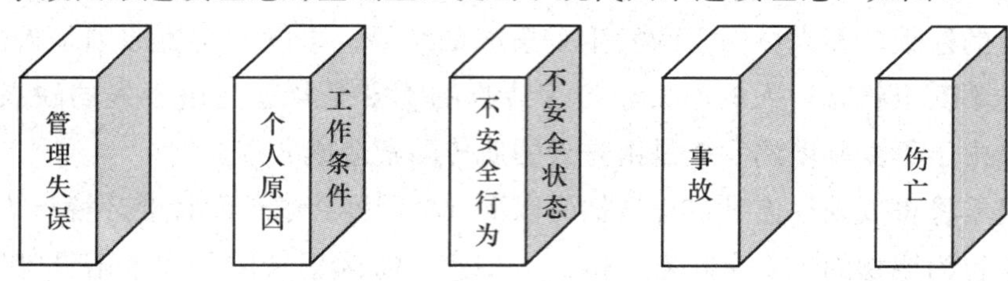

图 3—2　现代事故因果连锁理论示意图

4. 能量意外释放理论

1961 年，吉布森（Gibson）提出了事故是一种不正常的或不希望的能量释放，各种形式的能量是构成伤害的直接原因。因此，应该通过控制能量或控制作为能量达到人体媒介的能量载体来预防伤害事故。

在吉布森的研究基础上，1966 年哈登（Haddon）完善了能量意外释放理论，提出“人受伤害的原因只能是某种能量的转移”，并提出了能量逆流于人体造成伤害的分类方法，将伤害分为两类：第一类伤害是由于施加了局部或全身性损伤阈值的能量引起的；第二类伤害是由于影响了局部或全身性能量交换引起的，主要是指中毒窒息和冻伤。

哈登认为，在一定条件下，某种形式的能量能否产生造成人员伤亡事故的伤害取决于能量的大小、接触能量时间的长短和频率以及力的集中程度。根据能量意外释放论，可以利用各种屏蔽来防止意外的能量转移，从而防止事故的发生，如图 3—3 所示。

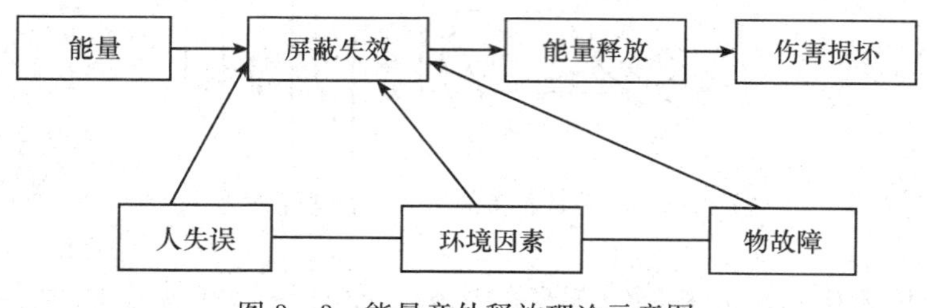

图 3—3　能量意外释放理论示意图

5. 交叉轨迹理论

约翰逊（W. G. Johnson）和斯奇巴（Skiba）等认为，在事故发展进程中，人的因素运动轨迹和物的因素运动轨迹的交点就是事故发生的时间和空间，即人的不安全行为和物的不安全状态相遇时，将在此时空点发生事故。按照该理论，可以通过避免人与物两种轨迹交叉，即避免人的不安全行为和物的不安全状态同时空出现，来预防事故的发生。

受实际的技术、经济条件等客观条件的限制，完全杜绝生产过程中的危险因素几乎是不可能的。同时，许多情况下人的因素与物的因素又互为因果。例如，有时物的不安全状态诱发了人的不安全行为，而人的不安全行为又促进了物的不安全状态的发展，或导致新的不安全状态的出现。因而，实际的事故并非简单地按照上述的人、物两条轨迹进行，而是呈现非常复杂的因果关系。为了有效地防止事故发生，必须同时采取措施消除人的不安全行为和物的不安全状态。通过努力减少、控制不安全因素，使事故不容易发生。即使在采取了工程技术措施，减少、控制了不安全因素的情况下，仍然要通过教育、训练和规章制度来规范人的行为，避免不安全行为的发生。

6. 系统安全理论

在20世纪美国研制洲际导弹的过程中，系统安全（System Safety）理论应运而生。系统安全理论包括很多区别于传统安全理论的创新概念，具体如下：

（1）在事故致因理论方面，改变了人们只注重操作人员的不安全行为，而忽略硬件故障在事故致因中的作用的传统观念，开始考虑如何通过改善物的系统可靠性来提高复杂系统的安全性，从而避免事故。

（2）没有任何一种事物是绝对安全的，任何事物中都潜伏着危险因素，通常所说的安全或危险只不过是一种主观的判断。

（3）不可能根除一切危险源，可以减少来自现有危险源的危险性，宁可减少总的危险性而不是只彻底去除选定的风险。

（4）由于人的认识能力有限，有时不能完全认识危险源及其风险，即使认识了现有的危险源，随着生产技术的发展，新技术、新工艺、新材料和新能源的出现，又会产生新的危险源。由于受技术、资金、劳动力等因素的限制，对于认识了的危险源也不可能完全根除。由于不能全部根除危险源，只能把危险降低到可接受的程度，即可接受的危险。安全工作的目标就是控制危险源，努力把事故发生概率降到最低，即使万一发生事故时，把伤害和损失控制在较轻的程度上。

7. 混沌理论

随着科学技术的飞速发展，现代化生产的一个显著特征是设备、工艺和产品越来越复杂。战略武器的研制、宇宙开发探索和核电站建设等使得作为现代先进科学技术标志的复杂巨系统相继问世。这些复杂巨系统往往由数以万计的元件、部件组成，各元件、部件之间以非常复杂的关系相连接，是一个开放的非线性系统。各影响因素之间存在着相互交错、非线性的作用关系。人是生产系统中的一个重要的构成要素，人的意识在系统运行过程中起着非常重要的作用。系统的非线性作用导致了系统整体状

态行为的多样性与动态复杂性。如何预见系统的未来状态，如何进行合理的事故归因并采取有效的安全措施达到预期的安全目标，是安全管理研究面临的重大课题。

复杂巨系统的演化由各种因素共同决定，各影响因素之间有着非常复杂的非线性关系。学者们认为事故的发生过程是一个混沌过程，一个非线性的混沌系统其未来行为具有对系统初始条件的敏感依赖性，初始条件的细微变化将会导致截然不同的未来行为，因而，系统本质上是不可长期精确预测的。正如蝴蝶效应所阐释的："一只南美洲亚马逊河流域热带雨林中的蝴蝶，偶尔扇动几下翅膀，可以在两周以后于美国得克萨斯州引起一场龙卷风。"其原因就是蝴蝶扇动翅膀的运动，导致其身边的空气系统发生变化，并产生微弱的气流，而微弱气流的产生又会引起四周空气或其他系统产生相应的变化，由此引起一个拓扑学连锁反应，最终导致其他系统的极大变化。从安全管理角度，当处在系统演化的临界状态附近，系统条件的微小变化都可能引起大量的能量意外释放，导致灾难性的事故。"蝼蚁之穴"可毁千里长堤。一起事故的发生是许多人为失误和物的故障相互复杂关联、非线性相互作用的结果。因此，在预防事故时必须在弄清事故因素相互关系的基础上采取恰当的措施，而不是相互孤立地控制各个因素。

弄清事故因素相互关系才能控制这种具有能量的物质与行为不至于逸散和失控，才能使危险源不至于转化为事故。因此，危险源辨识是安全系统工程的重要内容，是系统安全分析、评价与控制的基础，它对于有效地控制作业场所和企业生产过程中潜在的危险因素，确保职工在生产过程中的安全和健康，保证企业生产顺利进行都具有十分重要的意义。

第二节　危险源辨识与分析

一、危险源识别

1. 基本概念

危险源：是指可能导致伤害或疾病、财产损失、工作环境破坏或这些情况组合的根源或状态。

重大危险源：是指长期地或临时地生产、加工、搬运、使用或储存危险物质，且危险物质的数量等于或超过临界量的单元。单元是一个（套）生产装置、设施或场所，或同一个工厂的且边缘距离小于500米的几个生产装置、设施或场所。

重大危险源主要涉及易燃、易爆、有毒有害物质的储罐区；易燃、易爆、有毒有

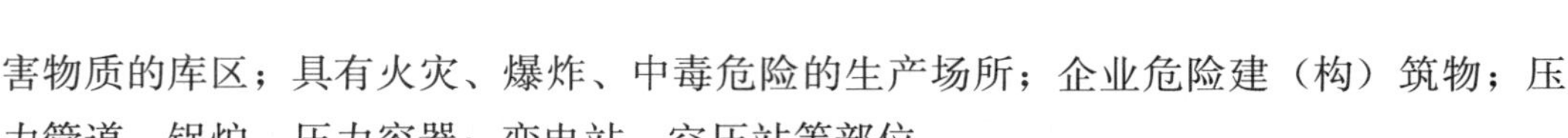

害物质的库区；具有火灾、爆炸、中毒危险的生产场所；企业危险建（构）筑物；压力管道、锅炉、压力容器；变电站、空压站等部位。

有以下重大后果的可以确定为重大危险源：

①可能导致一次事故造成死亡3人及以上，或直接经济损失50万元及以上后果的危险源；

②可能导致一次事故造成严重社会影响（如爆炸、多人急性中毒、需要社会救助的重大火灾）及其他严重损失（如环境破坏）的危险源；

③可能造成一次坍塌事故死亡3人及以上，或价值损失50万元及以上危险建（构）筑物。

确定重大危险源，主要依据有两条：其一是《重大危险源辨识》（GB 18218—2000）中所列物质的临界量；其二是可能导致一次事故死亡3人及以上或直接经济损失50万元及以上后果的，均可确定为重大危险源。

一般危险源：是指除重大危险源外的危险源。

2. 危险源的分类

（1）按导致事故和职业危害的直接原因进行分类

根据《生产过程危险和有害因素分类与代码》（GB/T 13861—2009）的规定，将生产过程中的有害因素分为四大类：

1）人的因素：包括心理、生理性危险和有害因素，行为性危害和有害因素。

2）物的因素：包括物理性危险和有害因素，化学性危险和有害因素，生物性危险和有害因素。

3）环境因素：包括室内作业场所环境不良，室外作业场所环境不良，地下（含水下）作业环境不良。

4）管理因素：包括职业安全卫生组织机构不健全，职业安全卫生责任制未落实，职业安全卫生管理规章制度不完善，职业安全卫生经费投入不足，职业健康不完善，其他管理缺陷。

（2）参照事故类别分类

参照《企业职工伤亡事故分类标准》（GB 6441—1986），综合考虑起因物、引起事故的诱导性原因、致害物、伤害方式等，可将危险、有害因素分为如下20类。

1）物体打击。指物体在重力或其他外力的作用下产生运动，打击人体，造成人身伤亡事故，不包括因机械设备、车辆、起重机械、坍塌等引发的物体打击。

2）车辆伤害。指企业机动车辆在行驶中引起的人体坠落和物体倒塌、下落、挤压伤亡事故，不包括起重设备提升、牵引车辆和车辆停驶时发生的事故。

3）机械伤害。指机械设备运动（静止）部件、工具、加工件直接与人体接触引起的夹击、碰撞、剪切、卷入、绞、碾、割、刺等伤害，不包括车辆、起重机械引起的机械伤害。

4）起重伤害。指各种起重作业（包括起重机安装、检修、试验）中发生的挤压、坠落、（吊具、吊重）物体打击和触电。

5）触电。包括雷击伤亡事故。

6）淹溺。包括高处坠落淹溺，不包括矿山、井下透水淹溺。

7）灼烫。指火焰烧伤、高温物体烫伤、化学灼伤（酸、碱、盐、有机物引起的体内外灼伤）、物理灼伤（光、放射性物质引起的体内外灼伤），不包括电灼伤和火灾引起的烧伤。

8）火灾。

9）高处坠落。指在高处作业中发生坠落造成的伤亡事故，不包括触电坠落事故。

10）坍塌。指物体在外力或重力作用下，超过自身的强度极限或因结构稳定性破坏而造成的事故，如挖沟时的土石塌方、脚手架坍塌、堆置物倒塌等，不适用于矿山冒顶片帮和车辆、起重机械、爆破引起的坍塌。

11）冒顶片帮。

12）透水。

13）爆破。指爆破作业中发生的伤亡事故。

14）火药爆炸。指火药、炸药及其制品在生产、加工、运输、储存中发生的爆炸事故。

15）瓦斯爆炸。

16）锅炉爆炸。

17）容器爆炸。

18）其他爆炸。

19）中毒和窒息。

20）其他伤害。

3. 危险源辨识的主要范围和内容

（1）厂址。

（2）总平面布置。

（3）道路及运输。

（4）建（构）筑物。

（5）工艺过程。

二、危险源评价原则、方法

1. 危险源评价

危险源评价是指在危险源辨识的基础之上，根据法律、法规和标准，分析、预测存在的危险有害因素的危险危害程度，以利于提出科学、合理和可行的管理方法和技术措施。

（1）评价方法

评价方法是对系统中的危险性、危害性进行分析评价的工具。目前已经开发出数十种评价方法，每种评价方法的原理、目标和适用的评价对象、工作量均不尽相同，各有特点和优缺点。按评价方法的特征一般分为定性评价、定量评价和综合评价。

定性评价：根据人的经验和判断力对生产工艺、设备、环境、人员、管理等方面的状况进行评价，如安全检查表等。

定量评价：用系统事故发生概率和事故严重程度来评价。

综合评价：用一种或几种可直接或间接反映物质和系统危险性的指数（指标）来评价系统的危险性大小，例如物质特性指数、人员素质指标等。

目前常用的评价方法有安全检查表、预先危险性分析法，火灾、爆炸危险指数评价法，蒙德法、日本六阶段危险度评价法、作业条件危险性评价法、故障类型和影响分析法等。

（2）评价方法选取

选用评价方法时应根据对象的特点、具体条件和需要，以及评价方法的特点选用一种或几种评价方法对同一对象进行评价，互相补充、分析综合、相互验证，以提高评价结果的准确性。选择评价方法时应考虑下列问题：

1）评价对象（系统）的特点

①根据系统的规模、复杂程度选择。

②根据评价对象的工艺类型和工艺特征选择。

③评价对象的危险性。

2）评价目标。

3）资料占有情况。

4）其他因素。

2. 常用评价方法介绍

（1）安全检查表法

安全检查表分析法是将一系列分析项目列出检查表进行分析以确定系统的状态，这些项目包括设备、储运、操作、管理等各方面。传统的安全检查表分析法是分析人员列出一系列危险项目，识别与一般工艺设备和操作有关的已知类型的危险、设计缺陷以及事故隐患，其所列项目的差别很大，而且通常用于检查各种规范和标准的执行情况。安全检查表分析的弹性很大，既可用于简单的快速分析，也可用于更深层次的分析，它是识别已知危险的有效方法。

安全检查表内容包括标准、规范和规定，随时关注并采用新颁布的有关标准、规

范和规定。正确地使用安全检查表分析将保证每个设备符合标准，而且要识别出需进一步分析的区域。安全检查表是基于经验的方法，编制安全检查表的评价人员应当熟悉装置的操作、标准和规程，并从有关渠道（如标准、规范）选择合适的安全检查表，如果无法获得相关的安全检查表，评价人员必须运用自己的经验和可靠的参考资料编制合适的安全检查表；所拟定的安全检查表应当是通过回答安全检查表所列的问题能够发现系统设计和操作的各个方面与有关标准不符的地方。

安全检查表分析步骤如下：

1）熟悉系统。包括熟悉系统的构成、功能、工艺流程、主要设备、操作条件、布置和已有的安全卫生设施等。

2）收集资料。收集有关的安全法规、标准及系统的资料，作为编制安全检查表的依据。

3）选择或拟定合适的安全检查表。

4）完成分析。

5）分析结果。

常用的安全检查表格式见表 3—1。

表 3—1　　安全检查表

编号	评价内容	依据	检查记录	结论

分析人：　　　　审核人：　　　　日期：

（2）预先危险性分析法（PHA）

预先危险性分析又称初步危险分析，是对系统存在的危险因素（类别、分布）、出现条件和可能导致的后果进行宏观、概率分析的系统安全分析方法，属定性评价。即分析、确定系统存在的危险、有害因素及其事故造成的原因、事故情况、结果、危险等级和采取的措施，其目的是发现系统的潜在危险因素，进而确定系统的危险等级，并提出相应的防范措施。它的特点是适合各阶段的安全分析。

国家安全生产监督管理局编写的《安全评价》，在“预先危险性分析”中，为了衡量危险性的大小及其对系统的破坏程度，将各类危险性划分为四个等级，见表 3—2。

表 3—2　危险性等级划分表

级别	危险程度	可能导致的后果
1 级	安全的	不会造成人员伤亡和系统损坏
2 级	临界的	处于事故的边缘状态，暂时还不至于造成人员伤亡、系统损坏或降低系统性能，但应予以排除或采取控制措施
3 级	危险的	会造成人员伤亡和系统损坏，要立即采取防范对策措施
4 级	灾难性的	会造成人员重大伤亡及系统严重破坏的灾难性事故，必须予以果断排除并进行重点防范

（3）作业条件危险性评价法

这是一种简单易行的评价人们在具有潜在危险性环境中作业时的危险性的半定量评价方法。它是用与系统风险率有关的三种因素指标值之积来评价系统人员伤亡风险的大小，这三种因素是：L——发生事故的可能性大小；E——人体暴露在这种危险环境中的频繁程度；C——一旦发生事故会造成的损失后果。但是，要取得这三种因素的科学准确的数据，却是相当烦琐的过程。为了简化评价过程，可采取半定量记值法，给三种因素的不同等级分别确定不同的分值，再以三个分值的乘积 D 来评价危险性的大小。即 $D=L\times E\times C$。D 值大，说明该系统危险性大，需要增加安全措施，或改变发生事故的可能性，或减少人体暴露于危险环境中的频繁程度，或减轻事故损失，直至调整到允许范围。

1）L——发生事故的可能性大小。事故或危险事件发生的可能性大小，当用概率来表示时，绝对不可能的时间发生的概率为 0；而必然发生的时间的概率为 1。然而，在做系统安全考虑时，绝不可能发生事故是不可能的，所以人为地将“发生事故可能性极小”的分数定为 0.1，而将发生事故可能性极大分数值定为 10，介于这两种情况之间的情况指定了若干个中间值，见表 3—3。

表 3—3　发生事故的可能性（L）

分数值	发生事故的可能性
10	完全可能发生
6	相当可能
3	可能，但不经常
1	可能性小，完全意外
0.5	很不可能，可以设想
0.2	极不可能
0.1	实际不可能

2）E——暴露于危险环境的频繁程度。人员出现在危险环境中的时间越多，则危险性越大。规定连续暴露于危险环境中的情况定为 10，而非常罕见地暴露于危险环境

中定为 0.5。同样将介于两者之间的各种情况规定若干个中间值，见表 3—4。

表 3—4 暴露于危险环境的频繁程度（E）

分数值	暴露于危险环境的频繁程度
10	连续暴露
6	每天工作时间暴露
3	每周一次暴露
2	每月一次暴露
1	每年几次暴露
0.5	非常罕见的暴露

3）C——发生事故产生的后果。事故造成的人身伤害变化范围很大，对伤亡事故来说，可从极小的轻伤直到多人死亡的严重后果。由于范围广阔，因此规定分数值为 1～100，把需要救护的轻微伤规定为 1，把造成很多人死亡的可能性规定为 100，其他情况的数值均在 1 与 100 之间，见表 3—5。

表 3—5 发生事故产生的结果（C）

分数值	发生事故产生的后果
100	大灾难，许多人死亡
40	灾难，数人死亡
15	非常严重，一人死亡
7	严重，重伤
3	重大，致残
1	引人注目，需要救护

4）D——危险性分值。根据公式就可以计算出作业的危险程度，但关键是如何确定各个分值和总分的评价。

根据经验，总分在 20 分以下是被认为低度危险的，这样的危险比日常生活中骑自行车去上班还要安全；如果危险分值到达 70～160 之间，那就是显著的危险性，需要及时进行整改；如果危险分值在 160～320 之间，这是一种必须立即采取措施进行整改的高度危险环境；分值在 320 以上的高分值表示环境非常危险，应立即停止生产直到得到改善为止。危险等级的划分是凭经验判断，难免带有局限性，不能认为是普遍适用的，应用时需要根据实际情况予以修正。危险等级划分见表 3—6。

（4）综合评价法（直观经验法）

综合评价法是根据国家和建设单位管理部门颁发的安全生产法律、法规、标准、规范等，结合评价人员的工作经验和安全理论知识，对系统安全性进行评价的方法。该方法要求评价人员具备较为丰富的实际工作经验和理论知识，并对国家安全生产法

表 3—6　　危险等级划分（D）

分数值	危险程度
＞320	极其危险，不能继续作业
160～319	高度危险，要立即整改
70～159	显著危险，需要整改
20～69	一般危险，需要注意
＜20	稍有危险，可以接受

律、法规及行业标准、规范有着较为广泛和深入的了解，以便对系统的安全性进行综合评价。

第三节　安全评价

安全评价是利用系统工程方法对拟建或已有工程、系统可能存在的危险性进行综合评价和预测，并根据可能导致的事故风险的大小，提出相应的安全对策措施，以达到工程、系统安全的过程。安全评价应贯穿于工程、系统的设计、建设、运行和退役整个生命周期的各个阶段。对工程、系统进行安全评价既是企业、生产经营单位搞好安全生产的重要保证，也是政府安全监督管理的需要。

一、安全评价概述

1. 安全评价的由来

安全评价也称危险评价或风险评价。目前欧美等国称其为风险评价，我国和日本等国称其为安全评价。

风险评价技术起源于 20 世纪 30 年代，最早起源于保险业。保险公司为客户承担各种风险，必须收取一定的保险费用，而收取费用的多少是由所承担的风险大小决定的。因此，就产生了一个衡量风险程度的问题，这个衡量风险程度的过程就是当时美国保险协会所从事的风险评价。而风险评价技术的发展又为企业降低事故风险提供了技术手段，很多大的公司也对风险管理及风险评价技术进行了深入的研究，如 1964 年美国道化学公司（DOW）根据化工生产的特点，首先开发出“火灾、爆炸危险指数评价法”，用于对化工装置进行风险评价。

20 世纪 50 年代末发展起来的系统安全工程又大大推动了风险评价技术的发展。系统安全工程首先应用于军事工业方面，随后在原子能工业上也相继提出了保证系统安全的问题。1962 年，美国公布了第一个有关系统安全的说明书——《空军弹道导弹

系统安全工程》，以此作为对与洲际导弹计划有关的承包商提出的系统安全的要求，这是系统安全理论的首次实际应用。1974 年，美国原子能委员会发表了 WASH 1400 报告，即商用核电站风险评价报告。这个报告发表后，引起世界各国的普遍重视，推动了系统安全工程的进一步发展。日本引进风险管理及系统安全工程的方法虽然较晚，但发展很快，已在电子、宇航、铁路、原子能、汽车、化工、冶金等工业领域大力开展了研究与应用。但是，日本人有时候避讳“风险”这个词，所以有的日本安全工程学者建议在安全工作中把风险评价改称安全评价。

20 世纪 70 年代末，系统安全工程引入我国，受到许多大中型企业和行业管理部门的高度重视，系统安全分析、评价方法得到了大量的应用，许多科研单位也进行了安全评价方法的研究。

2. 我国安全评价工作的发展现状

我国的安全评价工作大致经历了以下三个发展阶段：

（1）探索阶段

20 世纪 70 年代末，系统安全工程引入我国，受到许多大中型生产经营单位和行业管理部门的高度重视。通过吸收、消化国外安全检查表和安全分析方法，机械、冶金、化工、航空、航天等行业的有关生产经营单位开始应用安全分析评价方法，如安全检查表（SCL）、事故树分析（FTA）、故障类型及影响分析（FMEA）、事件树分析（ETA）、预先危险性分析（PHA）、危险与可操作性研究（HAZOP）、作业条件危险性评价（LEC）等，有许多生产经营单位将安全检查表和事故树分析法应用到生产班组和操作岗位。此外，一些石油、化工等易燃、易爆危险性较大的生产经营单位，应用美国道化学公司火灾、爆炸危险指数评价方法进行了安全评价，许多行业和地方政府有关部门制定了安全检查表和安全评价标准。

（2）起步阶段

为推动和促进安全评价方法在我国生产经营单位安全管理中的实践和应用，1986 年原劳动人事部分别向有关科研单位下达了机械工厂危险程度分级、化工厂危险程度分级、冶金工厂危险程度分级等科研项目。

原机械电子部首先提出了在机械行业内开展机械工厂安全评价，并于 1988 年 1 月 1 日颁布了第一个部颁安全评价标准《机械工厂安全性评价标准》，1997 年进行了修订，颁布了修订版。该标准的颁布执行，标志着我国机械工业安全管理工作进入了一个新的阶段，修订版则更贴近国家最新安全技术标准，覆盖面更宽，指导性和可操作性更强，计分更趋合理。

由原化工部劳动保护研究所提出的化工厂危险程度分级方法，是在吸收美国道化学公司火灾、爆炸危险指数评价方法的基础上，通过计算物质指数、物量指数和工艺参数、设备系数、厂房系数、安全系数、环境系数等，得出工厂的固有危险指数，进行固有危险性分级，用工厂安全管理的等级修正工厂固有危险等级后，得出工厂的危险等级。

目前，《机械工厂安全性评价标准》已应用于我国 1 000 多家生产经营单位，化工厂危险程度分级方法和冶金工厂危险程度分级方法等也在相应行业的几十家生产经营单位进行了实践。

1991 年国家“八五”科技攻关课题中，将安全评价方法研究列为重点攻关项目。由原劳动部劳动保护科学研究所等单位完成的“易燃、易爆、有毒重大危险源识别、评价技术研究”，将重大危险源评价分为固有危险性评价和现实危险性评价。易燃、易爆、有毒重大危险源识别、评价方法，填补了我国跨行业重大危险源评价方法的空白，在事故严重度评价中建立了伤害模型库，采用了定量的计算方法，使我国工业安全评价方法的研究初步从定性评价进入定量评价阶段。

与此同时，安全预评价工作在建设项目“三同时”工作向纵深发展的过程中开展起来。

1988 年，国内一些较早实施建设项目“三同时”的省、市，根据原劳动部〔1988〕48 号文的规定，在借鉴国外安全性分析、评价方法的基础上，开始了建设项目安全预评价实践。经过几年的实践，在初步取得经验的基础上，1996 年 10 月原劳动部颁发了第 3 号令，规定六类建设项目必须进行劳动安全卫生预评价。与之配套的规章、标准还有原劳动部第 10 号令、第 11 号令和部颁标准《建设项目（工程）劳动安全卫生预评价导则》(LD/T 106—1998)。

这些法规和标准对进行预评价的阶段、预评价承担单位的资质、预评价程序、预评价大纲和报告的主要内容等方面作了详细的规定，规范和促进了建设项目安全预评价工作的开展。

(3) 发展规范阶段

1999 年，原国家经贸委发出了《关于对建设项目（工程）劳动安全卫生预评价单位进行资格认可的通知》，国家开始了对安全评价机构资质的依法监管。2002 年，国家安全生产监督管理局发出了《关于加强安全评价机构管理的意见》，全面开展了安全评价机构的资质许可的工作。2003 年以后，在国务院的统一领导下，在各部门、各单位以及社会各方面的共同努力下，安全评价工作得到了快速发展。安全评价工作的相关法律法规和技术标准相继颁布，安全评价机构和安全评价人员的监管制度不断完善，安全评价队伍不断壮大，评价质量不断提高。

3. *安全评价的法律要求*

目前对安全评价工作有明确法律要求的国家法律、法规主要有《安全生产法》《建设项目（工程）劳动安全卫生监察规定》《建设项目（工程）劳动安全卫生预评价管理方法》《危险化学品安全管理条例》《危险化学品经营许可证管理办法》《危险化学品包装物、容器定点生产管理办法》《安全生产许可证条例》等。

4. 安全评价方法

安全评价方法是对系统中的危险、有害因素进行分析评价的工具，包括定性安全评价、定量安全评价。定性安全评价方法主要是根据人的经验和判断能力对生产工艺、设备、环境、人员、管理等方面的状况进行定性分析，安全评价结果是一些定性的指标，如是否达到了某项安全要求、危险程度分级、事故类别和导致事故发生的因素等。属于定性安全评价方法的有：安全检查表、专家现场询问观察法、因素图分析法、作业条件危险性评价法、故障类型和影响分析、危险可操作性研究等。定性安全评价方法的特点是容易理解，便于掌握，评价结果直观。但定性安全评价方法往往依靠经验，带有一定的局限性，安全评价结果有时因参加评价人员的经验和经历等有相当的差异。

定量安全评价方法用系统事故发生概率和事故严重程度来评价，是基于大量的实验结果和广泛的事故资料统计分析获得的指标或规律（数学模型），对生产系统的工艺、设备、设施、环境、人员和管理等方面的状况进行定量的计算，安全评价结果是一些定量的指标，如事故发生概率、事故伤害（或破坏）范围、危险性指数、事故致因因素的事故关联度或重要度等。定量评价方法，包括事件树、事故树、火灾爆炸指数法等。按照安全评价给出定量结果的类别不同，定量安全评价方法还可以分为概率风险评价法、伤害（或破坏）范围评价法和危险指数评价法等。定量安全评价方法获得的评价结果具有可比性，但往往需要大量的计算，并且对基础数据的依赖性很大。

二、安全评价的基本概念

1. 安全、危险和事故

安全、危险和事故的定义前文已经阐述。安全和危险是一对互为存在前提的术语，在安全评价中，主要是指人和物的安全和危险。安全是相对的，危险是绝对的。

事件的发生可能造成事故，也可能并未造成任何损失。对于没有造成职业病、死亡、伤害、财产损失或其他损失的事件可称之为“未遂事件”或“未遂过失”。因此，事件包括事故事件和未遂事件。

事故是由危险因素导致的，危险因素导致的人员死亡、伤害、职业危害及各种财产损失都属于事故。

2. 风险

风险是危险、危害事故发生的可能性与严重程度的综合度量。衡量风险大小的指标是风险率（R），它等于事故发生的概率（P）与事故损失严重程度（S）的乘积。

$$R=PS$$

由于概率值难于取得，常用频率代替概率，这时上式可表示为：

$$风险率=\frac{事故次数}{单位时间}\times\frac{事故损失}{事故次数}=\frac{事故损失}{单位时间}$$

式中，单位时间可以是系统的运行周期，也可以是一年或几年；事故损失可以表示为死亡人数、事故次数、损失工作日数或经济损失等；风险率是二者之商，可以定量表示为百万工时死亡事故率、百万工时总事故率等，对于财产损失可以表示为千人经济损失等。

3. 系统和系统安全

系统是指由若干相互联系的，为了达到一定目标而具有独立功能的要素所构成的有机整体。对生产系统而言，系统构成包括人员、物资、设备、资金、任务指标和信息六个要素。

系统安全是指在系统生命周期内应用系统安全工程和管理方法，识别系统中的危险源，定性或定量表征其危险性，并采取控制措施使其危险性最小化，从而使系统在规定的性能、时间和成本范围内达到最佳的可接受安全程度。因此，在生产中为了确保系统安全，需要按系统工程的方法，对系统进行深入分析和评价，及时发现固有的和潜在的各类危险和危害，提出应采取的解决方案和途径。

4. 系统安全工程

系统安全工程是以预测和防止事故为中心，以识别、分析评价和控制安全风险为重点，开发、研究出来的安全理论和方法体系。它将工程、系统中的安全作为一个整体系统，应用科学的方法对构成系统的各个要素进行全面的分析，判明各种状况下危险因素的特点及其可能导致的灾害性事故，通过定性和定量分析对系统的安全性作出预测和评价，将系统事故降至最低的可接受限度。危险识别、风险评价、风险控制是系统安全工程方法的基本内容，其中危险识别是风险评价和风险控制的基础。

三、安全评价的内容、分类及定义

安全评价，国外也称为风险评价或危险评价，它既需要安全评价理论的支撑，又需要理论与实际经验的结合，二者缺一不可。

1. 安全评价的内容

安全评价是一个利用系统安全工程原理和方法识别与评价系统、工程存在的风险的过程，这一过程包括危险、有害因素识别及危险和危害程度评价两部分。危险、有害因素识别的目的在于识别危险源；危险和危害程度评价的目的在于确定来自危险源的危险程度，应采取的控制措施，以及采取控制措施后仍然存在的危险性是否可以被接受。在实际的安全评价过程中，这两个方面是不能截然分开、孤立进行的，而是相互交叉、相互重叠于整个评价工作中。安全评价的基本内容如图 3—4 所示。

随着现代科学技术的发展，在安全技术领域里，已由以往主要研究、处理那些已

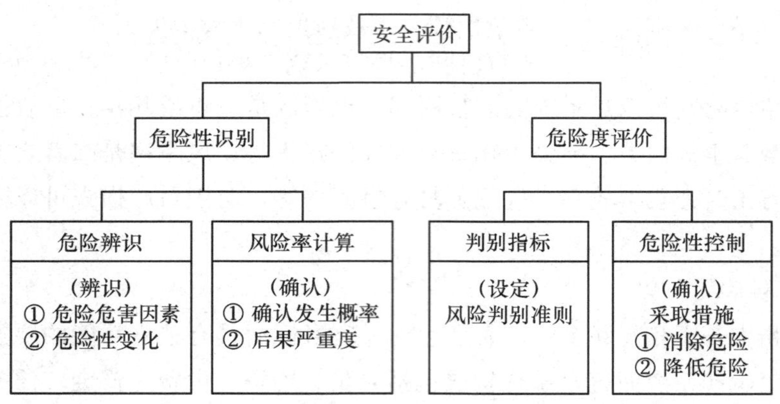

图 3—4　安全评价的基本内容

经发生和必然发生的事件，发展为主要研究、处理那些还没有发生，但有可能发生的事件，并把这种事件发生的可能性具体化为一个数量指标，计算事故发生的概率，划分危险等级，制定安全标准和对策措施，并对其进行综合比较和评价，从中选择最佳的方案，预防事故的发生。安全评价通过危险性识别及危险度评价，客观地描述系统的危险程度，指导人们预先采取相应措施，来降低系统的危险性。

2. 安全评价分类及定义

根据工程、系统生命周期和评价的目的，国家安全生产监督管理局在《印发〈关于加强安全评价机构管理的意见〉的通知》（安监管技装字〔2002〕45 号）和《关于印发〈安全评价通则〉的通知》（安监管技装字〔2003〕37 号）中，将安全评价分为安全预评价、安全验收评价、安全现状综合评价和安全专项评价四类，并分别给出了定义。

（1）安全预评价

安全预评价是根据建设项目可行性研究报告的内容，分析和预测该建设项目可能存在的危险、有害因素的种类和程度，提出合理可行的安全对策措施及建议。

安全预评价以拟建建设项目作为研究对象，根据建设项目可行性研究报告提供的生产工艺过程、使用和产出的物质、主要设备和操作条件等，研究系统固有的危险有害因素，应用系统安全工程的方法，对系统的危险性和危害性进行定性、定量分析，确定系统的危险、有害因素及其危险、危害程度；针对主要危险、有害因素及其可能产生的危险、危害后果提出消除、预防和降低的对策措施；评价采取措施后的系统是否能满足规定的安全要求，从而得出建设项目应如何设计、管理才能达到安全指标要求的结论。

安全预评价的内涵，可概括为以下四点：

1）安全预评价是一种有目的的行为，它是在研究事故和危害为什么会发生、是怎样发生的和如何防止发生等问题的基础上，回答建设项目依据设计方案建成后的安全性如何、是否能达到安全标准的要求及如何达到安全标准、安全保障体系的可靠性如何等至关重要的问题。

2）安全预评价的核心是对系统可能存在的危险、有害因素进行定性、定量分析，即针对特定的系统范围，对发生事故、危害的可能性及其危险、危害的严重程度进行评价。

3）安全预评价用有关标准（安全评价标准）对系统进行衡量，分析、说明系统的安全性。

4）安全预评价的最终目的是确定采取哪些优化的技术、管理措施，使各子系统及建设项目整体达到安全标准的要求。经过安全预评价形成的安全预评价报告，将作为项目报批的文件之一，同时也是项目最终设计的重要依据文件之一。

安全预评价报告主要提供给建设单位、设计单位、业主、政府管理部门。在设计阶段，必须落实安全预评价所提出的各项措施，切实做到建设项目在设计中的“三同时”。

（2）安全验收评价

安全验收评价是在建设项目竣工验收之前、试生产运行正常之后，通过对建设项目的设施、设备、装置实际运行状况及管理状况的安全评价，查找该建设项目投产后存在的危险、有害因素，确定其程度，提出合理可行的安全对策措施及建议。安全验收评价是运用系统安全工程原理和方法，在项目建成试生产正常运行后，在正式投产前进行的一种检查性安全评价。它通过对系统存在的危险有害因素进行定性和定量的评价，判断系统在安全上的符合性和配套安全设施的有效性，从而作出评价结论并提出补救或补偿措施，以促进项目实现系统安全。在安全验收评价中，要查看初步设计中的各项安全措施落实的情况，以及各项安全管理制度措施的落实情况等。安全验收评价是为安全验收进行的技术准备，最终形成的安全验收评价报告将作为建设单位向政府安全生产监督管理部门申请建设项目安全验收审批的依据。另外，通过安全验收，还可检查生产经营单位的安全生产保障，确认《安全生产法》的落实。

（3）安全现状综合评价

安全现状综合评价是针对系统、工程的（某一个生产经营单位总体或局部的生产经营活动的）安全现状进行的安全评价，通过评价查找其存在的危险、有害因素，确定其程度，提出合理可行的安全对策措施及建议。对在用生产装置、设备、设施、储存、运输及安全管理状况进行的全面综合安全评价，是根据政府有关法规的规定或是根据生产经营单位职业安全、健康、环境保护的管理要求进行的，主要包括以下内容：

1）全面收集评价所需的信息资料，采用合适的安全评价方法进行危险识别。

2）对于可能造成重大后果的事故隐患，采用科学合理的安全评价方法建立相应的

数学模型进行事故模拟，预测极端情况下的影响范围，分析事故的最大损失，以及发生事故的概率，给出量化的安全状态参数。

3）对发现的隐患，根据量化的安全状态参数值、整改的优先度进行排序。

4）提出整改措施与建议。

评价形成的现状综合评价报告的内容应纳入生产经营单位安全隐患整改和安全管理计划，并按计划加以实施和检查。

（4）安全专项评价

安全专项评价是根据政府有关管理部门的要求进行的，对专项安全问题进行的专题安全分析评价，如危险化学品专项安全评价、非煤矿山专项安全评价等。安全专项评价一般是针对某一项活动或场所，如一个特定的行业、产品、生产方式、生产工艺或生产装置等，存在的危险、有害因素进行的安全评价，目的是查找其存在的危险、有害因素，确定其程度，提出合理可行的安全对策措施及建议。如果生产经营单位是生产或储存、销售剧毒化学品的企业，评价所形成的安全专项评价报告则是上级主管部门批准其获得或保持生产经营营业执照所要求的文件之一。

四、安全评价的目的、意义、程序及依据

1. 安全评价的目的

安全评价的目的是查找、分析和预测工程、系统存在的危险、有害因素及可能导致的危险、危害程度，提出合理可行的安全对策措施，指导危险源监控和事故预防，以达到最低事故率、最少损失和最优的安全投资效益。安全评价要达到的目的具体包括以下四个方面：

（1）促进实现本质安全化生产

通过安全评价，系统地从工程、系统设计、建设、运行等过程对事故和事故隐患进行科学分析，针对事故和事故隐患发生的各种可能原因事件和条件，提出消除危险的最佳技术措施方案。特别是从设计上采取相应措施，实现生产过程的本质安全化，做到即使安全误操作或设备故障，系统存在的危险因素也不会因此导致重大事故发生。

（2）实现全过程安全控制

在设计之前进行安全评价，可避免选用不安全的工艺流程和危险的原材料以及不合适的设备、设施，或当必须采用时，提出降低或消除危险的有效方法。设计之后进行的评价，可查出设计中的缺陷和不足，及早采取改进和预防措施。系统建成以后运行阶段进行的系统安全评价，可了解系统的现实危险性，为进一步采取降低危险性的措施提供依据。

（3）建立系统安全的最优方案，为决策者提供依据通过安全评价，分析系统存在的危险源及其分布部位、数目，预测事故的概率、事故严重度，提出应采取的安全对策措施等，决策者可以根据评价结果选择系统安全最优方案和管理决策。

（4）为实现安全技术、安全管理的标准化和科学化创造条件

通过对设备、设施或系统在生产过程中的安全性是否符合有关技术标准、规范、相关规定的评价，对照技术标准、规范找出存在的问题和不足，以实现安全技术和安全管理的标准化、科学化。

2. 安全评价的意义

安全评价的意义在于可有效地预防事故发生，减少财产损失以及人员伤亡和伤害。安全评价与日常安全管理和安全监督监察工作不同，安全评价是从技术带来的负效应出发，分析、论证和评估由此产生的损失和伤害的可能性、影响范围、严重程度及应采取的对策措施等。

（1）安全评价是安全生产管理的一个必要组成部分

“安全第一，预防为主，综合治理”是我国安全生产的基本方针，作为预测、预防事故重要手段的安全评价，在贯彻安全生产方针中有着十分重要的作用，通过安全评价可确认生产经营单位是否具备了安全生产条件。

（2）安全评价有助于政府安全监督管理部门对生产经营单位的安全生产实行宏观控制

安全预评价，将有效地提高工程安全设计的质量和投产后的安全可靠程度；投产时的安全验收评价，是根据国家有关技术标准、规范对设备、设施和系统进行符合性评价，提高安全达标水平；系统运转阶段的安全技术、安全管理、安全教育等方面的安全现状综合评价，可客观地对生产经营单位安全水平作出结论，使生产经营单位不仅了解可能存在的危险性，而且明确如何改进安全状况，同时也为安全监督管理部门了解生产经营单位安全生产现状、实施宏观控制提供基础资料。

（3）有助于安全投资的合理选择

安全评价不仅能确认系统的危险性，而且还能进一步考虑危险性发展为事故的可能性及事故造成损失的严重程度，进而计算事故造成的危害，即风险率，并以此说明系统危险可能造成负效益的大小，以便合理地选择控制、消除事故发生的措施，确定安全措施投资的多少，从而使安全投入和可能减少的负效益达到合理的平衡。

（4）有助于提高生产经营单位的安全管理水平

1）安全评价可以使生产经营单位的安全管理变事后处理为事先预测、预防。传统安全管理方法的特点是凭经验进行管理，多为事故发生后再进行处理的“事后过程”。通过安全评价，可以预先识别系统的危险性，分析生产经营单位的安全状况，全面地评价系统及各部分的危险程度和安全管理状况，促使生产经营单位达到规定的安全

要求。

2）安全评价可以使生产经营单位的安全管理变纵向单一管理为全面系统管理。安全评价使生产经营单位所有部门都能按照要求认真评价本系统的安全状况，将安全管理范围扩大到生产经营单位各个部门、各个环节，使生产经营单位的安全管理实现全员、全方位、全过程、全天候的系统化管理。

3）系统安全评价可以使生产经营单位的安全管理变经验管理为目标管理。仅凭经验、主观意志和思想意识进行安全管理，没有统一的标准、目标；而安全评价可以使各部门、全体职工明确各自的安全指标要求，在明确的目标下，统一步调，分头进行，从而使安全管理工作做到科学化、统一化、标准化。

（5）有助于生产经营单位提高经济效益

安全预评价，可减少项目建成后由于达不到安全的要求而引起的调整和返工建设；安全验收评价，可将一些潜在事故隐患在设施开工运行阶段消除；安全现状综合评价，可使生产经营单位较好地了解可能存在的危险并为安全管理提供依据。生产经营单位的安全生产水平的提高无疑可带来经济效益的提高。

3. 安全评价程序

安全评价程序主要包括：准备阶段，危险、有害因素识别与分析，定性、定量评价，提出安全对策措施，形成安全评价结论及建议，编制安全评价报告六个阶段。如图 3—5 所示。

（1）准备阶段

明确被评价对象和范围，收集国内外相关法律法规、技术标准及工程、系统的技术资料。

（2）危险、有害因素识别与分析

根据被评价的工程、系统的情况，识别和分析危险、有害因素，确定危险、有害因素存在的部位、存在的方式、事故发生的途径及其变化的规律。

（3）定性、定量评价

在危险、有害因素识别和分析的基础上，划分评价单元，选择合理的评价方法，对工程、系统发生事故的可能性和严重程度进行定性、定量评价。

（4）提出安全对策措施

根据定性、定量评价结果，提出消除或减弱危险、有害因素的技术和管理措施及建议。

（5）形成安全评价结论及建议

简要地列出主要危险、有害因素的评价结果，指出工程、系统应重点防范的重大危险因素，明确生产经营者应重视的重要安全措施。

（6）编制安全评价报告

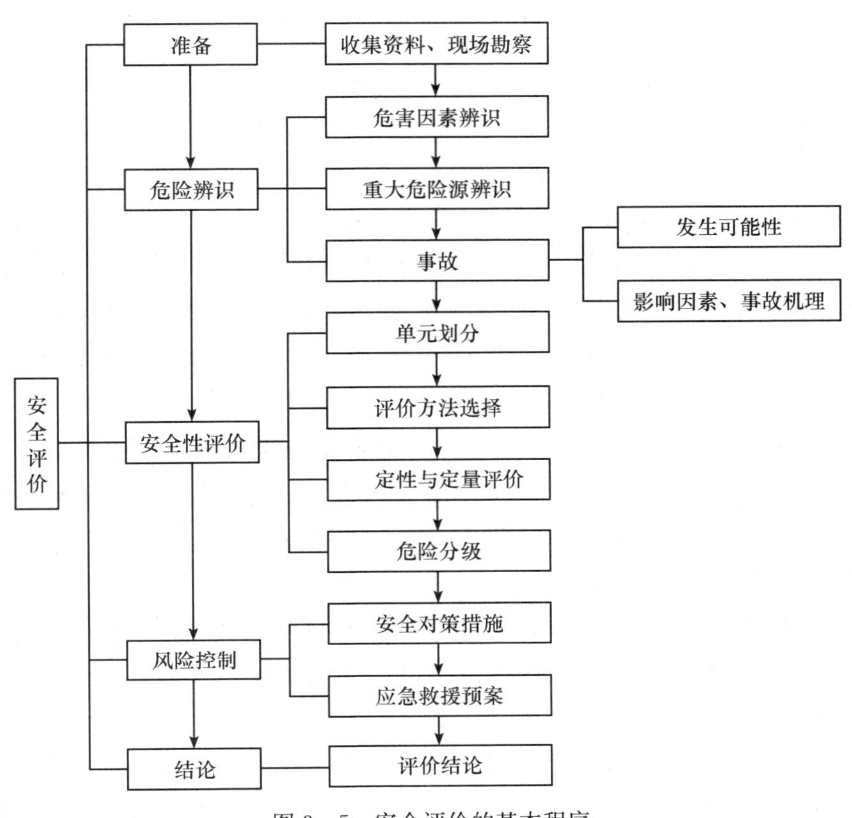

图 3—5　安全评价的基本程序

依据安全评价的结果编制相应的安全评价报告。

4. 安全评价的依据

安全评价是政策性很强的一项工作，必须依据我国现行的法律、法规和技术标准，以保障被评价项目的安全运行，保障劳动者在劳动过程中的安全与健康。

（1）安全评价目前所依据的主要法规

1）《劳动法》。该法设立了劳动安全专章，对以下方面提出了明确要求：安全设施必须符合国家规定的标准；安全设施必须与主体工程同时设计、同时施工、同时投入生产和使用的“三同时”原则；从事特种作业的劳动者，必须经过专门培训并取得特种作业资格。

2）《安全生产法》。该法涉及安全评价的规定有：依法设立的为安全生产提供服务的中介机构，依照法律、行政法规和执业准则，接受生产经营单位的委托为其安全生产工作提供技术服务；矿山建设项目和用于生产、储存危险物品的建设项目，应当分别按照国家有关规定进行安全条件论证和安全评价；生产经营单位对重大危险源，应当登记建档，进行定期检测、评估、监控，并制定应急预案，告知从业人员和相关人员在紧急情况下应采取的应急措施；承担安全评价、认证、检测、检验工作的机构违

规的处罚原则。

3）《矿山安全法》。该法对矿山建设的安全保障、矿山开采的安全保障、矿山生产经营单位的安全管理、矿山事故处理、矿山安全的行政管理及法律责任等做了明确规定。

4）国家安全生产监督管理局、国家煤矿安全监督局《关于加强安全评价机构管理的意见》（安监管技装字〔2002〕45号）。该文件首次明确规定安全评价的主要内容。安全评价是指运用定量或定性的方法，对建设项目或生产经营单位存在的职业危险因素和有害因素进行识别、分析和评估；安全评价包括安全预评价、安全验收评价、安全现状综合评价和专项安全评价。

5）国家安全生产监督管理局《安全评价通则》。该通则规定了系统、工程的安全评价的基本原则和要求、评价工作程序、评价报告书的内容及要求、评价方法的选择原则、评价报告书的格式等，是具体进行评价工作的操作依据。

（2）安全评价所依据的标准

安全评价依据的标准众多，不同行业会涉及不同的标准，难以一一列出。应该注意的是，标准有可能更新，应注意使用最新版本的标准。

（3）风险判别指标

风险判别指标（以下简称指标）或判别准则的目标值，是用来衡量系统风险大小以及风险的可接受尺度。无论是定性评价还是定量评价，若没有指标，评价者将无法判定系统的风险是高还是低，是否达到了可接受的程度，以及改善到什么程度系统的安全水平才可以接受，定性、定量评价也就失去了意义。在安全评价中不是以危险性、危害性为零作为可接受标准，而是以合理的、可接受的指标作为可接受标准。指标不是随意规定的，而是根据具体的经济、技术情况和对危险、危害后果，危险、危害发生的可能性（概率、频率）和安全投资水平进行综合分析、归纳和优化，通常依据统计数据，有时也依据相关标准，制定出的一系列有针对性的危险危害等级、指数，以此作为要实现的目标值，即可接受风险。常用的指标有安全系数、安全指标或失效概率等。例如，人们熟悉的安全指标有事故频率、财产损失率和死亡概率等。随着与国际并轨的需要，在安全评价中经常采用一些国外的定量评价方法，其指标反映了评价方法制定国（或公司）的经济、技术和安全水平，一般是比较先进的。采用这类指标时必须考虑我国国情，对国外评价指标进行必要的修正，否则可能会得出不符合实际情况的评价结果。

第四节　隐患排查治理

一、基本概念

1. 安全生产事故隐患

如前文所述，安全生产事故隐患（以下简称隐患、事故隐患或安全隐患），是指生产经营单位违反安全生产法律、法规、规章、标准、规程和安全生产管理制度的规定，或者因其他因素在生产经营活动中存在可能导致事故发生的物的危险状态、人的不安全行为和管理上的缺陷。

在事故隐患的三种表现中，物的危险状态是指生产过程或生产区域内的物质条件（如材料、工具、设备、设施、成品、半成品）处于危险状态；人的不安全行为是指人在工作过程中的操作、指示或其他具体行为不符合安全规定；管理上的缺陷是指在开展各种生产活动中所必需的各种组织、协调等行动存在缺陷。

2. 隐患分级

隐患的分级是以隐患的整改、治理和排除的难度及其影响范围为标准的，可以分为一般事故隐患和重大事故隐患。一般事故隐患，是指危害和整改难度较小，发现后能够立即整改排除的隐患。重大事故隐患，是指危害和整改难度较大，应当全部或者局部停产停业，并经过一定时间整改治理方能排除的隐患，或者因外部因素影响致使生产经营单位自身难以排除的隐患。

3. 隐患排查

隐患排查是指生产经营单位组织安全生产管理人员、工程技术人员和其他相关人员对本单位的事故隐患进行排查，并对排查出的事故隐患，按照事故隐患的等级进行登记，建立事故隐患信息档案。

4. 隐患治理

隐患治理就是指消除或控制隐患的活动或过程。对排查出的事故隐患，应当按照事故隐患的等级进行登记，建立事故隐患信息档案，并按照职责分工实施监控治理。对于一般事故隐患，由于其危害和整改难度较小，发现后应当由生产经营单位（车间、分厂、区队等）负责人或者有关人员立即组织整改。对于重大事故隐患，由生产经营单位主要负责人组织制定并实施事故隐患治理方案。

二、政府监管工作

企业是安全生产的责任主体。搞好安全生产管理工作，必须逐步解决企业自律问

题，让企业主体责任的落实有载体。在建立隐患排查治理体系过程中，要明确政府与企业的职责定位，各级政府要充分发挥指导、监督、管理的作用，通过政府监管（管理）职责的落实推动企业隐患排查治理主体责任的落实。

三、政府部门的职责

建立隐患排查治理体系，组织好隐患排查治理工作，最重要一点是理顺生产经营单位、行业、属地、专项以及综合监管部门的安全生产工作职责，明确履行安全职责的范围、内容和要求，解决职责空缺、职责不清、职能交叉等问题，从而形成“分工负责，齐抓共管”的安全监管工作格局，实现安全隐患排查治理监管工作的全覆盖和无缝化管理。

职责的划分和责任机制的建立要通过政府规范性文件确定下来，并建立安全生产责任考核机制来督促责任落实。责任的划分要根据本行政区域内的企业类型，根据行业管理部门“三定”职责进行划分，做到“责任到户”。各地可以根据自身情况，实施分类分级、差异化监管。具体企业分级标准由各地结合本地实际确定。

1. 综合监管部门职责

《安全生产法》中明确规定：“国务院负责安全生产监督管理的部门依照本法，对全国安全生产工作实施综合监督管理；县级以上地方各级人民政府负责安全生产监督管理的部门依照本法，对本行政区域内安全生产工作实施综合监督管理。”安全监管局作为综合监管部门要充分发挥安委会办公室组织、协调、指导、监督作用。在事故隐患排查治理体系建设工作中主要承担组织、协调、监督、考核等职责。

2. 行业管理部门监管（管理）职责

《安全生产法》中明确规定：“国务院有关部门依照本法和其他有关法律、行政法规的规定，在各自的职责范围内对有关的安全生产工作实施监督管理；县级以上地方各级人民政府有关部门依照本法和其他有关法律、法规的规定，在各自的职责范围内对有关的安全生产工作实施监督管理。国务院有关部门应当按照保障安全生产的要求，依法及时制定有关的国家标准或者行业标准，并根据科技进步和经济发展适时修订。”

各地区要根据自身实际情况，采取多种形式充分调动发挥本行政区域内相关行业管理部门的积极性，将有关工作分解到不同行业管理部门。按照安全生产法律法规的要求，有安全监管行政处罚权的行业管理部门依法承担包括行政处罚在内的安全监督管理职责；没有安全监管行政处罚权的行业管理部门，要充分发挥自身的资源优势，承担对有关行业或领域的安全工作的日常指导、管理职责。

市（地）安全监管部门要在政府的统一领导下，按照部门“三定”方案和企业类型，将组织企业开展隐患自查自报的职责划分到不同行业管理部门，由行业管理部门组织、督促和指导企业进行查报，建立部门联动的工作格局。

例如，北京市顺义区安全监管局在履行好综合监管职责的基础上，充分发挥和调动行业监管（管理）部门的积极性。

（1）明确监管职责和范围

2008 年，北京市顺义区出台了《生产经营单位安全生产分类分级管理办法》，根据国民经济分类和结合辖区内生产经营单位类型，把生产经营单位分为“工业生产、人员聚集、危险化学品、工程建设、道路交通运输和其他”六大类，将安全监管职责划分到 18 个行业管理部门。2009 年，结合事故隐患自查自报工作，进一步细化监管，将 6 大类生产经营单位划分为 105 小类，18 个行业管理部门扩展到 23 个，由行业管理部门牵头制定了 47 套不同行业类型的事故隐患自查标准，做到每一类型生产经营单位对应一个行业管理部门，适用一套自查标准。如图 3—6 所示，自查隐患按照严重程度由轻到重分为 A、B、C、D 四级。

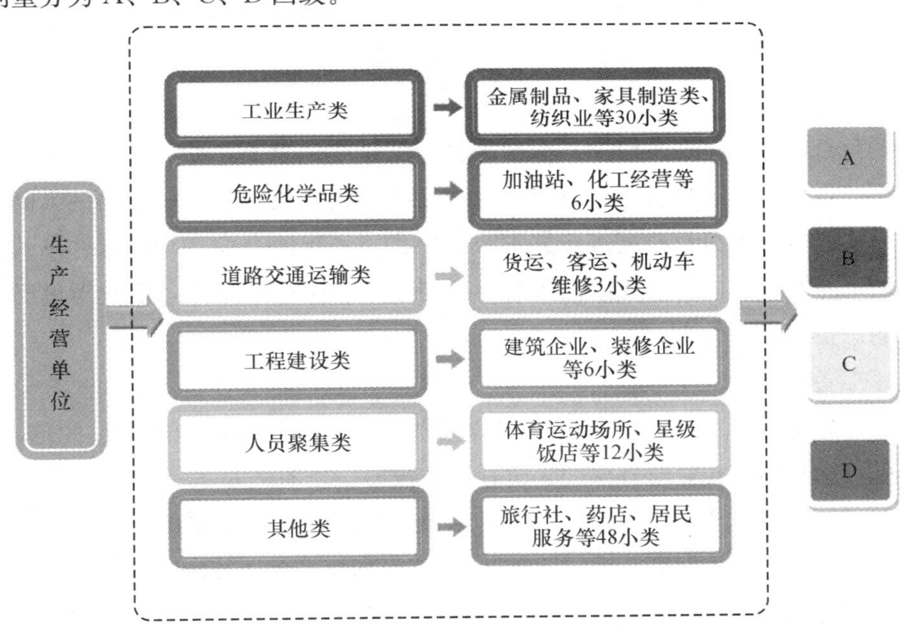

图 3—6　生产经营单位实施差异化管理

（2）积极履行行业监管（管理）职责

2007 年北京市政府出台了关于加强人员密集场所的五个安全生产规定，明确了商务、文化、体育、旅游等部门的行业监管职责，为推进顺义区事故隐患自查自报工作奠定了基础。顺义区有监管权的部门依法履行监管职责，无监管权的部门履行管理职责。例如：商务委对 1 000 平方米以上的商业零售单位履行监管职责，对 1 000 平方米以下的商业零售单位履行管理职责。顺义区 23 家行业管理部门在事故隐患自查自报工作中履行制定标准、组织生产经营单位培训、指导督促查报、监督核查等职责。

3. 专项监管部门职责

消防、质监等专项监管部门要按照消防、特种设备安全等法律、法规、规章的规定，对企业履行专项监管职责，及时跟踪、督促处理属地管理部门和行业监管（管理）部门移送的安全隐患，积极做好职责范围内的安全监管工作。

四、企业隐患排查治理工作

企业是隐患排查治理工作的主体，是隐患排查治理工作的直接实施者。企业隐患排查治理工作主要包括四个方面：自查隐患、治理隐患、自报隐患和分析趋势。自查是为了发现自身所存在的隐患，自查需保证全面，减少遗漏；治理是为了将自查中发现的隐患控制住，防止引发不良后果，尽可能从根本上解决问题；自报是为了将自查和治理情况报送政府有关部门，以使其了解企业在排查和治理方面的信息；分析趋势是为了建立安全生产预警指数系统，对安全生产状况做出科学、综合、定量的判断，为合理分配安全监管资源和加强安全管理提供依据。

1. 企业自查隐患

企业自查隐患就是在政府及其部门的统一安排和指导下，确定自身分类分级的定位，采用其适用的隐患排查治理标准，通过准备、组织机构建设、建立健全制度、全面培训、实施排查、分析改进等步骤形成完整的、系统的企业自查机制。尤其是大型企业集团，应在企业内部形成联结所有管理层级和各个生产单位，以及当地安全监管部门的隐患排查治理体系。

（1）准备工作

为保证隐患自查工作能够打下坚实的基础，企业必须做好与之相关的准备工作。隐患排查治理是涉及企业所有部门、所有生产流程、所有人员的一项系统工程，如果不做好全面的准备，那么所建立的隐患排查治理机制将缺乏系统性和可操作性，结果必然是“一阵风”式的开展一次“运动”，不能做到深入和持久地开展自查工作。

1）收集信息。由企业安全生产主管部门和有关专业人员，对现行的有关隐患排查治理工作的各种信息、文件、资料等通过多种行之有效的方式进行收集。此项工作也可以委托与企业有合作关系的服务方来实施。

2）辅助决策。将收集信息形成的有关材料向企业管理层汇报，并说明有关情况，使企业管理层的领导能够全面、正确理解和认识隐患排查治理工作，对企业建设隐患排查治理工作做出正确决策。

3）领导决策。高、中层领导需要从思想意识中真正解决为什么要实施隐患排查治理工作的问题，并为此项工作提供充分的各类资源，隐患排查治理工作才会在企业得到有效和完全的实施。

（2）组织机构建设

由企业一把手担任隐患排查治理工作的总负责人，以安全生产委员会或领导班子为总决策管理机构，以安全生产管理部门为办事机构，以基层安全管理人员为骨干，以全体员工为基础，形成从上至下的组织保证。形成从主要负责人到一线员工的隐患排查治理工作网络，确定各个层级的隐患排查治理职责。

领导层：主要负责人是隐患排查治理工作的第一责任人，通过安委会、领导办公会等形式，将隐患排查治理工作纳入到其日常工作的范围中，亲自定期组织和参与检查，及时准确把握情况，发出明确的指令。主管负责人要在其职责中明确有关隐患排查治理的内容，将有关情况上传下达，做好主要负责人的帮手。其他有关领导也要在各自管辖范围内做好隐患排查治理工作，至少要知道、过问、督促、确认。

管理层：安全生产管理机构和专职安全管理人员是隐患排查治理工作的骨干力量，编制有关制度、培训各类人员、组织检查排查、下达整改指令、验证整改效果等是主要的工作内容。还要通过监督方式对各部门和下属单位及所有员工在隐患排查治理工作方面的履职情况进行了解，纳入考核，全力推动隐患排查治理工作的全方位和全员化。

操作层：按照责任制、相关规章制度和操作规程中明确的隐患排查治理责任，在日常的各项工作中，员工要有高度的隐患意识，随时发现和处理各种隐患和事故苗头，自己不能解决的及时上报，同时采取临时性的控制措施，并注意做好记录，为统计分析隐患留下资料。

（3）建立健全规章制度

制度是企业管理的基本依据，需要企业将法律法规和标准规范以及上级和外部的其他要求全面掌握，将其各项具体的规定结合自身的实际情况，通过编制工作将外部的规定转化为企业内部的各项规章制度，再经过全面的执行和落实，变成企业的管理行动。隐患排查治理工作也不例外，也基本按这一思路展开。建立健全规章制度这一工作具体包括：

1）现状评估。

2）隐患排查治理制度策划。

3）隐患排查治理制度的编制。

4）隐患排查治理制度的文件管理。

（4）全面培训

1）初步培训。在全面铺开工作之前，应对有关人员进行初步的培训，使其掌握“谁来干、干什么、如何干、工作质量有什么要求”等内容。

企业隐患排查治理体系建设的初期培训对象分为两种，一是对领导层（高层与中层）人员进行背景培训，二是对承担推进工作的骨干人员进行全面培训。

对领导（高层与中层）进行背景培训，通过培训，使相关领导充分认识到企业实施隐患排查治理体系的重要意义、作用，让他们了解整个实施过程，知道自己在整个过程中的工作职责，以及应该给予隐患排查治理工作的支持和保障。

对承担推进工作的骨干人员进行全面培训，主要内容包括：背景（可与领导层培训合并进行）、相关政策法规、隐患排查标准内容详解、制度编写、隐患排查治理过程等方面。

2）全员培训。隐患排查的主体是企业的所有人员，包括从领导到一线员工直到在企业工作范围内的外部人员，以保证排查的全面性和有效性。

在颁布隐患排查治理制度文件之后，组织全体员工，按照不同层次、不同岗位的要求，学习相应的隐患排查治理制度文件内容。

所有人员能不能或者会不会隐患排查是关键，必须对其进行有针对性和有效果的教育培训。在各种安全生产教育培训工作中要将隐患排查的内容纳入，并根据需要做专门的培训，还要确认培训的效果，以保证所有人员有意识、有能力地开展隐患排查。

注意：培训工作应以已有的培训方面的规章制度为准，按其要求实施。

（5）实施排查

排查的实施是一个涉及企业所有管理范围的工作，需要有计划、按部就班地开展。

1）排查计划。排查工作涉及面广、时间较长，需要制定一个比较详细可行的实施计划，确定参加人员、排查内容、排查时间、排查安排、排查记录等内容。为提高效率也可以与日常安全检查、安全生产标准化的自评工作或管理体系中的合规性评价和内审工作相结合。

2）隐患排查的种类

①专项排查。专项排查是指采用特定的、专门的排查方法，这种类别的方法具有周期性、技术性和投入性。主要有按隐患排查治理标准进行的全面自查、对重大危险源的定期评价、对危险化学品的定期现状安全评价等。

②日常排查。指与安全生产检查工作的结合，具有日常性、及时性、全面性和群众性。主要有企业全面的安全大检查、主管部门的专业安全检查、专业管理部门的专项安全检查、各管理层级的日常安全检查、操作岗位的现场安全检查等。

3）排查的实施。以专项排查为例，企业组织隐患排查组，根据排查计划到各部门和各所属单位进行全面的排查，流程及关键点如图 3—7 所示。

排查时必须及时、准确和全面地记录排查情况和发现的问题，并随时与被检查单位的人员做好沟通。

4）排查结果的分析总结

①评价本次隐患排查是否覆盖了计划中的范围和相关隐患类别；

②评价本次隐患排查是否做到了“全面、抽样”的原则，是否做到了重点部门、

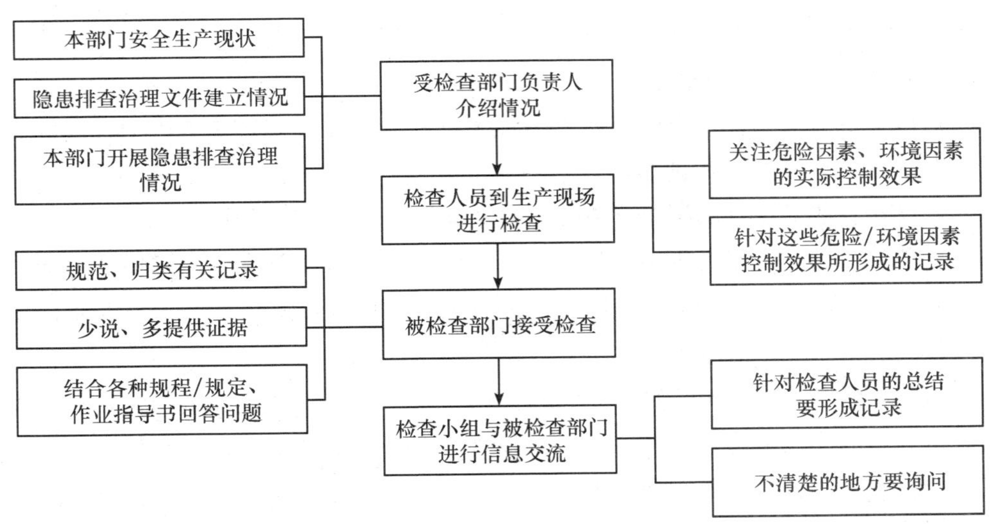

图 3—7 在各部门的排查流程及关键点

高风险和重大危险源适当突出的原则；

③确定本次隐患排查发现：包括确定隐患清单、隐患级别以及分析隐患的分布（包括隐患所在单位和地点的分布、种类）等；

④做出本次隐患排查治理工作的结论，填写隐患排查治理标准表格；

⑤向领导汇报情况。

（6）纳入考核和持续改进

为了确保顺利进行隐患排查治理工作，领导必须责成有关部门以考核手段为基本的保障。必须规定上至一把手、下至普通的员工以及所有的检查人员的职责、权利和义务，特别是必须明确规定企业中、高层领导在此项工作中的义务与职责。因为，企业的中、高层领导是实施与开展隐患排查治理工作的重要保障力量。

隐患排查治理机制的各个方面都不是一成不变的，也要随着安全生产管理水平的提高而与时俱进，借助安全生产标准化的自评和评审、职业健康安全管理体系的合规性评价、内部审核与认证审核等外力的作用，实现企业在此工作方面的持续改进。

另外，隐患排查治理也为整体安全生产管理提供了持续改进的信息资源，通过对隐患排查治理情况的统计、分析，能够为预测预警输入必要的信息，能够为管理的改进提供方向性的资料。

2. 企业隐患治理

对隐患排查所发现的各种隐患进行治理，才能真正解决企业生产经营过程中的问题，降低风险，提高安全管理水平。

（1）一般隐患治理

1）一般隐患分级。一般隐患是指危害和整改难度较小，发现后能够立即整改排除

的隐患。为更好地有针对性地治理在企业生产和管理工作中存在的一般隐患，要对一般隐患进行进一步的细化分级。

事故隐患的分级是以隐患的整改、治理和排除的难度及其影响范围为标准的。根据这个分级标准，在企业中通常将隐患分为班组级、车间级、分厂级直至厂（公司）级，其含义是在相应级别的组织（单位）中能够整改、治理和排除。

其中的厂（公司）级隐患中的某些隐患如果属于应当全部或者局部停产停业，并经过一定时间整改治理方能排除的隐患，或者因外部因素影响致使企业自身难以排除的隐患应当列为重大事故隐患。

2）现场立即整改。有些隐患如明显的违反操作规程和劳动纪律的行为，属于人的不安全行为式的一般隐患，排查人员一旦发现，应当要求立即整改，并如实记录，以备对此类行为统计分析，确定是否为习惯性或群体性隐患。有些设备设施方面的简单的不安全状态如安全装置没有启用、现场混乱等物的不安全状态这些一般隐患，也可以要求现场立即整改。

3）限期整改。有些隐患难以做到立即整改，但也属于一般隐患，则应限期整改。

限期整改通常由排查人员或排查主管部门对隐患所属单位发出“隐患整改通知”，内容中需要明确列出如隐患情况的排查发现时间和地点、隐患情况的详细描述、隐患发生原因的分析、隐患整改责任的认定、隐患整改负责人、隐患整改的方法和要求、隐患整改完毕的时间要求等。

限期整改需要全过程监督管理，除对整改结果进行“闭环”确认外，也要在整改工作实施期间进行监督，以发现和解决可能临时出现的问题，防止拖延。

（2）重大隐患治理

针对重大隐患，就需要“量身定做”，为每个重大隐患制定专门的治理方案。由于重大隐患治理的复杂性和较长的周期性，在没有完成治理前，还要有临时性的措施和应急预案。治理完成后还有书面申请以及接受审查等工作。

1）制定重大事故隐患治理方案。《安全生产事故隐患排查治理暂行规定》（以下简称《规定》）第 15 条规定：“……重大事故隐患，由生产经营单位主要负责人组织制定并实施事故隐患治理方案。”重大事故隐患治理方案应当包括以下内容：①治理的目标和任务；②采取的方法和措施；③经费和物资的落实；④负责治理的机构和人员；⑤治理的时限和要求；⑥安全措施和应急预案。

此外，《规定》第 20 条规定：“安全监管监察部门对检查过程中发现的重大事故隐患，应当下达整改指令书，并建立信息管理台账。必要时，报告同级人民政府并对重大事故隐患实行挂牌督办。”第 20 条还规定：“安全监管监察部门发现属于其他有关部门职责范围内的重大事故隐患的，应该及时将有关资料移送有管辖权的有关部门，并记录备查。”

根据这些规定，企业在制定重大事故隐患治理方案时还必须考虑安全监管监察部门或其他有关部门所下达的“整改指令书”和政府挂牌督办的有关内容的指示，也要将这些指示的要求体现在治理方案里。

2）重大事故隐患治理过程中的安全防范措施。《规定》第 16 条规定：“生产经营单位在事故隐患治理过程中，应当采取相应的安全防范措施，防止事故发生。事故隐患排除前或者排除过程中无法保证安全的，应当从危险区域内撤出作业人员，并疏散可能危及的其他人员，设置警戒标志，暂时停产停业或者停止使用；对暂时难以停产或者停止使用的相关生产储存装置、设施、设备，应当加强维护和保养，防止事故发生。”重大事故隐患治理方案中的“安全措施和应急预案”更是安全防范措施里的重要内容。

3）重大事故隐患的治理过程。《规定》第 21 条要求：“已经取得安全生产许可证的生产经营单位，在其被挂牌督办的重大事故隐患治理结束前，安全监管监察部门应当加强监督检查。必要时，可以提请原许可证颁发机关依法暂扣其安全生产许可证。”第 22 条要求：“安全监管监察部门应当会同有关部门把重大事故隐患整改纳入重点行业领域的安全专项整治中加以治理，落实相应责任。”

上述规定意味着企业在重大事故隐患治理过程中，还要随时接受和配合安全监管部门的重点监督检查。如果企业的重大事故隐患属于重点行业领域的安全专项整治的范围，就更应落实相应的整改、治理的主体责任。

4）重大事故隐患治理情况评估。《规定》第 18 条规定：“地方人民政府或者安全监管监察部门及有关部门挂牌督办并责令全部或者局部停产停业治理的重大事故隐患，治理工作结束后，有条件的生产经营单位应当组织本单位的技术人员和专家对重大事故隐患的治理情况进行评估；其他生产经营单位应当委托具备相应资质的安全评价机构对重大事故隐患的治理情况进行评估。”

这种评估主要针对治理的效果进行，确认其措施的合理性和有效性，确认对隐患及其可能导致的事故的预防效果。评估需要有一定条件和资质的技术人员和专家或有相应资质的安全评价机构实施，以保证评估本身的权威性和有效性。

5）重大事故隐患治理后的工作。《规定》第 18 条规定：“重大事故隐患治理后并经过评估，符合安全生产条件的，生产经营单位应当向安全监管监察部门和有关部门提出恢复生产的书面申请，经安全监管监察部门和有关部门审查同意后，方可恢复生产经营。申请报告应当包括治理方案的内容、项目和安全评价机构出具的评价报告等。”第 23 条规定：“对挂牌督办并采取全部或者局部停产停业治理的重大事故隐患，安全监管监察部门收到生产经营单位恢复生产的申请报告后，应当在 10 日内进行现场审查。审查合格的，对事故隐患进行核销，同意恢复生产经营；审查不合格的，依法责令改正或者下达停产整改指令。对整改无望或者生产经营单位拒不执行整改指令的，

依法实施行政处罚；不具备安全生产条件的，依法提请县级以上人民政府按照国务院规定的权限予以关闭。”

（3）隐患治理措施

隐患治理及其方案的核心都是通过具体的治理措施来实现的，这些措施大体上分为工程技术措施和管理措施，再加上对重大隐患需要做的临时性防护和应急措施。

1）治理措施的基本要求

①能消除或减弱生产过程中产生的危险、有害因素；

②处置危险和有害物，并降低到国家规定的限值内；

③预防生产装置失灵和操作失误产生的危险、有害因素；

④能有效地预防重大事故和职业危害的发生；

⑤发生意外事故时，能为遇险人员提供自救和互救条件。

隐患治理的方式方法是多种多样的，因为企业必须考虑成本投入，需要最小代价取得最适当（不一定是最好）的结果。有时候隐患治理很难彻底消除隐患，这就必须在遵守法律法规和标准规范的前提下，将其风险降低到企业可以接受的程度。可以这样说：“最好”的方法不一定是最适当的，而最适当的方法一定是“最好”的。

例如，员工未正确佩戴安全帽是一个典型的低级别的隐患，其治理方式在企业中主要是排查（检查）人员对其批评，责令其马上纠正，通常是不需要制定治理方案的。但如果经过统计分析，发现这种现象普遍存在，成为一种习惯性和群体性违章，那么要将其隐患级别上升，并制定治理方案，采取多种措施和手段进行治理。

2）工程技术措施。工程技术措施的实施等级顺序是直接安全技术措施、间接安全技术措施、指示性安全技术措施等；根据等级顺序的要求应遵循的具体原则按消除、预防、减弱、隔离、连锁、警告的等级顺序选择安全技术措施；应具有针对性、可操作性和经济合理性并符合国家有关法规、标准和设计规范的规定。

根据安全技术措施等级顺序的要求，应遵循以下具体原则：

①消除：尽可能从根本上消除危险、有害因素。如采用无害化工艺技术，生产中以无害物质代替有害物质，实现自动化作业、遥控技术等。

②预防：当消除危险、有害因素有困难时，可采取预防性技术措施，预防危险、危害的发生。如使用安全阀、安全屏护、漏电保护装置、安全电压、熔断器、防爆膜、事故排放装置等。

③减弱：在无法消除危险、有害因素和难以预防的情况下，可采取减少危险、危害的措施。如局部通风排毒装置、生产中以低毒性物质代替高毒性物质、降温措施、避雷装置、消除静电装置、减振装置、消声装置等。

④隔离：在无法消除、预防、减弱的情况下，应将人员与危险、有害因素隔开和将不能共存的物质分开。如遥控作业、安全罩、防护屏、隔离操作室、安全距离、事

故发生时的自救装置（如防护服、各类防毒面具）等。

⑤连锁：当操作者失误或设备运行一旦达到危险状态时，应通过连锁装置终止危险、危害发生。

⑥警告：在易发生故障和危险性较大的地方，配置醒目的安全色、安全标志；必要时设置声、光或声光组合报警装置。

3）安全管理措施。安全管理措施往往在隐患治理工作中受到忽视，即使有也是老生常谈式的提高安全意识、加强培训教育和加强安全检查等几种。其实管理措施往往能系统性地解决很多普遍和长期存在的隐患，这就需要在实施隐患治理时，主动地和有意识地研究分析隐患产生原因中的管理因素，发现和掌握其管理规律，通过修订有关规章制度和操作规程并贯彻执行来从根本上解决问题。

（4）闭环管理

闭环管理是现代安全生产管理中的基本要求，对任何一个过程的管理最终都要通过“闭环”才能最后结束。隐患治理工作的收尾工作也是“闭环”管理，要求治理措施完成后，企业主管部门和人员对其结果进行验证和效果评估。验证就是检查措施的实现情况，是否按方案和计划的要求一一落实了；效果评估是对完成的措施是否起到了隐患治理和整改的作用，是彻底解决了问题还是部分的、达到某种可接受程度的解决，是否真正能做到“预防为主”等方面进行评估。当然不可忽略的还有隐患的治理措施是否会带来或产生新的风险，这些也需要特别关注。

3. 企业隐患自报

企业将隐患排查治理的结果自行上报给政府主管部门，将政府部门的监管与企业生产实际联系在一起，是隐患排查治理体系的重要环节，必须给予足够的重视。

（1）自报的内容

企业开展隐患排查治理工作，包含了很多内容，有机制的、管理的、技术的、记录的、设备设施的等，自报并不是要求企业将这些内容都上报，而是按规定的内容、方式、时限等要求进行上报。

企业隐患排查治理工作依据的是其所适用的政府部门颁布的隐患排查治理标准和企业自己细化的标准以及规章制度、操作规程和企业内部标准等，这就产生了两种依据在格式和内容上的不一致。从所覆盖的范围和细致程度上看，企业的各项规定要远远多于政府部门制定的隐患排查治理标准；从格式上看，隐患排查治理标准是以表格的形式存在的，与企业的各项内部要求不会完全相同。因此，要从内容和格式上进行一个“对接”工作。

“对接”并不是要企业修改自己的各项规定去完全适应标准的格式，而是在上报工作环节中，将自己的各项规定去对照寻找标准中的内容，在填报时将实际隐患情况按标准的格式填报到相应的部分里去即可，随着工作的逐步深化和细化，最终形成按标准和企业规定开展排查工作，按标准规定的隐患类别填报的局面，两者同时存在，并又相互“对接”。

“对接”后的自报工作中，对于那些比较稳定和较长时间内不发生显著变化的隐患类别，如基础管理类的隐患，就可以在日常自报中不再重复填报。对于能够经常排查出的现场型的隐患，则需要如实和及时地填报。当然如果企业的基础管理或现场管理发生了变更则需要重点填报。

(2) 自报的方式

隐患排查治理信息系统中对隐患自报的信息管理做了说明，但企业的类型、规模和管理等方面有着千差万别的情况，所以其所采用的自报方式也不尽相同。

1）基于信息系统自报。有条件的企业，要将自己的信息管理系统与政府隐患信息管理系统进行对接，定期接通上报网络，按信息管理系统的提示和要求进行填报。

大型集团型企业需要在集团内部层层上报下属单位的隐患情况，方式与隐患排查治理标准的格式相同，进行汇总整理后，将整体情况以总结的方式向有关主管部门上报。其下属单位的隐患上报仍按属地监管原则向有关政府部门报送。

2）小微企业自报。很多小型和微型企业不具备基于信息管理系统上报的条件，可以采用书面上报的形式，因为这些企业存在的隐患数量也比较少，风险不很高，因此书面上报也是可以接受的。但这会给企业所在地的政府及其部门接收书面隐患上报材料带来巨大的工作量，从北京顺义区的经验来看，由基层政府组织直接上报更加有效。具体做法是基层安全生产监督管理人员直接到企业中去，收集和书面记录小微企业的隐患情况，形成标准的记录格式，并整理汇总后向上一级管理部门报送。这样既可以减少小微企业的负担，也保证了隐患上报的工作质量。

4. 安全生产形势预测预警

安全生产形势预测预警是指以隐患排查结果和仪器仪表监测检测数据为基础，辨识和提取有效信息，分析其可能产生的后果并予以量化，将有关信息经过综合分析形成直观的、动态的反映企业安全生产现状的安全生产预警指数系统，运用预测理论，建立数学模型，对未来的安全生产趋势进行预测，得出安全生产趋势的发展情况。

(1) 预测预警的任务

1）以企业日常隐患排查工作为基础，发现工作场所存在的隐患，并及时纠正，使生产过程中人的不安全行为和物的不安全状态及管理缺陷处于被监测、识别、诊断和干预的监控之下。

2）通过对隐患排查数据、监测信息的分析，可以确定各种信息可能造成的后果，辨明造成伤亡的严重程度如何，确定是否处于安全状态，其主要任务是应用适宜的识别指标判断可能造成的后果，这对整个预警系统的活动至关重要。将分析得出的不安全因素进行量化，对可能造成的后果进行量化统计分析，加以系数修正，计算得出安全生产预警指数，通过安全生产预警指数的升高和降低，直观反映当前安全状况是安全、注意、警告或是危险。

3）利用系统分析、信息处理、建模、预测、决策、控制等主要内容的预测理论，定量计算未来安全生产发展趋势，警示生产过程中将面临的危险程度，提请企业采取有效措施防范事件事故的发生。

4）根据安全生产预警指数数值大小，对事故征兆（险肇事件）的不良趋势采取不同的措施，进行矫正、预防与控制。

5）对可能造成损失的事件及时进行整改，分析规律，防范同类事件的发生。

（2）预测预警指数系统的建立

这里所指的预测预警指数系统是根据中国安全生产协会的“安全生产预警指数管理系统”的有关内容提出的，供企业参考。

1）收集数据。安全生产预警的基础是数据的收集，数据来源为两个方面：隐患排查的结果及仪器仪表监测数据。在隐患排查中，不仅要发现物的不安全状态，同时对人的行为也要加以判断，对于好的安全行为要及时表扬并记录在案，仪器仪表监测过程中不正常的数据要进行整理。通过对历史数据、即时数据的整理、分析、存储，建立安全预警数据档案。

2）分析判断。对收集到的信息、数据进行分析，判断已经发生的异常征兆及可能发生的联锁反应，评价事故征兆可能造成的损失。对分析的结果进行分类统计，形成部门安全预警情况报告，上报企业安全管理部门，汇总分析后，得出当前安全生产预警指数报告。

3）系数修正

①报告份数修正。为了消除规定时间内安全预警情况报告数量不同对安全生产预警指数的影响，按每周（月）适合本企业的平均数来修正周（月）伤害统计值。

②事故修正。事故的发生会造成安全生产预警指数的升高，另外，每次事故发生后都会对一定时期内的安全生产工作产生影响，因此，系数修正要考虑不同级别事故及事故发生后一段时期内的影响。

③隐患整改率修正。隐患整改率的高低直接影响企业安全生产状况，因此，要根据不同的隐患整改率，进行修正。

④培训及演练修正。安全教育培训是提高员工安全意识和安全素质，防止产生不安全行为，减少人员失误的重要途径。因此，培训能够降低企业安全风险，降低安全生产预警指数值。不同级别的培训（厂级、车间级和班组级）对员工的影响不同，修正值不同。

应急演练可以在事故真正发生前暴露应急预案存在的问题，提高应急人员的熟练程度和技术水平，提高整体应急反应能力，降低事故发生造成的损失，降低安全生产

预警指数数值。

4）计算。安全生产预警指数的计算是以规定时间段内的各部门安全预警情况报告为基础，进行报告份数、演练、培训、事故、隐患整改率等系数修正，计算得到安全生产预警指数值。

5）生成图形。根据预警指数数值，并按照时间顺序，将一段时间内的安全生产预警指数连接后，即构成了安全生产预警指数图，从而直观反映企业整体安全形势。

运用预测理论，对历史安全生产预警指数进行整理、修正后，消除影响因素，建立数学模型，生成安全生产趋势图，直观预测企业安全生产趋势。

第五节　事故控制对策措施

事故与自然灾害不同，原则上都是可以预防的，应树立“零事故”意识，立足于防患于未然。因此，不能只考虑“事后型”对策，而应强调“事前”的预防措施。例如，在项目设计阶段就应考虑安全措施，包括配备现场安全技术员，熟悉意外事故发生的危险因素，进行工种危害分析，意外事故的快速分析处理和完善操作规程；项目预算应包括新工人的培训和职业安全与卫生教育培训项目等。

一、“事前”的预防策略

1. 三级预防

必须落实“三级预防”的策略。一级预防指在工伤发生前采取各种预防措施，使工伤不发生；二级预防指在工伤发生后，采取自救互救、院前医护、院内抢救和治疗，以最大限度地降低工伤的死亡率和致残率；三级预防的主要任务是使工伤者恢复正常功能，早日康复和使残疾者得到良好的医治和照顾。

2. 用人单位负责制

我国安全生产的方针是“安全第一，预防为主，综合治理”，这为政府和企业的安全生产管理提供了宏观的策略导向。具体工作体制为“用人单位负责，政府监察，行业管理，群众监督”。用人单位负责是工伤预防策略中最为重要的一环，只有真正落实用人单位负责制，才能真正落实工伤的预防控制措施。一般认为，用人单位负责制包括行政、技术和组织责任。行政责任指用人单位的法人代表为工伤预防的第一责任人，生产管理各级领导和职能部门负相应行政责任，倡导“安全生产，人人有责”；技术责任指安全设施的“三同时”，即安全设施与生产设施同时设计、同时施工、同时投产；组织责任系指在安全人员配备、组织机构设置、经费预算落实等方面需在组织上落实，实行“五同时”原则，即用人单位在计划、布置、检查、总结、评比生产的同时，要同时考虑安全问题，做到生产与安全的统一。

3. 健康促进

采用工作场所健康促进项目。例如，通过岗位培训和职业教育加强工人的预防伤害能力；通过投资改善不合理的生产环境；明确用人单位和职工在工伤预防中的责任和由用人单位和职工共同讨论建立一个健康、安全的工作环境。

二、控制措施

工伤事故由多种因素造成，工伤发生时的人（如操作行为、心理状态等）、物（如设备、原料等）和环境（如气象条件、作业空间安排等）的状态常是直接原因；而间接原因则与技术、教育和管理状况密切相关。因此，国内外学者把工伤的控制措施称为“措施”，同时采取工效学干预、技术校正、行为校正等予以综合防制。“措施”即采用教育措施、经济措施、强制措施、工程措施、环境措施和紧急救护措施，也称“6E 措施”。

1. 教育措施

通过普及安全知识和安全教育影响人们的行为，对预防工伤的发生具有重要意义，而且具有显著效果。安全教育要“从娃娃抓起”，以培养其对安全的正确观念和良好习惯；各级学校应设有相关课程，以进行安全教育和技能训练；师范大学应培养合格的安全教育教师；高等工科院校则应结合专业特点，设置相应的安全技术及管理课程。

职业安全教育的主体应是职工，特别是新人。根据我国有关规定，用人单位应当对劳动者进行上岗前的职业安全卫生培训和在岗期间的定期职业卫生培训，普及职业卫生知识，督促劳动者遵守安全生产和职业病防治的法律、法规、规章和操作规程；对特殊工种的工人，如从事电气、起重、锅炉、受压容器、焊接、车辆驾驶、爆破、瓦斯检查等，必须进行专门的安全操作技术训练，经考试合格后才能上岗；用人单位必须建立安全活动和班前班后的安全检查制度，对职工进行经常性安全教育，定期举行安全员和高危工种职工有关安全、职业卫生知识及安全操作、自救互救竞赛评比活动，组织各车间安全员定期对口进行安全检查；建立良好的企业安全文化氛围；在采用新生产方法、添设新技术设备、制造新产品或调换工种时，必须对工人进行新操作和新岗位的上岗培训与安全教育。

2. 经济措施

目的在于用经济鼓励手段或罚款影响人们的行为。如工伤保险的差别费率制和浮动费率制。差别费率制对工伤风险大、工伤事故容易发生的用人单位多征收保险金，对风险小、工伤事故少的少征收。以保证该用人单位工伤保险基金的收付平衡，同时适当促进和鼓励企业重视改进劳动安全保护措施，预防工伤事故发生，从而降低工伤赔付成本。浮动费率制更进一步，每年对用人单位的职业卫生安全状况和工伤保险费用支出状况进行分析评价，并据评价结果，即其实际事故的发生率和严重程度，由工伤基金管理部门决定该用人单位的工伤保险费率上浮或下浮若干百分点，即扣减或增收保险费。这样，使工伤事故预防措施的成功与否直接体现在缴费上，这对企业积极预防工伤事故也是一个直接的经济刺激。

3. 强制措施

目的在于用法律、法规和标准来影响人们的行为。新中国成立以来，我国在劳动保护立法方面做了大量工作，并取得巨大成就。例如，1956 年国务院就颁布了劳动保护的“三大规程”，即《工厂安全规程》《建筑安装工程技术规程》和《工人职员伤亡事故报告规程》，以法规形式，向厂矿企业提出有关劳动保护的系统和明确的法规规范。至今颁布的有关劳动保护的规定、办法、通知、标准等已多达数百种。1995 年颁布的《中华人民共和国劳动法》成为一部保护劳动者合法权益的大法。2002 年 5 月 1 日实施的《中华人民共和国职业病防治法》，对职业危害的预防和控制提出了系统和具体的要求；2002 年 11 月 1 日实施了《中华人民共和国安全生产法》等。

强制措施建立在实施各类安全生产的法律、法规和标准的基础上。标准是多层次的，有国家的、地方的，也有企业所属部（局）、行业甚至企业内部制订的。其中，强制执行的称“指令性标准”，非强制性的称“推荐标准”。法规必须具有强制性，这是强制措施的保证。强制措施是工伤预防控制的基础和依据。

4. 工程措施

目的在于通过工程干预措施影响媒介及物理环境对发生工伤的作用。在设计机械、设备或建筑工程时，应根据安全工程学原理和方法，针对设计对象的潜在不安全因素，从技术上采取措施，防止发生安全事故的可能；并应对其建立一套检查、监督和维修保养制度。如对暴露在外的皮带轮、飞轮、明齿轮、砂轮、电锯、传动带等危险部分，安装防护装置；桥式起重机应设有卷扬限制器、起重控制器、缓冲器和自动连锁装置；压延机、冲击机等压力机器的施压部分要有安全装置等。这是从源头控制工伤的有力措施。

5. 环境措施

对生产和操作环境的措施主要有：加强对生产设备的维修和安全防范；生产和使用危险化学物质的设备和过程实施密闭化、自动化；潜在事故环境树立醒目标识，配备自动报警设备；生产设备和安全防护装置及个人防护用品定期检修，定期对急救设备和防毒面具进行维修和有效性检验；定期进行环境监测，消除事故隐患。

6. 紧急救护措施

也称“第一时间的紧急救护”，指在工伤发生时，尽早进行就地和院前的紧急救护，这是减少死亡和伤残的关键。如在工伤现场维持工伤者的生命体征（如呼吸、心跳、血压等）对减少死亡的作用是不言而喻的。

“6E措施”的实施、评价与改进，依赖于完善的管理对策。除坚持“预防为主”观点外，还应倡导：①系统观点，即运用系统工程理论和方法，将职业安全与卫生问题，视为一个整体，建立职业安全卫生管理体系（OSHMS），运用安全检查和事故树（FTA），系统记录和分析不安全因素，预测事故发生概率等管理方法。②科学观点，明确生产是人类利用和改造自然的活动，必须按自然规律行事，否则必将受到自然规律惩罚，酿成事故；在管理中应充分运用现代检测手段和信息技术，进行定量评价，改变仅仅依靠感官检查的落后做法。③发展观点，当今，系统论、控制论、信息论、人机工程等新兴管理科学已在职业安全管理中得到应用，故应以发展的观点研究和管理职业安全问题。④人文观点，即重视劳动者对职业安全的观念、态度、知识、技能、行为等人文因素的作用，树立“以人为本”的理念，塑造“企业安全文化”氛围，促使人人参与职业安全与卫生工作。

三、建筑施工安全管理对策与措施

现代安全科学理论认为，伤亡事故的发生是由于人的不安全行为和物的不安全状态等引起的。控制人的不安全行为，需要在总结心理学、行为科学等成果的基础上，通过教育、培训等来提高人的意识和能力；物的不安全状态须采取实用安全技术来改善。建筑施工作为一个复杂的大系统，人、设备、环境三类因素是导致事故发生的直接原因，管理缺陷是事故发生的间接原因。建筑施工企业安全管理工作出现问题，必然引起人的不安全行为、设备的不安全状态和环境的缺陷，从而导致事故的发生。

1. 加强企业安全文化建设

为了建立安全文明的施工现场，建筑企业必须清醒地认识到安全管理目标与企业经营目标的一致性。建筑企业要做好安全文化建设，必须做到以下几点：

第一，始终坚持“安全第一，预防为主，综合治理”的方针，牢固树立“以人为本，关爱生命”的思想，切实落实“管生产必须管安全”的安全生产责任制，深入贯彻国家和地方各级政府的安全法律法规。

第二，培育团结协作、敢打硬仗的团队精神，积极倡导共同的安全价值观、思维方式和行为规范，积极营造员工心理认同以及良好的安全生产环境和秩序。

第三，建立和完善企业教育和培训体系，不搞形式，不走过场，定期进行安全法律法规学习，对员工的安全教育常抓不懈，有针对性地开展安全操作技能培训和竞赛，使每一位员工真正掌握安全知识、增强安全意识。

第四，建立一整套激励和约束机制，包括安全奖励机制、人文关怀机制、员工福

利机制、安全考核机制、安全曝光机制、安全行为约束机制、安全责任约束机制等。

2. 建筑施工安全管理模式

建筑施工安全管理模式——安全定置管理是对生产现场中的人、物、场所三者之间的关系进行科学的分析研究，使之达到最佳结合状态的一种科学管理方法。它以完整的信息系统为媒介，以实现人和物的有效结合为目的，通过对现场的整理、整顿，把生产中不需要的物品清理掉，把需要的物品放在规定位置上，使其随手可得，促进生产现场管理科学化，达到高效生产、标准化生产、安全生产。建筑施工安全定置管理包括分析、设计、组织、实施、检查等内容。

分析研究是建筑施工安全定置管理的基础性工作，也是使定置管理更加科学、合理的关键性工作，深入施工现场，应用工业工程学方法，对生产工艺、设备、工具以及人、物与场所的结合状态、信息流动状态等进行研究。在掌握施工现场第一手资料的基础上，对施工现场系统各要素进行优化配置设计，并设计出施工安全定置图。根据所设计的建筑施工安全定置管理方案和定置图，对施工现场系统实施定置调整与整改，同时加强实施过程与效果的检查和考核。

3. 建筑施工安全技术对策与措施

防止人失误的技术措施和方法包括以下几种：一是耐失误设计。这种方法是通过精心设计使得员工不发生失误，或者即使发生失误也不会产生严重的后果。例如用不同的形状、尺寸或颜色防止安装、连接操作失误，采用连锁装置强制性地防止误操作，采用误动自锁装置使人失误无害化等。二是冗余技术。它的特征是只有一个或几个而不是所有措施（装置）发生故障，系统仍能正常运行。它的目的是提高系统可靠性。例如在危险岗位由双人操作，或人机并行，采用备用系统等。

防止事故发生的安全技术和方法包括以下几种：一是消除危险源，尽量减少和降低危险程度。通过采用原材料的替代、工艺的替代，用无毒材料代替有毒材料、用生物技术代替工程技术等，都能够达到消除和减少危险源的目的。二是限制能量或危险物质。通过采用限制的技术措施将能量和危险物质控制在安全范围内，如限位、限压、控温等。三是隔离。在时间和空间上采取分隔措施，或利用物理的屏蔽措施局限和约束能量或危险物质。

减少故障发生的措施可以有以下几种：一是选取合理的安全系数。在建筑设计和施工技术方案中，要按照既安全可靠又节省的原则，从安全和效益两个方面考虑，辩证统一地进行分析，选取合理的安全系数。二是提高可靠性。提高建筑物、建筑设备和附件在规定条件下和规定时间内完成规定功能的性能，具体有降低额定值、冗余设计、选用高质量材料、维修保养和定期更换等。三是安全监控。即对建筑施工中的危险源进行监控，控制某些技术参数，使其达不到危险的程度，从而避免事故。

认真做好安全技术交底。建筑工程开工前，项目负责人应向参加施工的各类现场管理人员认真进行安全技术措施交底；施工过程中，现场管理人员应按施工安全措施要求，对操作人员进行详细的工序、工种安全技术交底，使全体施工人员懂得各自岗位职责和安全操作方法。同时认真履行交底签字手续，以增强接受交底人员的责任心。

建筑施工安全管理及安全技术问题是一个复杂的系统工程，它不仅涉及社会科学领域，与自然科学更有着不可分割的关系，企业管理、施工组织、工艺工序方法、材料、机械及设备等，都与建筑施工安全密切相关。因此，在施工生产中，必须坚持"安全第一，预防为主，综合治理"的方针，按照定置管理的要求，采取各种行之有效的安全技术，做到标准化生产、高效生产、安全生产，以提高建筑施工安全管理水平。

复习思考题

1. 事故致因理论研究的目的是什么？
2. 事故频发倾向理论在实际应用分析中有哪些缺陷？
3. 危险源辨识的方法、原则有哪些？
4. 安全评价的相关概念有哪些？
5. 简述安全评价的内容。
6. 隐患排查的相关概念有哪些？
7. 事故的控制措施有哪些？

技能实训三　液化气站安全评价

一、实训目标

1. 为贯彻"安全第一，预防为主，综合治理"的方针，针对企业目前生产经营活动的安全现状进行安全评价，查找存在的危险、有害因素并确定其程度。

2. 提出合理可行的安全对策措施及建议，以便安全隐患的整改和安全管理计划的实施、检查，创建和谐的生产环境。

二、任务描述

1. 全面收集评价所需的信息资料，对评价单位进行工艺分析、技术沟通及（现场）安全检查，收集所有相关法规、标准。

2. 危险化学品危险、危害因素分析。

3. 根据该液化气站液化气储量进行重大危险源辨识及危害程度分析（重大事故后果分析：包括泄露、火灾、爆炸）。

4. 评价单元划分与评价方法选择，根据对评价单位的危险化学品生产工艺分析、现场考虑及安全检查结果，划分评价单元，评价单元是在对液化气站危险、危害因素进行分析的基础上，根据评价目标和评价方法的需要，将系统划分为若干有限的确定范围，而分别进行评价的相对独立的子系统；通过对系统的危害性、危险性进行分析，选择合理的安全评价方法。

5. 根据对评价单位的危险化学品从储存、使用及综合安全管理各方面进行逐项评价，评判其与相关法规、标准的符合性。

6. 对于数量构成重大危险或可能造成重大后果的危险化学品装置，采用相应的数学模型，进行事故模拟，预测极端情况下的影响范围，分析事故的最大损失，以及发生事故的概率，以便提出降低事故概率、减少事故损失的对策措施，制定重大事故应急预案。

7. 根据评价结果提出安全方面存在的问题及整改措施、方案与建议，并将整改措施按照轻重缓急和风险程度的高低，进行整体紧迫程度排序。

8. 评价结论。

9. 安全现状评价报告一份。

三、任务准备

了解企业基本情况、安全管理制度、安全管理机构。熟悉安全评价报告的编制。

四、知识要点

安全评价是利用系统工程方法对拟建或已有工程、系统可能存在的危险性进行综合评价和预测，并根据可能导致的事故风险的大小，提出相应的安全对策措施，以达到工程、系统安全的过程。

五、实训过程

根据实习安排而定。

六、注意事项

1. 本实训设计要求评价单元的划分要合理，评价方法的选择要根据评价的动机、结果的需要，考虑评价对象的特征以及评价方法的特点，进行对比分析来确定。

2. 评价报告要符合《安全现状评价导则》的格式要求，涉及计算的内容，可采用适当的计算表格，也可以直接列公式计算，计算数据要准确，且简明扼要。

七、总结与思考

根据检查结果对各评价单元进行分析，并对消防验收及检查进行评述。对存在的事故隐患提出合理可行的整改措施及改进建议。

第四章
安全生产管理

本章学习目标

1. 了解开展安全生产标准化的重要意义。
2. 掌握建设项目“三同时”的含义，熟悉相关制度要求。
3. 了解开展安全教育培训的重要意义，熟悉教育培训计划的编写过程。
4. 了解劳动防护用品的类别及管理、发放制度。
5. 熟悉建设项目安全设计的审查和竣工验收相关要求。
6. 掌握安全目标管理及实施步骤。
7. 熟悉重大危险源辨识及管理的相关规定。
8. 熟悉现场安全管理制度的编制。

第一节　安全生产标准化

开展企业安全生产标准化建设，是落实企业安全生产主体责任的必要途径；是强化企业安全生产基础工作的长效制度；是政府实施安全生产分类指导、分级监管的重要依据；是有效防范事故发生的重要手段。为此，要深入开展以岗位达标、专业达标和企业达标为内容的安全生产标准化建设，切实增强推动企业安全生产标准化建设的自觉性和主动性，进一步规范企业安全生产行为，改善安全生产条件，强化安全基础管理，有效防范和坚决遏制重特大事故发生。

一、标准化建设的意义

深入开展企业安全生产标准化建设的重要意义体现在以下几方面：

1. 深入开展企业安全生产标准化建设是落实企业安全生产主体责任的必要途径

国家有关安全生产法律法规和规定明确要求，要严格企业安全管理，全面开展安

全达标。企业是安全生产的责任主体，也是安全生产标准化建设的主体，要通过加强企业每个岗位和环节的安全生产标准化建设，不断提高安全管理水平，促进企业安全生产主体责任落实到位。

2. 深入开展企业安全生产标准化建设是强化企业安全生产基础工作的长效制度

安全生产标准化建设涵盖了增强人员安全素质、提高装备设施水平、改善作业环境、强化岗位责任落实等各个方面，是一项长期的、基础性的系统工程，有利于全面促进企业提高安全生产保障水平。

3. 深入开展企业安全生产标准化建设是政府实施安全生产分类指导、分级监管的重要依据

实施安全生产标准化建设考评，将企业划分为不同等级，能够客观真实地反映出各地区企业安全生产状况和不同安全生产水平的企业数量，为加强安全监管提供有效的基础数据。

4. 深入开展企业安全生产标准化建设是有效防范事故发生的重要手段

深入开展安全生产标准化建设，能够进一步规范从业人员的安全行为，提高机械化和信息化水平，促进现场各类隐患的排查治理，推进安全生产长效机制建设，有效防范和坚决遏制事故发生，促进全国安全生产状况持续稳定好转。

二、标准化的总体要求和目标任务

1. 安全生产标准化的总体要求

深入贯彻落实科学发展观，坚持“安全第一，预防为主，综合治理”的方针，牢固树立以人为本、安全发展理念，制定完善安全生产标准和制度规范。严格落实企业安全生产责任制，加强安全科学管理，实现企业安全管理的规范化。加强安全教育培训，强化安全意识、技术操作和防范技能，杜绝“三违”。加大安全投入，提高专业技术装备水平，深化隐患排查治理，改进现场作业条件。通过安全生产标准化建设，实现岗位达标、专业达标和企业达标，各行业（领域）企业的安全生产水平明显提高，安全管理和事故防范能力明显增强。

2. 安全生产标准化的目标任务

在工矿商贸和交通运输行业（或领域，以下省略）深入开展安全生产标准化建设，重点突出煤矿、非煤矿山、交通运输、建筑施工、危险化学品、烟花爆竹、民用爆炸物品、冶金等行业。要建立健全各行业企业安全生产标准化评定标准和考评体系；进一步加强企业安全生产规范化管理，推进全员、全方位、全过程安全管理；加强安全生产科技装备，提高安全保障能力；严格把关，分行业开展达标考评验收；不断完善工作机制，将安全生产标准化建设纳入企业生产经营全过程，促进安全生产标准化建

设的动态化、规范化和制度化，有效提高企业本质安全水平。

三、标准化的工作要求

要全面推进企业安全生产标准化建设，进一步规范企业安全生产行为，改善安全生产条件，强化安全基础管理，有效防范和坚决遏制重特大事故发生。企业安全生产标准化建设的工作要求主要有以下几点：

1. 加强领导，落实责任

按照属地管理和“谁主管，谁负责”的原则，企业安全生产标准化建设工作由地方各级人民政府统一领导，明确相关部门负责组织实施。国家有关部门负责指导和推动本行业（领域）企业安全生产标准化建设，制定实施方案和达标细则。企业是安全生产标准化建设工作的责任主体，要坚持高标准、严要求，全面落实安全生产法律法规和标准规范，加大投入，规范管理，加快实现企业高标准达标。

2. 分类指导，重点推进

对于尚未制定企业安全生产标准化评定标准和考评办法的行业（领域），要抓紧制定；已经制定的，要按照《企业安全生产标准化基本规范》（以下简称《基本规范》）和相关规定进行修改完善，规范已达标企业的等级认定。要针对不同行业（领域）的特点，加强工作指导，把影响安全生产的重大隐患排查治理、重大危险源监控、安全生产系统改造、产业技术升级、应急能力提升、消防安全保障等作为重点，在达标建设过程中切实做到“六个结合”，即与深入开展执法行动相结合，依法严厉打击各类非法违法生产经营建设行为；与安全专项整治相结合，深化重点行业（领域）隐患排查治理；与推进落实企业安全生产主体责任相结合，强化安全生产基层和基础建设；与促进提高安全生产保障能力相结合，着力提高先进安全技术装备和物联网技术应用等信息化水平；与加强职业安全健康工作相结合，改善从业人员的作业环境和条件；与完善安全生产应急救援体系相结合，加快救援基地和相关专业队伍标准化建设，切实提高实战救援能力。

3. 严抓整改，规范管理

严格安全生产行政许可制度，促进隐患整改。对达标的企业，要深入分析二级与一级、三级与二级之间的差距，找准薄弱点，完善工作措施，推进达标升级；对未达标的企业，要盯住抓紧，督促加强整改，限期达标。通过安全生产标准化建设，实现“四个一批”：对在规定期限内仍达不到最低标准、不具备安全生产条件、不符合国家产业政策、破坏环境、浪费资源，以及发生各类非法违法生产经营建设行为的企业，要依法关闭取缔一批；对在规定时间内未实现达标的，要依法暂扣其生产许可证、安全生产许可证，责令停产整顿一批；对具备基本达标条件，但安全技术装备相对落后

的，要促进达标升级，改造提升一批；对在本行业（领域）具有示范带动作用的企业，要加大支持力度，巩固发展一批。

4. 创新机制，注重实效

各地区、各有关部门要加强协调联动，建立推进安全生产标准化建设工作机制，及时发现解决建设过程中出现的突出矛盾和问题，对重大问题要组织相关部门开展联合执法，切实把安全生产标准化建设工作作为促进落实和完善安全生产法规规章、推广应用先进技术装备、强化先进安全理念、提高企业安全管理水平的重要途径，作为落实安全生产企业主体责任、部门监管责任、属地管理责任的重要手段，作为调整产业结构、加快转变经济发展方式的重要方式，扎实推进。要把安全生产标准化建设纳入安全生产规划及有关行业（领域）发展规划。要积极研究采取相关激励政策措施，将达标结果向银行、证券、保险、担保等主管部门通报，作为企业绩效考核、信用评级、投融资和评先推优等的重要参考依据，促进提高达标建设的质量和水平。

5. 严格监督，加强宣传

各地区、各有关部门要分行业（领域）、分阶段组织实施，加强对安全生产标准化建设工作的督促检查，严格对有关评审和咨询单位进行规范管理。要深入基层、企业，加强对重点地区和重点企业的专题服务指导。加强安全专题教育，提高企业安全管理人员和从业人员的技能素质。充分利用各类舆论媒体，积极宣传安全生产标准化建设的重要意义和具体标准要求，营造安全生产标准化建设的浓厚社会氛围。国务院安委会办公室以及各地区、各有关部门要建立公告制度，定期发布安全生产标准化建设进展情况和达标企业、关闭取缔企业名单；及时总结推广有关地区、有关部门和企业的经验做法，培育典型，示范引导，推进安全生产标准化建设工作广泛深入、扎实有效开展。

四、标准化实施方法

企业安全生产标准化建设具体实施方法如下：

1. 打基础，建章立制

按照《基本规范》要求，将企业安全生产标准化等级规范为一、二、三级。分行业制定安全生产标准化建设实施方案，完善达标标准和考评办法，并将本地区、本行业（领域）安全生产标准化建设实施方案报国务院安委会办公室。企业要从组织机构、安全投入、规章制度、教育培训、装备设施、现场管理、隐患排查治理、重大危险源监控、职业健康、应急管理以及事故报告、绩效评定等方面，严格对应评定标准要求，建立完善安全生产标准化建设实施方案。

2. 重建设，严加整改

企业要对照规定要求，深入开展自检自查，建立企业达标建设基础档案，加强动

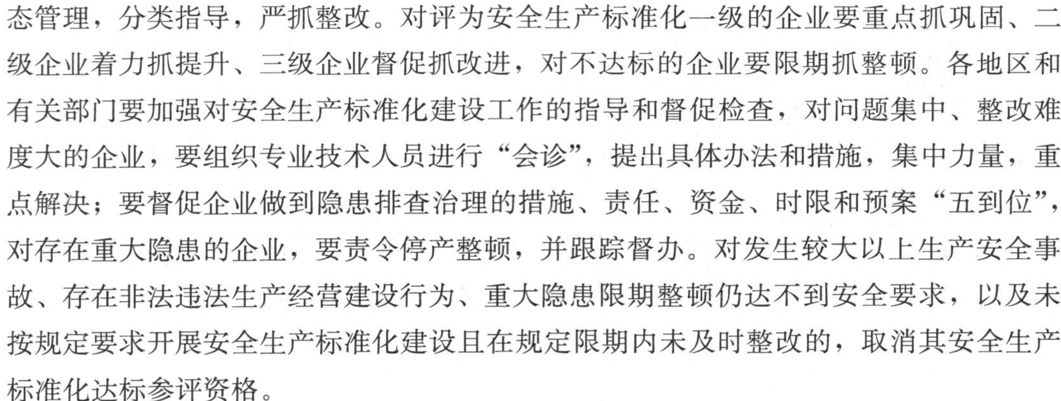

态管理，分类指导，严抓整改。对评为安全生产标准化一级的企业要重点抓巩固、二级企业着力抓提升、三级企业督促抓改进，对不达标的企业要限期抓整顿。各地区和有关部门要加强对安全生产标准化建设工作的指导和督促检查，对问题集中、整改难度大的企业，要组织专业技术人员进行“会诊”，提出具体办法和措施，集中力量，重点解决；要督促企业做到隐患排查治理的措施、责任、资金、时限和预案“五到位”，对存在重大隐患的企业，要责令停产整顿，并跟踪督办。对发生较大以上生产安全事故、存在非法违法生产经营建设行为、重大隐患限期整顿仍达不到安全要求，以及未按规定要求开展安全生产标准化建设且在规定限期内未及时整改的，取消其安全生产标准化达标参评资格。

3. 抓达标，严格考评

各地区、各有关部门要加强对企业安全生产标准化建设的督促检查，严格组织开展达标考评。对安全生产标准化一级企业的评审、公告、授牌等有关事项，由国家有关部门或授权单位组织实施；二级、三级企业的评审、公告、授牌等具体办法，由省级有关部门制定。各地区、各有关部门在企业安全生产标准化创建中不得收取费用。要严格达标等级考评，明确企业的专业达标最低等级为企业达标等级，有一个专业不达标则该企业不达标。

五、安全生产标准化建设实例

东至天孚化工有限公司主要经营氟化氢、氟化氢铵、氟硅酸等，是安徽省池州氢氟酸行业知名企业。

为认真贯彻落实《国家安全监管总局关于进一步加强危险化学品企业安全生产标准化工作的指导意见》（安监总管三〔2009〕124号）和安徽省安全生产监督管理局《转发国家安全监管总局关于进一步加强危险化学品企业安全生产标准化工作的指导意见》（皖安监化〔2009〕97号）等文件精神，为在公司全面开展安全生产标准化工作，改善安全生产条件，规范和改进安全管理工作，提高安全生产水平，现提出如下实施方案：

1. 指导思想

以科学发展观为指导，以安全促发展，进一步落实安全生产主体责任，坚持“安全第一、预防为主；综合治理、持续改进”的方针。按照“突出重点、找准差距、分步实施、分工合作、稳步推进”的原则，深入持久地开展企业安全生产标准化工作，强化生产工艺过程控制和全员、全过程的安全管理，不断提升安全生产条件，夯实安全管理基础，加大力度推进安全生产长效机制建设，逐步建立自我约束、自我完善、持续改进的企业安全生产工作机制，以实现“力求不发生事故，不损害人员健康，不

破坏环境，努力实现本质安全”的公司安全目标。

2. 工作目标

通过开展安全标准化活动，促进公司的本质安全水平，建立健全各部门、各岗位、各环节的安全工作制度和安全生产标准，进一步强化企业安全生产的主体责任。

3. 组织领导

成立公司安全标准化工作领导小组。各级各部门要在领导小组的统一领导下，积极配合，分工合作，认真完成本级本部门的安全标准化达标创建工作，以及领导小组交办的任务。

4. 工作重点

（1）完善和改进安全生产条件

根据采用生产工艺的特点和涉及危险化学品的危险特性，按照国家标准和行业标准分类、分级对工艺技术、主要设备设施、安全设施（特别是安全泄放设施、可燃气体和有毒气体泄漏报警设施等），重大危险源和关键部位的监控设施，公用工程安全保障等安全生产条件进行改造。使企业安全生产条件达到标准化标准，本质安全水平有明显提高，预防事故能力有明显增强。

（2）完善和严格履行全员安全生产责任制

要建立、完善并严格履行“一岗一责”的全员安全生产责任制，尤其是要完善并严格履行企业领导层和管理人员的安全生产责任制。岗位安全生产责任制的内容要与本人的职务和岗位职责相匹配。

（3）完善和严格执行安全管理规章制度

要对照有关安全生产法律法规和标准规范，对企业安全管理制度和操作规程符合有关法律法规标准情况进行全面检查和评估。把适用于本企业的法律法规和标准规范的有关规定转化为本企业的安全生产规章制度和安全操作规程，使有关法律法规和标准规范的要求在企业具体化。要建立健全和定期修订各项安全生产管理规章制度，狠抓安全生产管理规章制度的执行和落实。要经常检查工艺和操作规程；设备安全管理制度；巡回检查制度；定期（专业）检查等制度；安全作业规程，特别是动火、进入受限空间、拆卸设备管道、登高、临时用电等特殊作业安全规程的执行和落实情况。

（4）建立规范的隐患排查治理工作体制机制

要建立定期开展隐患排查治理工作制度和工作机制，确定排查周期，明确有关部门和人员的责任，定期排查并及时消除安全生产隐患。

（5）加强全员的安全教育和技能培训

要定期开展全员安全教育，增强从业人员的安全意识，提高从业人员自觉遵守安全生产规章制度的自觉性。要明确规定从业人员上岗资格条件，持续开展从业人员技能培训，使从业人员操作技能能够满足安全生产的实际需要。

（6）加强重大危险源、关键装置、重点部位的安全监控

要在完善重要工艺参数监控技术措施的基础上，建立并严格执行重大危险源、关键装置、重点部位安全监控责任制，明确责任人和监控内容。尤其要高度重视危险化学品储罐区的安全监控工作，完善应急预案，防范重特大事故。

（7）加强应急管理工作

要编制科学实用、针对性强的安全生产应急预案，并通过定期演练，不断予以完善。并与当地政府和周边单位和居民的相关应急预案相衔接。要做好应急设备设施、应急器材和物资的储备并及时维护和更新。

（8）认真吸取生产安全事故和安全事件教训

要认真分析生产安全事故和安全事件发生的真实原因，在此基础上完善有关安全生产管理制度，制定和落实有针对性的整改措施，强化安全管理，确保不再发生类似事故。要认真吸取同类企业发生的事故教训，举一反三，改进管理，提高安全生产水平。

5. 工作步骤

（1）宣传发动阶段

1）要统一思想，提高认识。要充分认识到安全生产标准化工作的重要性，全面开展危险化学品企业安全生产标准化工作，是强化危险化学品安全生产基层基础工作、建立安全生产长效机制的重要措施，是加强危险化学品安全生产管理、预防事故的有效途径。

2）加大安全生产标准化知识的学习、宣传和培训工作的力度。把危险化学品安全生产标准纳入公司、部门、班组三级安全生产培训工作内容。

3）采取多种形式，广泛宣传国家安全监管总局制定的危险化学品安全生产标准《危险化学品从业单位安全标准化规范》。

（2）骨干培训阶段

1）组织对公司负责人、标准化领导小组成员、各部门负责人、各级安全组织成员进行安全标准化专项培训。

2）公司负责人和安全管理人员及时了解和掌握安全标准具体内容、要求和检查考核与评分办法。

3）正确理解和把握相关标准的内涵和要求。在此基础上，把适合本企业的危险化学品安全生产标准转化为安全管理制度或安全操作规程。

（3）初始评审阶段

依据各项法律法规和相关标准，根据《危险化学品从业单位安全标准化通用规范》（AQ 3013—2008）和《安徽省危险化学品从业单位安全标准化考评办法》，参照《危险化学品从业单位安全标准化考核评价标准》，对企业安全管理现状进行初始评估，了

解企业安全管理现状、业务流程、组织机构等基本管理信息，发现差距，为开展安全标准化提供一个持续改进的起点。

（4）策划及风险分析阶段

针对初始评审的结果，确定建立安全标准化方案，包括资源配置、进度、分工等，并进行风险分析，完善安全生产规章制度、安全操作规程、台账、档案、记录等，确定企业安全生产方针和目标。

（5）全员培训阶段

对全体从业人员进行安全标准化相关内容培训。为保证相关人员对所推行的安全生产标准化活动的全面了解，并确保能有效地在各相关部门、单位贯彻执行，在开始实施之前，对有关人员进行培训，并由这些受训人员对各部门进行推广培训，以提高企业从业人员的安全生产标准化意识。培训内容包括企业安全生产标准化主要内容、存在的主要风险、安全生产方针及目标、个人责任和义务、紧急应变要求等。

（6）实施阶段

根据策划结果，落实安全标准化的各项要求。并补充完善档案资料。

（7）自评阶段

对安全标准化的实施情况进行检查和评价，发现问题，找出差距，提出完善措施。以确保安全生产标准化活动的符合性、有效性，形成自评报告，为申请考核评级做准备。

（8）改进与提高阶段

根据自评的结果，改进安全标准化管理，不断提高安全标准化实施水平和安全绩效。

（9）申报阶段

经市安全监管局批准同意并加盖公章后，报省危险化学品登记办，并报市安全监管局备案。同时，提出二级安全标准化考评申请。

第二节　建设项目“三同时”管理

建设项目“三同时”管理是我国法定要求。我国《劳动法》第 53 条明确要求：“劳动安全卫生设施必须符合国家规定的标准。新建、改建、扩建工程的劳动安全卫生设施必须与主体工程同时设计、同时施工、同时投入生产和使用。”我国《安全生产法》第 28 条规定：“生产经营单位新建、改建、扩建工程项目的安全设施，必须与主体工程同时设计、同时施工、同时投入生产和使用，安全设施投资应当纳入建设项目概算。”我国《职业病防治法》第 16 条规定：“建设项目的职业病防护设施所需要费用应当纳入建设项目工程预算，并与主体工程同时设计、同时施工、同时投入生产和使用。”

一、“三同时”制度的基本内容和各阶段要求

1. 基本内容

建设项目“三同时”是指生产性基本建设项目中的劳动安全卫生设施必须符合国家规定的标准，必须与主体工程同时设计、同时施工、同时投入生产和使用，以确保建设项目竣工投产后，符合国家规定的劳动安全卫生标准，保障劳动者在生产过程中的安全与健康。“三同时”的要求是针对我国境内的新建、改建、扩建的基本建设项目、技术改造项目和引进的建设项目，它包括在我国境内建设的中外合资、中外合作和外商独资的建设项目。“三同时”生产经营单位安全生产的重要保障措施，是一种事前保障措施，是一种本质安全措施。

2. 各阶段要求

（1）可行性研究阶段要求

建设单位或可行性研究承担单位在进行可行性研究时，应进行劳动安全卫生论证，并将其作为专门章节编入建设项目可行性研究报告。同时，将劳动安全卫生设施所需投资纳入投资计划。在建设项目可行性研究阶段，实施建设项目劳动安全卫生预评价。

（2）初步设计阶段要求

初步设计是说明建设项目的技术经济指标、运输、工艺、建筑、采暖通风、给排水、供电、仪表、设备、环境保护、劳动安全卫生、投资概率等设计意图的技术文件（含图纸），我国对初步设计有详细规定。设计单位在编制初步设计文件时，应严格遵守我国有关劳动安全卫生的法规、标准，同时编制“劳动安全卫生专篇”，并应依据劳动安全卫生预评价报告及安全生产监督管理机构的批复，完善初步设计。建设单位在初步设计会审前，应向安全生产监督管理机构报送建设项目劳动安全卫生预评价报告和初步设计文件及图纸资料。初步设计方案经安全生产监督管理机构审查同意后，应及时办理“建设项目劳动安全卫生初步设计审批表”。安全生产监督管理机构根据国家有关法规和标准，审查并批复初步设计文件中的“劳动安全卫生专篇”。

（3）施工阶段要求

建设单位对承担施工任务的单位，除落实“三同时”规定的具体要求，还要负责提供必需的资料和条件。施工单位应对建设项目的劳动安全卫生设施的工程质量负责。施工严格按照施工图纸和设计要求，确实做到劳动安全卫生设施与主体工程同时施工，同时投入生产和使用，并确保工程质量。

（4）试生产阶段要求

建设单位在试生产设备调试阶段，应同时对劳动安全卫生设施进行调试和考核，对其效果做出评价；组织、进行劳动安全卫生培训教育，制定完整的劳动安全卫生方面的规章制度及事故预防和应急处理预案。

建设单位在试生产运行正常后，建设项目预验收前，应自主选择、委托安全生产监督管理机构认可的单位进行劳动条件检测、危害程度分级和有关设备的安全卫生检测、检验，并将试运行中劳动安全卫生设备运行情况、措施的效果、检测检验数据、存在的问题以及采取的措施，写入劳动安全卫生验收专题报告，报送安全生产监督管理机构审批。

(5) 劳动安全卫生竣工验收阶段要求

安全生产监督管理机构根据建设单位报送的建设项目劳动安全卫生验收专题报告，对建设项目竣工进行劳动安全卫生验收。

二、建设项目安全设施“三同时”管理要求

1. 新建、改建、扩建、技改、革新等项目的设计，必须执行以下规定：

(1) 设计人员必须严格执行国家有关安全、卫生、环护、消防等设计规范和标准。

(2) 设计采用新工艺、新设备、新材料、新产品时，必须有鉴定报告。

(3) 新产品转入批量生产必须符合下列条件：

1) 采用成熟的工艺方法。

2) 工艺条件的选取应符合安全要求。

3) 具备可靠的安全措施（包括可靠的控制手段、报警装置及发生事故的紧急处理装置等)。

4) 设备选型和建构筑物，应符合防火、防爆、工业卫生等标准和规定的要求。

5) 设计文件要有安全可靠性评价。

2. 审查初步设计或方案时，应有安全、职业卫生、环保、消防部门参加评审工作，凡未经上述部门签署同意的，财务部门有权拒绝付款。

3. 凡引进先进的工艺装置和技术，必须同时引进先进的安全、工业卫生、环保、消防设施和技术，或在国内配套相应水平的设施和技术。

4. 施工过程中，应有人负责安全、卫生、环保、消防设施的施工监督检查，及时纠正施工中的缺陷。

5. 安全、卫生、环保、消防等部门参加竣工验收工作。凡安全、卫生、环保、消防设施没有与主体工程同时建成试车，或经考核达不到原设计要求的，项目均不能验收。

三、建设项目“三同时”的审查验收

1. 可行性研究

建设项目从计划建设到建成投产，一般要经过四个阶段和五道审批手续，即：确定项目、设计、施工和竣工验收四个阶段；项目建议书、可行性研究报告、设计任务、初步设计和开工报告五道审批手续。而可行性研究审查则是对可行性研究报告中的安全设施部分的内容，运用科学的评价方法，依据国家法律法规及标准和规范，分析、预测该建设项目存在的危险，有害因素的种类和危险危害程度，提出科学、合理及可行的安全技术措施和管理对策，作为该建设项目初步设计中安全设施设计和建设项目安全管理的主要依据，供国家安全生产管理部门进行监察时参考。

审查的内容主要包括生产过程中可能产生的主要危险有害因素、预计危险程度、造成危害的因素及其所在部位或区域、可能接触危险有害因素的职工人数、使用和生产的主要有毒有害物质、易燃易爆物质的名称和数量、安全措施专项投资估算、实现治理措施的预期效果、技术投资方面存在的问题和解决方案等。

2. 初步设计审查

初步设计审查是在可行性研究报告的基础上，根据有关标准、规范对安全专篇进行全面深入的分析，提出建设项目中安全方面的结论性意见。初步设计审查的基调应是实施性的。

审查初步设计中的安全专篇，主要包括以下内容：

（1）设计依据

1）国家、地方政府和主管部门的有关规定。

2）采用的主要技术规范、规程、标准和其他依据。

（2）工程概述

1）本工程设计所承担的任务及范围。

2）工程性质、地理位置及特殊要求。

3）改建、扩建前的安全设施概况。

4）主要工艺、原料、半成品、成品、设备及主要危害概述。

（3）建筑及场地布置

1）根据场地自然条件中的气象、地质、雷电、暴雨、洪水、地震等情况预测的主要危险因素及防范措施。

2）建厂的四邻情况对本厂安全的影响及防范措施。

3）工厂总体布置中诸如锅炉房、氧气站、乙炔站等及易燃易爆、有毒物品仓库等对全厂安全的影响及防范措施。

4）厂区内的通道、运输的安全。

5）总图设计中建筑物的安全距离、采光、通风、日晒等情况。

6）辅助用室包括救护室、医疗室、浴室、更衣室、休息室、哺乳室、女工卫生室的设置情况。

（4）生产过程中职业有害因素的分析

1）生产过程中使用和产生的主要有毒有害物质，包括原料、材料、中间体、副产物、产品、有毒气体、粉尘等的种类名称和数量。

2）生产过程中的高温、高压、易燃、易爆、辐射、振动、噪声等有害作业的生产部位、程度。

3）生产过程中危险因素较大的设备的种类、型号、数量。

4）可能受到职业危害的人数及受害程度。

（5）安全设施设计中采用的主要防范措施

1）工艺和装置中，根据全面分析各种危害因素确定的工艺路线、选用的可靠装置设备，从生产、火灾危险性分类设置的泄压、防爆等安全设施和必要的检测、检验设施。

2）按照爆炸和火灾危险场所的类别、等级、范围选择电气设备的安全距离及防雷、防静电及防止误操作等设施。

3）生产过程中的自动控制系统和紧急停机、事故处理的保护措施。

4）说明危险性较大的生产过程中，一旦发生事故和急性中毒的抢救、疏散方式及应急措施。

5）扼要说明在生产过程各工序产生尘毒的设备（或部位）及尘毒的种类、名称，尘毒危害情况，以及防止尘毒危害所采用的防护设备、设施及其效果等。

6）经常处于高温、高噪声、高振动工作环境所采用的降温、降噪及降振措施，防护设备性能及检测检验设施。

7）改善繁重体力劳动强度方面的设施。

（6）预期效果评价

对安全方面存在的主要危害所采取的治理措施提出专题报告和综合评价。

（7）安全机构设置及人员配备情况

1）安全机构设置及人员配备。

2）维修、保养、日常监测检验人员。

3）安全教育设施及人员。

（8）专用投资概算

1）主要生产环节安全设施费用。

2）检测装备及设施费用。

3）安全教育装备和设施费用。

4）事故应急措施费用。

（9）存在的问题与建议

存在问题与建议必须列出，且是重要内容。

3. 竣工验收审查

竣工验收审查是按照安全专篇规定的内容和要求对安全设施的工程质量及其方案的实施进行全面系统的分析和审查，并对建设项目作出安全措施的效果评价。竣工验收审查是强制性的。

建设单位在生产设备调试阶段，应同时对安全设施、措施进行调试和考核，对其效果作出评价。在人员培训时，要有安全的内容，并建立健全安全方面的规章制度。

在生产设备调试阶段，安全生产监督管理部门对建设项目的安全设施进行预验收。对体力劳动强度较大，产生尘、毒危害严重的作业岗位，要按国家有关标准委托相关职业安全卫生监测机构进行体力劳动强度、粉尘和毒物危害程度的测定工作，测定结果作为评价安全设施的工程技术效果和竣工验收的依据。对于查出的隐患，由建设单位订出计划，限期整改。

借助设计消除危险是系统安全的重要组成部分和基本原则，也是安全审查的重点。

实施安全审查就是要保证在早期设计阶段尽可能将危险降到最低程度。审查的本身包含着对工程项目安全性的分析、评价、监督和检查。为保障现代化生产的安全，对安全审查提出了新的更高的要求，即必须运用科学和工程原理、标准和技术知识鉴别、消除或控制系统中的危险，建立必要的系统安全管理组织，制定出系统安全程序计划，应用科学的分析方法、保证系统安全目标的实现。所以，做好工程项目的安全审查工作，是管理部门、设计部门、监督检查部门和建设单位的共同责任，也是广大工程技术人员、安全专业工作者的重要使命。

第三节　安全生产教育培训

一、开展安全生产教育培训的必要性

安全管理，教育先行。对职工进行安全教育，是安全管理的一项最基本的工作，也是确保安全生产的前提条件。只有加强安全教育培训，不断强化全员安全意识，增强全员防范意识，才能筑起牢固的安全生产思想防线，才能从根本上解决安全生产中存在的隐患。安全与生产是辩证的统一，相辅相成，安全教育既能提高经济效益，又能保障安全生产，所以安全教育必须在生产过程中进行。

1. 安全教育培训工作的重要性

(1) 安全教育培训工作可以提高各级负责人的安全意识

加强企业领导、各部门负责人及班组长等的教育培训工作，可以提高他们对安全生产方针的认识，加强安全生产责任制和自觉性，促使他们关心重视安全生产，积极参与安全管理工作。

(2) 安全教育培训工作可以有效地遏止事故

违章是安全管理的一大难题。“违章作业等于自杀”“领导违章指挥等于杀人”。要遏止事故，杜绝事故，必须通过开展全方位经常性扎扎实实的安全教育培训，通过灌输各种各样的安全意识，逐渐在人的大脑中形成概念，才能对外界生产环境作出安全或不安全的正确判断。

(3) 安全教育培训工作可以大大提高队伍安全素质

安全教育培训体现了全面、全员、全过程的覆盖生产现场，通过安全教育培训工作完成“要我安全”到“我要安全”最终到“我会安全”质的转变。

2. 当前安全教育培训工作存在的薄弱点

安全教育培训不仅要看是否进行了培训，培训达到了多少人，更重要的是要有针对性，抓难点，填空白点，扩大受训覆盖面，提高培训教育质量。当前安全教育培训存在的薄弱点大致有以下几个方面：

(1) 培训教育针对性不强

安全生产管理工作是一项涉及面广的重要工作，为此要有针对性地对不同工种、不同人员及不同专业组织安全生产培训，重点应区分不同类别和岗位层次以及实际岗位技能进行安全操作培训，使参培者真正掌握一定的专业安全知识，克服只懂理论，不懂操作规程，违章蛮干，事故频发的弊端。

(2) 安全培训投入不足

说到培训教育，很多人认为这是安监部门又在找事做。没有树立安全培训教育观念，只顾眼前，不重视人的安全素质的提高，看不到安全培训的长远效益。再加上有的培训只流于形式，往往只发给教材、试卷，让其自行进行学习，难以保证效果。

3. 安全教育培训工作的完善与对策

(1) 明确安全教育工作的内容

安全教育工作不仅仅是传授安全知识，更重要的是把学到的安全知识转化为一种本领。安全教育是一种规范的教育，教育的内容包括安全知识、安全技能、安全态度和劳动保护法规等。

(2) 掌握安全教育的特点

安全教育不论是理论知识，还是反面典型教育，都要求人们容易理解，这样才能使安全教育培训做到深入浅出，通俗易懂。再就是安全教育要有针对性、阶段性、全员性及长期性。

(3) 注重安全教育培训的形式

安全教育不是形式上的东西，如果只是机械地进行，是难取得好的效果的。安全教育要有具体内容，要有组织、有步骤地进行，必须采取集中教育与个别教育和规范教育与自由教育相结合的方式。

总之，要开展好安全教育培训，做到防患于未然，就要根据安全教育的特点，开展多种形式的安全教育，保证安全教育的经常化、普遍化和规范化。只有抓好安全教育培训，才能确保安全生产形势的稳定，实现安全生产的“可控、在控”。

二、安全生产教育培训制度

根据《安全生产法》中的有关要求，搞好安全生产教育培训是促进安全生产的重要手段，安全生产教育培训工作必须经常抓、重点抓、反复抓，才能使职工在思想上重视安全生产，在技术上懂得安全生产的基础知识，在操作上掌握安全生产的要领。为了保证安全教育的有效性，必须制定安全生产教育培训制度：

1. 教育全体人员要树立“安全第一，预防为主，综合治理”和“安全就是效益”的思想，努力做到安全生产。

2. 工程管理部对从业人员要进行不少于8学时的集中统一安全生产教育时间，学习有关安全生产法规、条例、规章制度和交通法规，做到安全生产、安全行车，结合实际，有针对性地进行安全和劳动保护的思想教育，抓好安全生产。

3. 根据工作任务和特点，利用安全广告、展览、板报、经验介绍、现场分析、班前班后会、知识竞赛等形式，适时进行安全生产的宣传教育。

4. 工程管理部每年负责对特殊工种进行一次安全技术教育培训，一般应不少于8学时。架子工、电气焊工、起重工、机械操作手等工种的考核检查，未领取上岗合格证书的，一律不予招聘用；对持有合格证书的人员，上岗前要组织对其实际操作、理论、安全生产等进行综合考评，合格者上岗。

5. 针对不同工种，有目的、有重点地开展安全教育培训工作，要求从业人员熟记所从事工种的操作规章和安全生产制度，上岗前要进行考核，不合格人员不得上岗。

6. 坚持和开展经常性的安全生产教育活动，坚持作业前进行安全技术交底，专职人员要进行检查，发现事故苗头，要及时纠正，消除事故隐患。

三、《安全生产法》中对安全生产教育培训的相关规定

最新版《安全生产法》中对安全生产教育培训作了一些明确规定：

第 25 条　生产经营单位应当对从业人员进行安全生产教育和培训，保证从业人员具备必要的安全生产知识，熟悉有关的安全生产规章制度和安全操作规程，掌握本岗位的安全操作技能，了解事故应急处理措施，知悉自身在安全生产方面的权利和义务。

未经安全生产教育和培训合格的从业人员，不得上岗作业。

生产经营单位使用被派遣劳动者的，应当将被派遣劳动者纳入本单位从业人员统一管理，对被派遣劳动者进行岗位安全操作规程和安全操作技能的教育和培训。

劳务派遣单位应当对被派遣劳动者进行必要的安全生产教育和培训。

生产经营单位接收中等职业学校、高等学校学生实习的，应当对实习学生进行相应的安全生产教育和培训，提供必要的劳动防护用品。

学校应当协助生产经营单位对实习学生进行安全生产教育和培训。

生产经营单位应当建立安全生产教育和培训档案，如实记录安全生产教育和培训的时间、内容、参加人员以及考核结果等情况。

第 26 条　生产经营单位采用新工艺、新技术、新材料或者使用新设备，必须了解、掌握其安全技术特性，采取有效的安全防护措施，并对从业人员进行专门的安全生产教育和培训。

四、安全生产教育培训计划

为了规范安全生产工作，提高员工的安全素质，带动整个安全生产管理的提升，降低或避免生产性意外伤害事故的发生，必须制定安全生产教育培训计划，使处于每一层次和职能的人员都认识到以下几点：

1. 遵守“安全第一，预防为主，综合治理”方针和工作程序，以及符合安全生产保证体系要求的重要性；

2. 与他们工作有关的重大安全风险，包括可能发生的影响，以及其个人工作的改进可能带来的安全因素；

3. 他们在执行“安全第一，预防为主，综合治理”方针和工作程序，以及实现安全生产保证体系要求方面的作用与职责，包括在应急准备方面的作用与职责；

4. 偏离规定的工作程序可能带来的后果。

五、安全生产教育培训的内容

安全生产教育培训是企业安全管理工作的重要组成部分，是从根本上杜绝人的不安全行为的重要措施，也是预防和控制事故的重要手段之一。做好企业的安全教育培训工作，才能保证其他安全工作和企业安全生产的顺利进行。以下是安全生产教育培训的重要内容：

1. “三级教育”内容

（1）厂（公司、矿）级教育内容

1）各级政府部门颁布的安全生产法律、法规。

2）事故发生的一般规律及典型事故案例。

3）预防事故的基本知识、急救措施。

（2）车间（工程项目施工队）级教育内容

1）各级管理部门有关安全生产的标准。

2）在施工程基本情况和必须遵守的安全事项。

3）施工用化工产品的用途，防毒知识，防火及防煤气中毒知识。

（3）班组级教育内容

1）本班组生产工作概况、工作性质及范围。

2）新工人个人从事生产工作的性质，必要的安全知识，各种机具设备及其安全防护设施的性能和作用。

3）本工种的安全操作规程。

4）本工程容易发生事故的部位及劳动防护用品的使用要求。

5）工程项目中工人的安全生产责任制。

2. 转场及变换工种安全教育

（1）施工人员转入另一个工程项目时必须进行转场安全教育。

（2）转场教育内容

1）本工程项目安全生产状况及施工条件。

2）施工现场中危险部位的防护措施及典型事故案例。

3）本工程项目的安全管理体系、规定及制度。

（3）变换工种安全教育

1）凡改变工种或调换工作岗位的工人必须进行变换工种安全教育。

2）变换工种安全教育时间不得少于 4 小时，教育考核合格后方准上岗。

3）教育内容：①新工作岗位或生产班组安全生产概况、工作性质和职责。②新工作岗位必要的安全知识，各种机具设备及安全防护设施的性能和作用。③新工作岗位、新工种的安全技术操作规程。④新工作岗位容易发生事故及有毒有害的地方。⑤新工作岗位个人防护用品的使用和保管。

3. 特种作业安全教育内容

电工、焊工、架工、司炉工、爆破工、机操工及起重工、打桩机和各种机动车辆司机等特殊工种工人，除进行一般安全教育外，还要经过本工种的安全技术教育，经考试合格发证后，方准独立操作，每年还要进行一次复审；对从事有尘毒危害作业的工作，要进行尘毒危害和防治知识教育。

4. 外施队安全生产教育内容

（1）各用工单位使用的外施队，必须接受“三级安全教育”，经考试合格后方可上岗作业，未经安全教育或考试不合格者，严禁上岗作业。

（2）外施队上岗作业前的“三级安全教育”，分别由用工单位（公司、厂或分公司）、项目经理部（现场）、班组（外施队）负责组织实施，总学时不得少于24学时。

（3）外施队上岗前须由用工单位劳务部门负责将外施队人员名单提供给安全部门，由用工单位（公司、厂或分公司）安全部门负责组织安全生产教育，授课时间不得少于8学时。具体内容是：

1）安全生产的方针、政策和法规制度。

2）安全生产的重要意义和必要性。

3）建筑安装工程施工中安全生产的特点。

4）建筑施工中因工伤亡事故的典型案例和控制事故发生的措施。

（4）项目经理部（现场）必须在外施队进场后，由负责劳务的人员组织并及时将注册名单提交给现场安全管理人员，由安全管理人员负责对外施队进行安全生产教育，时间不得少于8学时。具体内容是：

1）介绍项目工程施工现场的概况。

2）讲解项目工程施工现场安全生产和文明施工的制度、规定。

3）讲解施工中高处坠落、触电、物体打击、机械（起重）伤害、坍塌等伤害事故的控制预防措施。

4）讲解施工中常用的有毒有害化学材料的用途和预防中毒的知识。

（5）外施队上岗作业前，必须由外施队队长负责组织学习本工种的安全操作和一般安全生产知识。

（6）对外施队进行“三级安全教育”时，必须分级进行考试。经考试不合格者，允许补考一次；仍不合格者，必须清退，严禁使用。

（7）外施队中的特种作业人员，如电工、起重工（塔式起重机、外用电梯、龙门吊、桥吊、履带吊、汽车吊、卷扬机司机和信号指挥）、锅炉压力容器工、电焊工、气焊工、场内机动车司机、架子工等，必须持有原所在地地（市）级以上劳动保护监察机关核发的特种作业证，并换领临时特种作业操作证，方准从事特种作业。

（8）换岗作业必须进行安全生产教育，凡采用新技术、新工艺、新材料和从事非本工种的操作岗位作业前，必须认真进行面对面的、详细的新岗位安全技术教育。

（9）在向外施队下达生产任务的时候，必须向全体作业人员进行详细的书面安全技术交底并讲解，凡没有安全技术交底或未向全体作业人员进行讲解的，外施队有权拒绝接受任务。

（10）每日上班前，外施队负责人必须召集所辖全体人员，针对当天任务，结合安

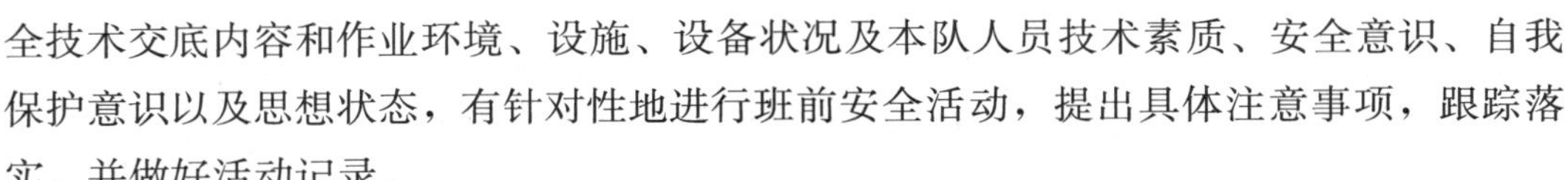

全技术交底内容和作业环境、设施、设备状况及本队人员技术素质、安全意识、自我保护意识以及思想状态，有针对性地进行班前安全活动，提出具体注意事项，跟踪落实，并做好活动记录。

第四节　劳动防护用品管理

一、劳动防护用品的分类

劳动防护用品是人在生产和工作中为防御物理、化学、生物等外界有害因素伤害人体而穿戴和配备的各种物品的总称，是由生产经营单位为从业人员配备的，使其在劳动过程中免遭或者减轻事故伤害及职业危害的个人防护装备。

劳动防护用品通常是按人体防护部位划分为九大类。

1. 头部防护用品：安全帽、防护头罩、一般防护帽等；

2. 眼面部防护用品：防冲击眼（面）护具、防化学药剂眼（面）护具、焊接护目镜、防激光护目镜、防微波护目镜、焊接面罩等；

3. 听力防护用品：耳塞、耳罩等；

4. 呼吸防护用品：防尘口罩、过滤式防毒面具、隔绝式空气呼吸器、长管面具呼吸道防护器材等；

5. 手臂防护用品：电绝缘手套、耐酸碱手套、焊工手套、防放射性手套、防振手套、防切割手套、防昆虫手套等；

6. 躯体防护用品：阻燃防护服、防静电工作服、防酸工作服、焊接工作服、防水服、防放射性服、防尘服、防热服等；

7. 足腿防护用品：保护足趾安全鞋（靴）、胶面防砸安全靴、防刺穿鞋、电绝缘鞋、防静电鞋、导电鞋、耐酸碱鞋（靴）、高温防护鞋、焊接防护鞋和防振鞋等；

8. 坠落防护用品：安全带、安全网等；

9. 皮肤防护用品：遮光型护肤剂、洁肤型护肤剂、驱避型护肤剂等。

根据管理方便需要，劳动保护用品分为两大类：特种劳动防护用品和一般劳动防护用品。

二、劳动防护用品的管理目的及管理职责

1. 劳动防护用品管理的目的

劳动防护用品管理的目的在于：规范劳动防护用品的采购、验收、储存、发放，

确保职工劳动防护用品的有效使用。例子见表 4—1。

表 4—1　　南通开发区劳动防护用品配备及管理情况企业自查表

填报人：　　　　填报日期：　　年　　月　　日

企业名称（章）		企业法人（签字）	
企业职工人数		应发放防护用品职工人数	
行业类型	砖瓦□　建筑□　化工□　电力□　冶金□ 造船□　机械□　电子□　其他□		

	检查项目	检查结果	备注
一、劳动防护用品配备方面	1. 是否配发劳动防护用品	□是　□否	
	2. 是否按有关规定和标准配发劳防用品	□是　□否	
	3. 是否配发无安全标志的特种劳防用品	□是　□否	
	4. 是否配发不合格的劳防用品	□是　□否	
	5. 是否配发超过使用期限的劳防用品	□是　□否	
	6. 劳防用品管理混乱，由此对从业人员造成事故伤害及安全威胁	□是　□否	
	7. 生产或者销售假冒伪劣劳防用品	□是　□否	
	8. 其他违反劳动防护用品管理有关法律、法规、规章、标准的行为	□是　□否	
二、教育培训方面	1. 是否组织开展《安全生产法》《劳动防护用品监督管理规定》的学习 从业人员数：（________人）教育培训人数：（________人）	□是　□否	
	2. 是否教育和指导从业人员正确佩戴、使用防护用品	□是　□否	
	3. 是否有培训记录 培训部门（____________），培训时间（____________）	□是　□否	
三、管理制度方面	1. 劳防用品专项经费管理制度（建立时间________）	□是　□否	
	2. 劳防用品采购制度（建立时间____________）	□是　□否	
	3. 劳防用品验收制度（建立时间____________）	□是　□否	
	4. 劳防用品保管制度（建立时间____________）	□是　□否	
	5. 劳防用品发放制度（建立时间____________）	□是　□否	
	6. 劳防用品使用制度（建立时间____________）	□是　□否	
	7. 劳防用品更换制度（建立时间____________）	□是　□否	
	8. 劳防用品报废制度（建立时间____________）	□是　□否	
四、劳动防护用品供货渠道	________（劳动防护用品）生产企业名称________工商注册号________ ________（劳动防护用品）生产企业名称________工商注册号________ ________（劳动防护用品）生产企业名称________工商注册号________ ________（劳动防护用品）生产企业名称________工商注册号________ ________（劳动防护用品）生产企业名称________工商注册号________		
自查自纠整改情况			

2. 劳动防护用品的管理职责

凡未按规定穿戴防护用品进入工作现场的，各部门负责人、安全生产管理人员有权进行处罚。

生产经营单位人力资源管理部门负责劳动防护用品管理制度的制定，并根据员工反馈意见和实际使用情况，不断补充完善。

劳动防护用品监管人员的职责如下：

（1）监督本单位劳动防护用品管理制度的落实。

（2）监督本单位按照国家标准和行业标准及有关规定购进劳动防护用品。

（3）监督本单位按照相关配备标准为职工发放劳动防护用品。

（4）监督并指导本单位职工按规定正确佩戴和使用劳动防护用品。

（5）定期向安全生产监督管理部门汇报本单位劳动防护用品的采购、发放、使用等情况。

（6）发现本单位劳动防护用品存在管理制度不全、购买不具有安全标志准用证或未经备案的劳动防护用品、未按标准发放劳动防护用品等，有权及时向本单位主管部门或主要负责人汇报。必要时，可直接向安全生产监督管理部门报告。

（7）发现本单位职工未按要求佩戴和使用劳动防护用品，或佩戴和使用不合格的劳动防护用品，有权当场要求其停止作业并改正。

三、劳动防护用品的采购、储存和出入库

生产经营单位的物资供应部负责劳动防护用品的采购和储存。所采购的劳动防护用品的质量和性能必须符合国家标准或行业标准，特种劳动防护用品必须具有安全生产许可证、产品合格证和安全鉴定证；一般劳动防护用品，应该严格执行其相应的标准。公司安全技术部负责对购进的劳动防护用品进行验收，审核劳动防护用品供货厂家资质、产品质量检验资料，监事会和工会组织督促检查。

购买特种防护用品时，要求到提供以下证件的单位购买：厂家的营业执照、全国工业产品生产许可证、有效的检测报告、特种防护用品的产品合格证和安全标志。

劳动防护用品的保管和出入库工作由物资供应部统一管理，要设立劳动防护用品专用储存库，各仓库具体负责劳动防护用品保管、出入库和日常管理工作，保证劳动防护用品的储存安全，防止腐烂变质。如有库存不足、品种不全等情况，要及时报告给供应部安排采购。

四、劳动防护用品的验收

1. 产品的验收

使用单位按照采购计划中明确的数量、规格、技术内容等具体要求和相关的产品标准，对接收的劳动防护用品进行抽样检查。使用单位事先应明确抽样的比例、检查人员，并制定相应的检查表格。检查人员应如实记录检查内容，签字后存档。有试验手段的使用单位可以对产品的性能进行测试，以防供应方以次充好。

2. 注意事项

（1）每件产品上应有产品合格证。产品合格证上至少应提供以下信息：产品名称或品牌标记、制造商、规格型号、生产日期、许可证编号。

（2）安全帽、安全网、防静电工作服等产品，标准要求每件产品上应有生产者所在的省级劳动防护用品监督检验机构发放的安全鉴定证。

（3）省级劳动防护用品监督检验机构出具的与生产日期相符的批量检验报告或监督检验报告原件。注意委托检验是生产厂家选样送检，报告只对样品负责（样品在实验过程中已被破坏），无法证明批量产品的整体质量。

（4）供应方不能提供第（3）条的批量检验报告或监督检验报告时，没有试验条件的使用单位应该对接收的当批产品进行抽样，委托有法定资质的检验单位进行测试。这样既可以准确掌握产品的性能情况，又可以在事故责任追究中避免纠纷，起到自我保护的作用。

3. 需要保留的记录

包括验收检查记录表、批量检验报告、监督检验报告、企业自检报告原件，记录要有经办人和审批人的签字。

五、劳动防护用品的发放

1. 劳动防护用品的发放标准

（1）劳动防护用品发放标准和使用周期，一般由公司安全技术部组织，劳动防护用品评估人员参与，根据劳动防护用品配备标准以及本企业各工种的劳动环境和劳动条件制定，按照标准配备具有相应安全、卫生性能的劳动防护用品。

劳动条件、工作环境发生变化时要及时调整发放标准，满足生产需要。一般情况，一年进行一次劳动防护用品管理制度和发放标准修订。

（2）对于生产中必不可少的安全帽、安全带、绝缘护品、防毒面具、防尘口罩等特殊劳动防护用品，必须根据特定工种的要求配备齐全，并保证质量。

（3）凡是从事多种作业或在多种劳动环境中作业的人员，应按其主要作业的工种和劳动环境配备劳动防护用品。

（4）生产管理、调度、保卫、安全部门等有关人员，应根据其经常进入的生产区域，配备相应的劳动防护用品。

（5）企业应有公用的安全帽、工作服，供外来参观、学习、检查工作人员临时借用。公用的劳动防护用品应保持整洁，专人保管，如有丢失，要查清责任，折价赔偿。

（6）在生产设备受损或失效时，有毒有害气体可能泄漏的作业场所，除对作业人员配备常规劳动防护用品外，还应在现场醒目处放置必需的防毒护具，以备逃生、抢救时应急使用。用人单位还应有专人和专门措施，定期保养，保证其处于良好待用状态。

2. 劳保防护用品的发放要求

生产经营单位人力资源部负责全公司的劳动防护用品的发放，建立和健全职工劳动防护用品发放登记卡片，按时记载发放劳动防护用品情况和办理调转手续，定时核对各工种岗位劳动防护用品的种类和使用期限。

新工人上岗前安全教育，要专门进行有关正确使用和保养劳动防护用品的培训。各分公司综合办劳动防护用品管理员在发放劳动防护用品时，也要向领用人讲清正确使用方法，提醒职工自觉进行劳动防护用品保养。

六、劳动防护用品的使用

1. 使用劳动防护用品的原则和要求

（1）使用劳动防护用品必须根据劳动条件、需要保护的部位和要求，科学合理地进行选型。

（2）必须进行正确使用劳动防护用品的培训，让使用人员熟悉劳动防护用品的型号、功能、适用范围和使用方法。

（3）劳动防护用品必须严格按照规定正确使用。使用前，要认真检查，确认完好、可靠、有效，严防误用或使用不符合安全要求的护具。

（4）特殊防护用品，如防毒面具等还应经培训、实际操作考核合格。

（5）职工进入生产岗位、检修现场，必须按规定穿戴劳动防护用品，并正确使用劳动防护用品。

（6）不许穿戴（或使用）不合格的劳动防护用品，不许滥用劳动防护用品。对于在易燃、易爆、烧灼及有静电发生的场所、明火作业的工人，禁止发放、使用化纤防护用品。防护服装的式样应当以符合安全生产要求为主，做到适用、美观、大方。

（7）劳动防护用品应妥善保护，不得拆改，应经常保持整洁、完好，以起到有效的保护作用，如有缺损应及时处理。

2. 劳动防护用品的使用管理

（1）员工在工作时必须按要求正确佩戴使用劳动防护用品，否则按违章处理。

（2）车间、班组要对员工使用劳动防护用品的情况，随时进行检查。

（3）车间、班组在组织职工安全教育时，帮助职工增强自我保护意识，鼓励职工正确使用劳动防护用品，必须监管和教育新员工如何正确佩戴和使用；在日常工作中，发现车间、班组员工有不正确佩戴和使用劳动防护用品的，要及时更正并予以批评教育。

（4）公司安全部门负责对全公司员工劳动防护用品的使用、维护情况进行监督检查，发现违章按“三违”处罚规定进行处理。

七、劳动防护用品的报废、销毁和更换

劳动防护用品过期和报废，安全部门以书面形式及时上报主管领导。由主管领导指派专业人员共同进行报废认定。

过期报废的劳动防护用品必须销毁，禁止领用和重复使用，更不准转让。

销毁劳动防护用品时，应由安全部门等相关单位制定出安全有效的措施，集中进行销毁。

更换劳动防护用品需以旧换新，旧劳动防护用品需符合相关报废规定，出具有关部门认定结果和主管领导签字。

劳动防护用品由于损坏、过期等原因不适用时，使用部门应立即停止使用，并及时更换。

在使用和保管储存期内遭到损坏或超过有限使用期，经检验未达到原规定的有效防护功能最低指标的劳动防护用品要及时上报销毁。

第五节 安全信息管理

一、安全信息的定义

安全信息指的是在劳动生产中起安全作用的信息集合。它包括很多方面，比如警示信息、上级命令等诸多方面对安全生产工作起到影响作用的信息。

安全信息是安全活动所依赖的资源，是反映人类安全事物和安全活动之间的关系及其变化的一种形式。

安全科学是一门新兴的交叉学科。安全科学的发展，离不开信息科学技术的应用。

安全管理就是借助大量的安全信息进行管理，其现代化水平决定信息科学技术在安全管理中的应用程度。只有充分地发挥和利用信息科学技术，才能使安全管理工作在社会生产现代化的进程中发挥积极的作用。

在日常生产活动中，各种安全标志、安全信号就是信息，各种伤亡事故的统计分析也是信息。掌握了准确的信息，有助于进行正确的决策，提高企业的安全生产管理水平，更好地为企业服务。

二、安全信息的功能

1. 安全信息是企业编制安全管理方案的依据

企业在编制安全管理方案，确定目标值和保证措施时，需要有大量可靠的信息作为依据。例如，既要有安全生产方针、政策、法规和上级安全指示、要求等指令性信息，又要有企业内部历年来安全工作经验教训、各项安全目标实现的数据，以及通过事故预测获知生产安危等信息，作为安全决策的依据，这样才能编制出符合实际的安全目标和保证措施。

2. 安全信息具有间接预防事故的功能

安全生产过程是一个极其复杂的系统，不仅同静态的人、机、环境有联系，而且同动态中人、机、环境结合的生产实践活动有联系，同时又与安全管理效果有关。如何对其进行有效的安全组织、协调和控制，主要是通过安全指令性信息（如安全生产方针、政策、法规，安全工作计划和领导指示、要求），统一生产现场员工的安全操作和安全生产行为，以此预防事故的发生，这样安全信息就具有了间接预防事故的功能。

3. 安全信息具有间接控制事故的功能

在生产实践活动中，员工的各种异常行为，工具、设备等物质的各种异常状态等大量的不良生产信息，均是导致事故发生的因素。企业管理人员通过安全信息管理的方式，获知不利安全生产的异常信息之后，通过采取安全教育、安全工程技术、安全管理手段等，改变人的异常行为、物的异常状态，使之达到安全生产的客观要求，这样安全信息就具有了间接控制事故的功能。

三、安全信息的分类

依据不同的原则，安全信息可有不同的分类方式。

1. 从信息的形态来划分，安全信息划分为：一次安全信息和二次安全信息。

（1）一次安全信息

是指生产和生活过程中的人、机、环境客观安全性，以及发生事故后的现场。

（2）二次安全信息

包括安全法规、条例、政策、标准，安全科学理论、技术文献，企业安全规划、总结、分析报告等。

2. 从应用的角度，安全信息可划分为如下三种类型：

（1）生产安全状态信息

生产安全状态信息包括生产安全信息、生产异常信息和生产事故信息。

1）生产安全信息。例如，从事生产活动人员的安全意识、安全技术水平，以及遵章守纪等安全行为；投产使用工具、设备（包括安全技术装备）的完好程度，以及在使用中的安全状态；生产能源、材料及生产环境等符合安全生产客观要求的各种良好状态；各生产单位、生产人员及主要生产设备连续安全生产的时间；安全生产的先进单位、先进个人数量，以及安全生产的经验等。

2）生产异常信息。例如，从事生产实践活动人员进行的违章指挥、违章作业等违背生产规定的各种异常行为；投产使用的非标准、超载运行的设备，以及有其他缺陷的各种工具、设备的异常状态；生产能源、生产用料和生产环境中的物质，不符合安全生产要求的各种异常状态；没有制定安全技术措施的生产工程、生产项目等无章可循的生产活动；违章人员、生产隐患及安全工作问题的数量等。

3）生产事故信息。例如，发生事故的单位和事故人员的姓名、性别、年龄、工种、工级等情况；事故发生的时间、地点、人物、原因、经过，以及事故造成的危害；参加事故抢救的人员、经过，以及采取的应急措施；事故调查、讨论、分析经过和事故原因、责任、处理情况，以及防范措施；事故类别、性质、等级，以及各类事故的数量等。

（2）安全活动信息

安全活动信息来源于安全管理实践，具有反映安全工作情况的作用。具体包括以下几点：

1）安全组织领导信息。主要有安全生产方针、政策、法规和上级安全指示、要求及贯彻落实情况；安全生产责任制的建立、健全及贯彻执行情况；安全会议制度的建立及实际活动情况；安全组织保证体系的建立，安全机构人员的配备，及其作用发挥的情况；安全工作计划的编制、执行，以及安全竞赛、评比、总结表彰情况等。

2）安全教育信息。主要有各级领导干部、各类人员的思想动向及存在的问题；安全宣传形式的确立及应用情况；安全教育的方法、内容，受教育的人数、时间；安全教育的成果，考试人员的数量、成绩；安全档案、卡片的及时建立及应用情况等。

3）安全检查信息。主要有安全检查的组织领导，检查的时间、方法、内容；查出的安全工作问题和生产隐患的数量、内容；隐患整改的数量、内容和违章等问题的处理；没有整改和限期整改的隐患及待处理的其他问题等。

4）安全指标信息。包括各类事故的预计控制率，实际发生率及查处率；职工安全

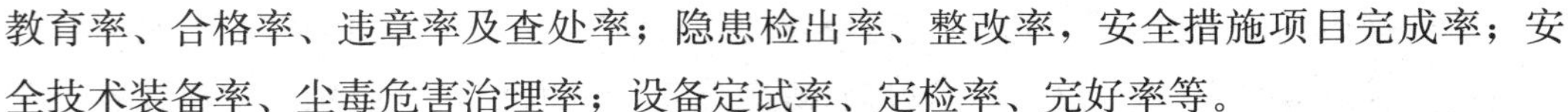

教育率、合格率、违章率及查处率；隐患检出率、整改率，安全措施项目完成率；安全技术装备率、尘毒危害治理率；设备定试率、定检率、完好率等。

（3）安全指令性信息

安全指令性信息来源于安全生产与安全管理，具有指导安全工作和安全生产的作用。其主要内容如下：

1）安全生产方针、政策、法规和上级主管部门及领导的安全指示、要求。

2）安全工作计划的各项指标。

3）安全工作计划的安全措施计划。

4）企业现行的各种安全法规。

5）隐患整改通知书、违章处理通知书等。

四、安全信息的管理

一是建立安全管理信息综合平台。通过建立安全管理信息综合平台，实现浏览、查询、上传、下载、录入、修改、打印、提醒、警示等诸多功能。一方面用于在线维护安全管理基础数据，将安全基础管理工作在综合平台上予以办结；另一方面，通过预留端口，建立与远程终端之间的信息传递通道，从而实现现场安全相关图像、数据、参数等实时资料的传输。

二是应用安全远程拓展模块。基于安全管理信息综合平台这一载体及其预留的多种端口，安装和布置一批安全远程拓展模块和终端。比如，在机动车辆安装 GPS 监控系统，在作业场所安装视频监控系统、电子巡更系统、防侵入报警系统。同时，利用日益成熟的物联网技术，将消防设施、特种设备、生产设备在日常运行中产生的信息及时上传反馈至安全管理信息综合平台上。

三是打造新型安全管理队伍。安全管理信息化建设要想取得预期效果，打造一支新型安全管理队伍至关重要。要加强对专职安全员、各部门兼职安全员和班组安全联络员的培训，引导他们学习安全管理信息化知识，切实提高安全管理队伍的实际操作水平。

目前，行业安全管理信息化建设重点是实现远程的安全管控。为此，在设计远程拓展模块时，应以事前防范、事中跟踪、事后分析功能的实现为切入点。在事前防范方面，对重点部位和关键环节进行在线监管，一旦出现预设的安全不符合项时，及时将信息发送至综合平台上，提前介入，做到防患于未然。在事中跟踪方面，根据综合平台上的实时信息，随时随地调看不同区域、场所的情况，从而实现对一个作业过程、一项从业行为的全程跟踪。在安全事故发生后，往往需要出具调查报告，阐明经过，落实责任。如果可以实现“事后重现”的功能，那么便有了最具权威性的依据。

总的来讲，行业安全管理信息化建设要“理得清”“看得见”“用得起”。在设计安全管理信息综合平台时，要确保把基础管理工作都纳入其中，分门别类，抓住各项工作的关键。一线作业现场、作业活动的远程管控都是安全管理信息化建设的重要组成部分。因此，所有的作业现场、作业行为及事关安全管理的现场信息，都要通过信息化手段得到展现。要通过图像、声音、短信等形式，确保企业安全管理状况实时“看得见”。由于信息化建设涉及大量的硬件设备和软件服务，因此，企业一方面要考虑工作初期的一次性投入，另一方面要综合衡量后续的整体维护、保养、更新、完善等费用，确保安全管理信息化建设又好又省。

第六节　安全目标管理

一、安全目标管理的含义

安全目标管理是指企业内部各个部门以至每个职工，从上到下围绕企业安全生产的总目标，层层展开各自的目标，确定行动方，安排安全工作进度，制定实施有效组织措施，并对安全成果严格考核的一种管理制度。

安全目标管理是参与管理的一种形式，是根据企业安全工作目标来控制企业安全生产的一种民主的科学有效的管理方法，是我国生产企业实行安全管理的一项重要内容。

二、安全目标管理的实施步骤

安全目标管理的实施过程可分为四个阶段，即安全管理目标的制定，建立安全目标体系，安全管理目标的实施，目标的评价与考核。下面主要介绍前两个阶段。

1. 安全管理目标的制定

安全管理目标是实现企业安全生产的行动指南。目标管理是以各类事故及其资料为依据的一项长远管理方法，是以现代化管理为基础理论的一门综合管理技术，必须围绕施工企业生产经营目标和上级对安全生产的要求，结合企业生产的经营特点，作科学的分析，按如下原则制定安全目标：

（1）突出重点，分清主次，不能平均分配、面面俱到

安全目标应突出重大事故、负伤频率、施工环境标准合格率等方面指标。同时注意次要目标对重点目标的有效配合。

（2）安全目标具有先进性，即目标的适用性和挑战性

也就是说制定的目标一般略高于实施者的能力和水平，使之经过努力可以完成，应是“跳一跳，够得到”，但不能高不可攀，令人望目标兴叹，也不能低而不费力，容易达到。

（3）使目标的预期结果做到具体化、定量化、数据化

如负伤率比去年降低百分之几，以利于进行同期比较，易于检查和评价。

（4）目标要有综合性，又有实现的可能性

制定的企业安全管理目标，既要保证上级下达指标的完成，又要考虑企业各部门、各项目部及每个职工的承担目标能力，目标的高低要有针对性和实现的可能性，以利各部门、各项目部及每个职工都能接受，努力去完成。

（5）坚持安全目标与保证目标实现措施的统一性

为使目标管理具有科学性、针对性和有效性，在制定目标时必须有保证目标实现的措施，使措施为目标服务，以利目标的实现。

2. 建立安全目标管理体系

安全目标管理涉及企业各个部门、各项目部及各单位，是关系安全生产全局的大问题，为此应建立安全目标管理体系。

安全目标体系就是安全目标的网络化、细分化，是安全目标管理的核心。它按企业管理层次由总目标、分目标、子目标、孙目标构成一个自上而下的目标体系。企业所需要达到的安全目标为总目标，各项目部（职能科室）为完成企业总目标而导出分目标，施工队为完成项目部分目标而提出子目标，班组和个人为完成施工队子目标提出孙目标。

安全目标的内容有：安全管理水平提高目标，安全教育达到程度目标，伤亡事故控制目标，施工环境达标率提高目标，事故隐患整改完成率目标，现代化科学管理方法应用目标，安全标准化班组达标率目标，企业安全性评价目标，经理任职安全目标，各项安全工作目标等。

三、安全目标管理的实施方式

企业安全目标管理是一项长期任务，必须始终不渝地进行决策、实施、检查、整改、总结、提高的循环管理。实施安全目标管理要做到以下几点：

1. 要把企业的安全目标列为领导任期内的目标，作为一个企业稳定生产秩序的既定方针。

2. 要赋予安全部门一定的职权，能保证其对各职能部门实施安全目标监督检查的功能和作用。

3. 要求各职能部门对自身安全工作发挥主观能动作用，自觉地对安全管理工作进

行密切的配合与协调。

4. 要明确各级安全责任制，实行安全一票否决原则以保证措施的贯彻落实。

5. 要动员人人参与管理，要有每个人的责任目标，一级抓一级，层层落实，共同保证安全目标的实施。

四、注意事项

1. 加强各级人员对安全目标管理的认识

企业领导对安全目标管理要有深刻的认识，要深入调查研究，结合本单位实际情况，制定企业的总目标，并参加全过程的管理，负责对目标实施进行指挥、协调；加强对中层和基层干部的思想教育，提高他们对安全目标管理重要性的认识和组织协调能力，这是总目标实现的重要保证；还要加强对员工的宣传教育，普及安全目标管理的基本知识与方法，充分发挥员工在目标管理中的作用。

2. 企业要有完善的系统的安全基础工作

企业安全基础工作的水平，直接关系着安全目标制定的科学性、先进性和客观性。比如：要制定可行的伤亡事故频率指标和保证措施，需要企业有完善的工伤事故管理资料和管理制度；控制作业点尘毒达标率，需要有毒、有害作业的监测数据。只有建立和健全了安全基础工作，才能建立科学的、可行的安全目标。

3. 安全目标管理需要全员参与

安全目标管理是以目标责任者为主的自主管理，是通过目标的层层分解、措施的层层落实来实现的。将目标落实到每个人身上，渗透到每个环节，使每个员工在安全管理上都承担一定目标责任。因此，必须充分发动群众，将企业的全体员工科学地组织起来，实行全员、全过程参与，才能保证安全目标的有效实施。

4. 安全目标管理需要责、权、利相结合

实施安全目标管理时要明确员工在目标管理中的职责，因为没有职责的责任制只是流于形式。同时，要赋予他们在日常管理上的权力。权限的大小，应根据目标责任大小和完成任务的需要来确定。还要给予他们应得的利益，责、权、利的有机结合才能调动广大员工的积极性和持久性。

5. 安全目标管理要与其他安全管理方法相结合

安全目标管理是综合性很强的科学管理方法，它是企业安全管理的“纲”，是一定时期内企业安全管理的集中体现。在实现安全目标过程中，要依靠和发挥各种安全管理方法的作用，如建立安全生产责任制、制定安全技术措施计划、开展安全教育和安全检查等。只有两者有机结合，才能使企业的安全管理工作做得更好。

为实现企业安全生产总目标，应将总目标分解到各职能部门和项目部，做到横向到边，纵向到底，纵横交错，形成网络。横向到边就是把企业安全总目标分解到机关各职能部门；纵向到底就是把企业总目标由上而下按管理层次分解到项目部、施工作业队、班组直到每个职工，实现多层次安全目标体系。

第七节　重大危险源管理

一、重大危险源的含义

20 世纪 70 年代以来，预防重大工业事故引起国际社会的广泛重视。随之产生了“重大危害”（major hazards）“重大危害设施（国内通常称为重大危险源）”（major hazard installations）等概念。

英国是最早系统地研究重大危险源控制技术的国家。英国卫生与安全委员会设立了重大危险咨询委员会（ACMH）并在 1976 年向英国卫生与安全监察局提交了第一份重大危险源控制技术研究报告。英国政府于 1982 年颁布了《关于报告处理危害物质设施的报告规程》，1984 年颁布了《重大工业事故控制规程》。

1993 年 6 月，第 80 届国际劳工大会通过的《预防重大工业事故公约》将“重大事故”定义为：在重大危害设施内的一项活动过程中出现意外的突发性的事故，如严重泄漏、火灾或爆炸，其中涉及一种或多种危险物质，并导致对工人、公众或环境造成即刻的或延期严重危险的事故。对重大危害设施定义为：不论长期地或临时地加工、生产、处理、搬运、使用或储存数量超过临界量的一种或多种危险物质，或多类危险物质的设施（不包括核设施、军事设施以及设施现场之外的非管道的运输）。

《危险化学品重大危险源辨识》GB 18218—2009 中将重大危险源定义为：长期地或临时地生产、加工、使用或储存危险化学品，且危险化学品的数量等于或超过临界量的单元。

《安全生产法》中将重大危险源定义为：长期地或者临时地生产、搬运、使用或者储存危险物品，且危险物品的数量等于或者超过临界量的单元（包括场所和设施）。

有了上述危险源的概念，我们也可以将重大危险源（major hazards）理解为超过一定量的危险源。

确定重大危险源的核心因素是危险物品的数量是否等于或者超过临界量。所谓临界量，是指对某种或某类危险物品规定的数量，若单元中的危险物品数量等于或者超过该数量，则该单元应定为重大危险源。具体危险物质的临界量，由危险物品的性质决定。

GB 18218—2000 中的重大危险源分为生产场所重大危险源和储存区重大危险源两种，相同物质在生产场所和储存场所的规定临界量是不同的；而在 2009 年版中则不再区分，而是统一规定。

二、重大危险源管理制度

为认真落实“安全第一、预防为主、综合治理”的方针，切实加强重大危险源的安全管理，防范重特大事故的发生，2011 年 7 月 22 日国家安全生产监督管理总局以局长令第 40 号形式颁布了《危险化学品重大危险源监督管理暂行规定》，自 2011 年 12 月 1 日起施行，各生产经营单位可参考此规定制定相关的管理制度。

危险化学品重大危险源监督管理暂行规定

第一章　总　　则

第一条　为了加强危险化学品重大危险源的安全监督管理，防止和减少危险化学品事故的发生，保障人民群众生命财产安全，根据《中华人民共和国安全生产法》和《危险化学品安全管理条例》等有关法律、行政法规，制定本规定。

第二条　从事危险化学品生产、储存、使用和经营的单位（以下统称危险化学品单位）的危险化学品重大危险源的辨识、评估、登记建档、备案、核销及其监督管理，适用本规定。

城镇燃气、用于国防科研生产的危险化学品重大危险源以及港区内危险化学品重大危险源的安全监督管理，不适用本规定。

第三条　本规定所称危险化学品重大危险源（以下简称重大危险源），是指按照《危险化学品重大危险源辨识》（GB 18218）标准辨识确定，生产、储存、使用或者搬运危险化学品的数量等于或者超过临界量的单元（包括场所和设施）。

第四条　危险化学品单位是本单位重大危险源安全管理的责任主体，其主要负责人对本单位的重大危险源安全管理工作负责，并保证重大危险源安全生产所必需的安全投入。

第五条　重大危险源的安全监督管理实行属地监管与分级管理相结合的原则。

县级以上地方人民政府安全生产监督管理部门按照有关法律、法规、标准和本规定，对本辖区内的重大危险源实施安全监督管理。

第六条　国家鼓励危险化学品单位采用有利于提高重大危险源安全保障水平的先进适用的工艺、技术、设备以及自动控制系统，推进安全生产监督管理部门重大危险源安全监管的信息化建设。

第二章　辨识与评估

第七条　危险化学品单位应当按照《危险化学品重大危险源辨识》标准，对本单位的危险化学品生产、经营、储存和使用装置、设施或者场所进行重大危险源辨识，并记录辨识过程与结果。

第八条　危险化学品单位应当对重大危险源进行安全评估并确定重大危险源等级。危险化学品单位可以组织本单位的注册安全工程师、技术人员或者聘请有关专家进行安全评估，也可以委托具有相应资质的安全评价机构进行安全评估。

依照法律、行政法规的规定，危险化学品单位需要进行安全评价的，重大危险源安全评估可以与本单位的安全评价一起进行，以安全评价报告代替安全评估报告，也可以单独进行重大危险源安全评估。

重大危险源根据其危险程度，分为一级、二级、三级和四级，一级为最高级别。重大危险源分级方法由本规定附件1列示。

第九条　重大危险源有下列情形之一的，应当委托具有相应资质的安全评价机构，按照有关标准的规定采用定量风险评价方法进行安全评估，确定个人和社会风险值：

（一）构成一级或者二级重大危险源，且毒性气体实际存在（在线）量与其在《危险化学品重大危险源辨识》中规定的临界量比值之和大于或等于1的；

（二）构成一级重大危险源，且爆炸品或液化易燃气体实际存在（在线）量与其在《危险化学品重大危险源辨识》中规定的临界量比值之和大于或等于1的。

第十条　重大危险源安全评估报告应当客观公正、数据准确、内容完整、结论明确、措施可行，并包括下列内容：

（一）评估的主要依据；

（二）重大危险源的基本情况；

（三）事故发生的可能性及危害程度；

（四）个人风险和社会风险值（仅适用定量风险评价方法）；

（五）可能受事故影响的周边场所、人员情况；

（六）重大危险源辨识、分级的符合性分析；

（七）安全管理措施、安全技术和监控措施；

（八）事故应急措施；

（九）评估结论与建议。

危险化学品单位以安全评价报告代替安全评估报告的，其安全评价报告中有关重大危险源的内容应当符合本条第一款规定的要求。

第十一条　有下列情形之一的，危险化学品单位应当对重大危险源重新进行辨识、安全评估及分级：

（一）重大危险源安全评估已满三年的；

（二）构成重大危险源的装置、设施或者场所进行新建、改建、扩建的；

（三）危险化学品种类、数量、生产、使用工艺或者储存方式及重要设备、设施等发生变化，影响重大危险源级别或者风险程度的；

（四）外界生产安全环境因素发生变化，影响重大危险源级别和风险程度的；

（五）发生危险化学品事故造成人员死亡，或者 10 人以上受伤，或者影响到公共安全的；

（六）有关重大危险源辨识和安全评估的国家标准、行业标准发生变化的。

第三章　安 全 管 理

第十二条　危险化学品单位应当建立完善重大危险源安全管理规章制度和安全操作规程，并采取有效措施保证其得到执行。

第十三条　危险化学品单位应当根据构成重大危险源的危险化学品种类、数量、生产、使用工艺（方式）或者相关设备、设施等实际情况，按照下列要求建立健全安全监测监控体系，完善控制措施：

（一）重大危险源配备温度、压力、液位、流量、组分等信息的不间断采集和监测系统以及可燃气体和有毒有害气体泄漏检测报警装置，并具备信息远传、连续记录、事故预警、信息存储等功能；一级或者二级重大危险源，具备紧急停车功能。记录的电子数据的保存时间不少于 30 天；

（二）重大危险源的化工生产装置装备满足安全生产要求的自动化控制系统；一级或者二级重大危险源，装备紧急停车系统；

（三）对重大危险源中的毒性气体、剧毒液体和易燃气体等重点设施，设置紧急切断装置；毒性气体的设施，设置泄漏物紧急处置装置。涉及毒性气体、液化气体、剧毒液体的一级或者二级重大危险源，配备独立的安全仪表系统（SIS）；

（四）重大危险源中储存剧毒物质的场所或者设施，设置视频监控系统；

（五）安全监测监控系统符合国家标准或者行业标准的规定。

第十四条　通过定量风险评价确定的重大危险源的个人和社会风险值，不得超过本规定附件 2 列示的个人和社会可容许风险限值标准。

超过个人和社会可容许风险限值标准的，危险化学品单位应当采取相应的降低风险措施。

第十五条　危险化学品单位应当按照国家有关规定，定期对重大危险源的安全设施和安全监测监控系统进行检测、检验，并进行经常性维护、保养，保证重大危险源的安全设施和安全监测监控系统有效、可靠运行。维护、保养、检测应当做好记录，并由有关人员签字。

第十六条　危险化学品单位应当明确重大危险源中关键装置、重点部位的责任人或者责任机构，并对重大危险源的安全生产状况进行定期检查，及时采取措施消除事故隐患。事故隐患难以立即排除的，应当及时制定治理方案，落实整改措施、责任、资金、时限和预案。

第十七条　危险化学品单位应当对重大危险源的管理和操作岗位人员进行安全操作技能培训，使其了解重大危险源的危险特性，熟悉重大危险源安全管理规章制度和安全操作规程，掌握本岗位的安全操作技能和应急措施。

第十八条　危险化学品单位应当在重大危险源所在场所设置明显的安全警示标志，写明紧急情况下的应急处置办法。

第十九条　危险化学品单位应当将重大危险源可能发生的事故后果和应急措施等信息，以适当方式告知可能受影响的单位、区域及人员。

第二十条　危险化学品单位应当依法制定重大危险源事故应急预案，建立应急救援组织或者配备应急救援人员，配备必要的防护装备及应急救援器材、设备、物资，并保障其完好和方便使用；配合地方人民政府安全生产监督管理部门制定所在地区涉及本单位的危险化学品事故应急预案。

对存在吸入性有毒、有害气体的重大危险源，危险化学品单位应当配备便携式浓度检测设备、空气呼吸器、化学防护服、堵漏器材等应急器材和设备；涉及剧毒气体的重大危险源，还应当配备两套以上（含本数）气密型化学防护服；涉及易燃易爆气体或者易燃液体蒸气的重大危险源，还应当配备一定数量的便携式可燃气体检测设备。

第二十一条　危险化学品单位应当制定重大危险源事故应急预案演练计划，并按照下列要求进行事故应急预案演练：

（一）对重大危险源专项应急预案，每年至少进行一次；

（二）对重大危险源现场处置方案，每半年至少进行一次。

应急预案演练结束后，危险化学品单位应当对应急预案演练效果进行评估，撰写应急预案演练评估报告，分析存在的问题，对应急预案提出修订意见，并及时修订完善。

第二十二条　危险化学品单位应当对辨识确认的重大危险源及时、逐项进行登记建档。

重大危险源档案应当包括下列文件、资料：

（一）辨识、分级记录；

（二）重大危险源基本特征表；

（三）涉及的所有化学品安全技术说明书；

（四）区域位置图、平面布置图、工艺流程图和主要设备一览表；

（五）重大危险源安全管理规章制度及安全操作规程；

（六）安全监测监控系统、措施说明、检测、检验结果；

（七）重大危险源事故应急预案、评审意见、演练计划和评估报告；

（八）安全评估报告或者安全评价报告；

（九）重大危险源关键装置、重点部位的责任人、责任机构名称；

（十）重大危险源场所安全警示标志的设置情况；

（十一）其他文件、资料。

第二十三条 危险化学品单位在完成重大危险源安全评估报告或者安全评价报告后15日内，应当填写重大危险源备案申请表，连同本规定第二十二条规定的重大危险源档案材料（其中第二款第五项规定的文件资料只需提供清单），报送所在地县级人民政府安全生产监督管理部门备案。

县级人民政府安全生产监督管理部门应当每季度将辖区内的一级、二级重大危险源备案材料报送至设区的市级人民政府安全生产监督管理部门。设区的市级人民政府安全生产监督管理部门应当每半年将辖区内的一级重大危险源备案材料报送至省级人民政府安全生产监督管理部门。

重大危险源出现本规定第十一条所列情形之一的，危险化学品单位应当及时更新档案，并向所在地县级人民政府安全生产监督管理部门重新备案。

第二十四条 危险化学品单位新建、改建和扩建危险化学品建设项目，应当在建设项目竣工验收前完成重大危险源的辨识、安全评估和分级、登记建档工作，并向所在地县级人民政府安全生产监督管理部门备案。

第四章 监督检查

第二十五条 县级人民政府安全生产监督管理部门应当建立健全危险化学品重大危险源管理制度，明确责任人员，加强资料归档。

第二十六条 县级人民政府安全生产监督管理部门应当在每年1月15日前，将辖区内上一年度重大危险源的汇总信息报送至设区的市级人民政府安全生产监督管理部门。设区的市级人民政府安全生产监督管理部门应当在每年1月31日前，将辖区内上一年度重大危险源的汇总信息报送至省级人民政府安全生产监督管理部门。省级人民政府安全生产监督管理部门应当在每年2月15日前，将辖区内上一年度重大危险源的汇总信息报送至国家安全生产监督管理总局。

第二十七条 重大危险源经过安全评价或者安全评估不再构成重大危险源的，危险化学品单位应当向所在地县级人民政府安全生产监督管理部门申请核销。

申请核销重大危险源应当提交下列文件、资料：

（一）载明核销理由的申请书；

（二）单位名称、法定代表人、住所、联系人、联系方式；

（三）安全评价报告或者安全评估报告。

第二十八条 县级人民政府安全生产监督管理部门应当自收到申请核销的文件、资料之日起30日内进行审查，符合条件的，予以核销并出具证明文书；不符合条件的，说明理由并书面告知申请单位。必要时，县级人民政府安全生产监督管理部门应当聘请有关专家进行现场核查。

第二十九条　县级人民政府安全生产监督管理部门应当每季度将辖区内一级、二级重大危险源的核销材料报送至设区的市级人民政府安全生产监督管理部门。设区的市级人民政府安全生产监督管理部门应当每半年将辖区内一级重大危险源的核销材料报送至省级人民政府安全生产监督管理部门。

第三十条　县级以上地方各级人民政府安全生产监督管理部门应当加强对存在重大危险源的危险化学品单位的监督检查，督促危险化学品单位做好重大危险源的辨识、安全评估及分级、登记建档、备案、监测监控、事故应急预案编制、核销和安全管理工作。

首次对重大危险源的监督检查应当包括下列主要内容：

（一）重大危险源的运行情况、安全管理规章制度及安全操作规程制定和落实情况；

（二）重大危险源的辨识、分级、安全评估、登记建档、备案情况；

（三）重大危险源的监测监控情况；

（四）重大危险源安全设施和安全监测监控系统的检测、检验以及维护保养情况；

（五）重大危险源事故应急预案的编制、评审、备案、修订和演练情况；

（六）有关从业人员的安全培训教育情况；

（七）安全标志设置情况；

（八）应急救援器材、设备、物资配备情况；

（九）预防和控制事故措施的落实情况。

安全生产监督管理部门在监督检查中发现重大危险源存在事故隐患的，应当责令立即排除；重大事故隐患排除前或者排除过程中无法保证安全的，应当责令从危险区域内撤出作业人员，责令暂时停产停业或者停止使用；重大事故隐患排除后，经安全生产监督管理部门审查同意，方可恢复生产经营和使用。

第三十一条　县级以上地方各级人民政府安全生产监督管理部门应当会同本级人民政府有关部门，加强对工业（化工）园区等重大危险源集中区域的监督检查，确保重大危险源与周边单位、居民区、人员密集场所等重要目标和敏感场所之间保持适当的安全距离。

第五章　法 律 责 任

第三十二条　危险化学品单位有下列行为之一的，由县级以上人民政府安全生产监督管理部门责令限期改正；逾期未改正的，责令停产停业整顿，可以并处 2 万元以上 10 万元以下的罚款：

（一）未按照本规定要求对重大危险源进行安全评估或者安全评价的；

（二）未按照本规定要求对重大危险源进行登记建档的；

（三）未按照本规定及相关标准要求对重大危险源进行安全监测监控的；

（四）未制定重大危险源事故应急预案的。

第三十三条 危险化学品单位有下列行为之一的，由县级以上人民政府安全生产监督管理部门责令限期改正；逾期未改正的，责令停产停业整顿，并处5万元以下的罚款：

（一）未在构成重大危险源的场所设置明显的安全警示标志的；

（二）未对重大危险源中的设备、设施等进行定期检测、检验的。

第三十四条 危险化学品单位有下列情形之一的，由县级以上人民政府安全生产监督管理部门给予警告，可以并处5 000元以上3万元以下的罚款：

（一）未按照标准对重大危险源进行辨识的；

（二）未按照本规定明确重大危险源中关键装置、重点部位的责任人或者责任机构的；

（三）未按照本规定建立应急救援组织或者配备应急救援人员，以及配备必要的防护装备及器材、设备、物资，并保障其完好的；

（四）未按照本规定进行重大危险源备案或者核销的；

（五）未将重大危险源可能引发的事故后果、应急措施等信息告知可能受影响的单位、区域及人员的；

（六）未按照本规定要求开展重大危险源事故应急预案演练的；

（七）未按照本规定对重大危险源的安全生产状况进行定期检查，采取措施消除事故隐患的。

第三十五条 承担检测、检验、安全评价工作的机构，出具虚假证明，构成犯罪的，依照刑法有关规定追究刑事责任；尚不够刑事处罚的，由县级以上人民政府安全生产监督管理部门没收违法所得；违法所得在5 000元以上的，并处违法所得2倍以上5倍以下的罚款；没有违法所得或者违法所得不足5 000元的，单处或者并处5 000元以上2万元以下的罚款；同时可对其直接负责的主管人员和其他直接责任人员处5 000元以上5万元以下的罚款；给他人造成损害的，与危险化学品单位承担连带赔偿责任。

对有前款违法行为的机构，撤销其相应资格。

第六章　附　　则

第三十六条 本规定自2011年12月1日起施行。

附件：（略）

1. 危险化学品重大危险源分级方法

2. 可容许风险标准

三、重大危险源的防治预防方法

下面以煤矿企业为例，介绍重大危险源的防治预防方法。煤矿企业重大危险源种类多、分布广、管理难度大，是典型的高危行业，其重大危险源的防治方法具有突出代表性。煤矿企业一般从以下方面采取措施：

1. 成立重大危险源管理组织机构，明确岗位责任制，做到分工明确，责任到人。

2. 加强对重大危险源的安全管理与监测监控，建立健全重大危险源安全管理规章制度，制定重大危险源安全技术措施和监控实施方案。

3. 煤矿企业的主要负责人要保证重大危险源安全管理所必需的资金投入，并对本单位的重大危险源管理监控工作全面负责，指定重大危险源管理与监控的具体负责人。

4. 对重大危险源监控、管理及相关人员进行安全生产教育和技能培训，使其熟悉重大危险源安全管理制度、安全操作规程，掌握安全操作技能和在紧急情况下应当采取的应急措施。并建立安全生产教育培训档案。

5. 对重大危险源要登记建档，进行定期检测、评估、监控，并制定应急预案，将重大危险源可能发生事故后的影响范围、危害后果、应急措施等信息如实告知从业人员和相关人员，使其熟悉重大危险源基本情况，掌握相关应急知识，能熟练应对和处置突发事故。

6. 根据煤矿生产经营情况和重大危险源信息变更情况，及时修订重大危险源应急预案，重大危险源应急预案应按照应急预案编制导则编写，并依照国家法律法规的要求发布。

7. 加强对重大危险源危险物质、危险能量等现状的严密监测、监控，对安全设备设施进行定期检查、检测和检验，并做好记录。

8. 对重大危险源的安全措施进行巡检，发现事故隐患及时排除，立即整改。整改期间必须采取切实可行的安全措施，明确负责人，并及时报告所在地安全生产监督管理部门及有关部门。

9. 在井下进行生产、施工等作业时，严格执行作业规程，须有专职安全管理人员进行现场监督，检查、验收。

10. 根据重大危险源辨识范围，委托具有安全评价资质的机构对确认的重大危险源每年进行一次安全评估。当重大危险源的生产过程以及材料、工艺、设备、防护措施和环境等因素发生重大变化，或者国家有关法规、标准发生变化时，要对重大危险源重新进行安全评估，并将有关情况报当地煤矿安全监察机构。

11. 按照国家有关规定将本单位重大危险源及有关安全措施、应急措施报有关地方人民政府负责安全生产监督管理的部门和有关部门备案，对重大危险源登记建档，

实施重点监控。登记建档的主要内容发生改变时，生产经营单位要及时更新档案，并上报备案。

第八节　安全生产现场管理

一、概述

现场管理就是指用科学的标准和方法对生产现场各生产要素，包括人（工人和管理人员）、机（设备、工具、工位器具）、料（原材料）、法（加工、检测方法）、环（环境）、信（信息）等进行合理有效的计划、组织、协调、控制和检测，使其处于良好的结合状态，达到优质、高效、低耗、均衡、安全、文明生产的目的。现场管理是生产第一线的综合管理，是生产管理的重要内容，也是生产系统合理布置的补充和深入。

所谓现场，就是指企业为顾客设计、生产、销售产品和服务以及与顾客交流的地方，是企业活动最活跃的地方。例如制造业，开发部门设计产品，生产部门制造产品，销售部门将产品销售给顾客。企业的每一个部门都与顾客的需求有着密切的联系。从产品设计到生产及销售的整个过程都是现场，也就都有现场管理，这里探讨的侧重点是现场管理的中心环节——生产部门的制造现场，但现场管理的原则对其他部门的现场管理也都是适用的。

现场管理六大核心要素（4MEI）如下：

• 人员（Man）：数量，岗位，技能，资格等

• 机器（Machine）：检查，验收，保养，维护，校准等

• 材料（Material）：纳期，品质，成本等

• 方法（Method）：生产流程，工艺，作业技术，操作标准等

• 环境（Environment）：作业、施工的环境

• 信息（Information）：作业过程中的信息传递和人员交流

二、安全生产现场管理责任制

安全生产责任制是经长期的安全生产、劳动保护管理实践证明的成功制度与措施。这一制度与措施最早见于国务院 1963 年 3 月 30 日颁布的《关于加强企业生产中安全工作的几项规定》（即《五项规定》）。《五项规定》中要求，企业的各级领导、职能部门、有关工程技术人员和生产工人，各自在生产过程中应负的安全责任，必须加以明

确的规定。《五项规定》还要求：企业单位的各级领导人员在管理生产的同时，必须负责管理安全工作，认真贯彻执行国家有关劳动保护的法令和制度，在计划、布置、检查、总结、评比生产的同时，计划、布置、检查、总结、评比安全工作（即“五同时”制度）；企业单位中的生产、技术、设计、供销、运输、财务等各有关专职机构，都应在各自的业务范围内，对实现安全生产的要求负责；企业单位都应根据实际情况加强劳动保护机构或专职人员的工作；企业单位各生产小组都应设置不脱产的安全生产管理员；企业职工应自觉遵守安全生产规章制度。

安全生产现场管理责任制由企业安全部门负责制定并监督执行，主要内容如下：

1. 认真贯彻执行国家和各省、市有关安全生产的方针政策和法规、规范，掌握企业安全生产动态，定期研究安全工作，对企业安全生产负全面领导责任。

2. 领导编制和实施企业中、长期整体规划及年度、特殊时期安全工作实施计划。建立健全企业的各项安全生产管理制度及奖罚办法。

3. 建立健全安全生产的保证体系，保证安全技术措施经费的落实。

4. 领导并支持安全管理部门或人员的监督检查工作。

5. 在事故调查组的指导下，领导、组织企业有关部门或人员，做好重大伤亡事故调查处理的具体工作和监督防范措施的制定和落实，预防事故重复发生。

三、安全生产现场管理的制度

下面以煤矿企业为例，阐述安全生产现场管理制度的主要内容。

为了认真贯彻执行煤矿有关法律法规，强化煤矿安全生产管理的不断深入，坚持“科技兴安，管理强矿”的原则来抓好现场管理的落实，不断提高煤矿安全生产的稳步发展。特制定安全生产现场管理制度：

1. 矿法人代表和矿管理人员按规定带班下井。法人每月下井不少于 10 次，生产、安全、机电和技术负责人每月下井不少于 15 次。按照轮流带班表和职工同上同下，深入采掘现场，抓安全生产重点环节。

2. 坚持一级为一级负责的原则，矿属各部门负责人每月下井不少于 20 次，其余时间处理日常工作。小队长、班组长必须带领班组职工依照安全规程、操作规程、作业规程认真完成上级交给的生产任务。

3. 井口检身工严格对出入井人员进行检身，严禁作业人员喝酒和携带烟火等下井。

4. 安检部门负责对施工单位和地面工程的安全生产情况进行全面检查，对已发生的安全事故及时组织相关人员进行分析，依照规定追究责任。矿和各部门严格抓好反“三违”工作力度，对“三违”人员严格处理，教育不好的开除出矿。

5. 严格检查考核特殊工种交接班执行情况，杜绝班中睡觉、躺岗和不负责任及不在现场交接班情况发生。

6. 加强现场作业管理，严格“一工程、一措施、一审批”，严格执行工程质量验收制度，及时解决存在的质量隐患和安全问题，确保采掘工作面支护优良和作业安全。

7. 杜绝瓦斯超限作业，依照《瓦斯超限责任追究制度》，对瓦斯超限不及时撤人、断电、采取措施和汇报的，严格追究当事人的责任。

8. 各级管理人员，对各自范围内的工作组织、落实，检查和考核相关内容认真做好记录，总结经验教训，扬长避短，不断创新。

复习思考题

1. 结合事故致因理论，简要分析开展安全生产标准化的重要意义。
2. 简述建设项目“三同时”的含义。
3. 根据我国现行法律，违反“三同时”管理制度者，将受到哪些处罚？
4. 审查初步设计中的安全专篇主要包括哪些内容？
5. 简述开展安全生产教育培训的意义。
6. 简述三级教育培训的内容。
7. 劳动防护用品按人体防护部位划分为哪些大类？
8. 简述安全信息的分类方法。
9. 什么叫安全目标管理？
10. 简述安全目标管理的实施步骤。
11. 什么叫重大危险源？
12. 简述现场管理的六大核心要素。

技能实训四　安全教育培训方案编制

一、实训目标

1. 掌握安全教育培训方案的主要内容。
2. 能编写针对企业相关人员的安全教育培训方案。

二、任务描述

煤矿瓦斯检查员安全教育培训方案编制。

三、任务准备

查阅国家对煤矿瓦斯检查员安全教育培训的相关要求，包括学时、内容、培训方式等。

四、知识要点

培训方案的组成部分；培训对象的确定；培训内容的选择；培训课程的设置；培训学时的分配；培训方式的选择与确定；培训时间与地点的确定；培训考核方式。

五、实训过程

由相关授课老师下达实训任务书，组织学生分组（2～3人一组）进行，4个学时内完成培训方案的编写，然后集中发布与讨论。

六、注意事项

1. 编写的教育培训方案要有依据。

2. 培训内容、课程及学时要符合国家煤矿安全监察局关于特殊工种培训的大纲要求。

3. 要在规定的时间内完成培训方案的编写。

七、总结与思考

1. 编制的煤矿瓦斯检查员教育培训方案必须符合大纲的要求。

2. 编制的教育培训方案必须具有较强的针对性和可操作性。

3. 该实训有助于学生及时了解、掌握国家新的政策法规。通过实训，熟悉教育培训方案编制的一般步骤，为今后从事相关工作奠定一定的基础。

技能实训五　现场安全管理制度编制

一、实训目标

培养学生识别电焊操作过程中的危险有害因素及现场管理制度编制能力。

二、任务描述

假如你是某厂电焊车间一名安全管理人员，请编制操作现场安全管理制度。

三、任务准备

查阅文献资料，或结合实习情况，了解电焊操作的工艺流程，预先识别其危险有害因素。

四、知识要点

电焊操作工艺；电焊操作过程可能存在的危险有害因素；电焊作业场所危险有害因素；电焊操作期间可能发生的事故及防范措施。

五、实训过程

由相关授课老师下达实训任务书，将学生分成若干小组（2～3人一组）进行，3个学时内完成现场管理制度的编写，然后组织全班同学讨论、交流。

六、注意事项

1. 编写的现场安全管理制度要符合国家相关法律法规的要求。

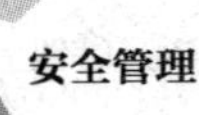

2. 制定的现场安全管理制度要具有可操作性。

3. 要在规定的时间内完成制度编写。

七、总结与思考

1. 编写制度之前要做好危险源辨识工作，分析判断电焊操作可能存在或出现的危险有害因素。

2. 通过查阅相关案例，提高现场安全管理制度编制的针对性和水平。

第五章

应急管理

本章学习目标

1. 了解应急管理的含义，了解我国应急救援体系的主要内容。
2. 掌握如何编制应急预案。
3. 掌握如何进行应急预案的演练。
4. 了解事故现场救援的主要程序和内容。

第一节　突发事件应急管理

进入 21 世纪以来，随着工业化进程的迅猛发展，各种突发公共事件发生的频度和强度都有所增加，对人民生命安全、国家财产和环境构成了重大威胁。因此，如何及时有效地应对各种突发公共事件，尽可能地预防和减少突发公共事件及其负面影响，对于更好地保障人民群众的生命财产安全、社会秩序和社会稳定，促进经济社会的全面、协调、可持续发展，都有着十分重要的现实意义。

一、突发公共事件特征和分类

突发公共事件，又称突发事件，指突然发生，造成或者可能造成重大人员伤亡、财产损失、生态环境破坏和严重社会危害，危及公共安全的紧急事件。例如，2001 年美国发生的“9·11”事件、2008 年汶川地震、2013 年吉林省白山市江源区的吉煤集团某公司发生的瓦斯事故、2013 年青岛黄岛发生的输油管线破裂造成的爆燃事故、2014 年的西非埃博拉病毒疫情等均为突发公共事件。上述突发公共事件具有如下共同特征：

（1）不确定性，即事件发生的时间、形态和后果往往无规律，难以准确预测。

（2）紧急性，即事件的发生突如其来或者只有短时预兆，必须立即采取紧急措施

加以处置和控制，否则将会造成更大的危害和损失。

（3）威胁性，即事件的发生威胁到公众的生命财产、社会秩序和公共安全，具有公共危害性。

突发事件类型有很多，根据突发公共事件的发生过程、性质和机理，《国家突发公共事件总体应急预案》将突发事件分为以下四类：

（1）自然灾害，指由于自然原因而导致的事件，主要包括水旱灾害、气象灾害、地震灾害、地质灾害、海洋灾害、生物灾害和森林草原火灾等。

（2）事故灾难，指由于人类活动或者人类发展所导致的计划之外的事件或事故，主要包括工矿商贸等企业的各类安全事故、交通运输事故、公共设施和设备事故、环境污染生态破坏事件等。

（3）公共卫生事件，指由病菌病毒引起的大面积的疾病流行等事件，主要包括传染病疫情、群体性不明原因疾病、食品安全和职业危害、动物疫情，以及其他严重影响公众健康和生命安全的事件。

（4）社会安全事件，指由人们主观意愿产生，会危及社会安全的事件，主要包括恐怖袭击事件、经济安全事件和涉外突发事件等。

二、突发事件的发展过程和分级

1．突发事件的发展过程

突发事件是致灾因子和孕灾环境对承灾体的共同作用过程。根据突发事件的特点，突发事件的发生发展一般可以分为五个阶段：

（1）潜伏期

为突发事件的酝酿阶段，在这个阶段能量和矛盾不断积累，为突发事件的爆发储蓄能量。这一阶段一般不会造成损害或损害很小，但是对这一阶段的量变或者各种征兆必须保持警惕，应识别出量变的关键物理量或参数，进行监测，达到或超过某一预警阈值后要进行报警，从而为事态控制和减少损失赢得时间。

（2）爆发期

当危险的能量和矛盾积累到一定程度，超过能量和矛盾控制的阈值后，能量和矛盾就会瞬间得到释放，事件急速发展和严峻态势出现。强度上事态逐渐升级，引起越来越多媒体注意，烦扰之事不断干扰正常活动；事态影响社会组织正面形象或团队声誉。对社会冲击危害最大，马上引起社会普遍关注，产生很强震撼力。

（3）高潮期

从人们可感知突发事件造成的人员物力损失和环境破坏到突发事件无法继续造成明显损失的阶段。高潮期时间可长可短，长则几个月甚至数年，如核泄漏，短则几秒，如炸药爆炸，但造成的损害达到了最高点。

（4）缓解期

损失慢慢减小，时间长短不一，有形损失易恢复且较快，无形损失恢复需很长时间。得到初步控制，但未彻底解决。

（5）消退期

得到完全控制，开始恢复生产、重建家园，需加强各种预防知识的宣传。

2. 突发事件的分级

根据《国家突发公共事件总体应急预案》，各类突发公共事件按照其性质、严重程度、可控性和影响范围等因素，一般分为四级：Ⅰ级（特别重大）、Ⅱ级（重大）、Ⅲ级（较大）和Ⅳ级（一般）。依据突发公共事件可能造成的危害程度、紧急程度和发展势态，预警级别一般划分为四级：Ⅰ级（特别严重）、Ⅱ级（严重）、Ⅲ级（较重）和Ⅳ级（一般），依次用红色、橙色、黄色和蓝色表示。

第二节　安全生产应急救援体系

安全生产应急救援体系与公共卫生、自然灾害、社会安全应急救援体系共同构成国家应急救援体系，是国家应急管理的重要支撑和组成部分。针对我国目前安全生产应急救援方面存在的主要问题，通过各级政府、企业和全社会的共同努力，建立起一个统一协调指挥、结构完整、功能齐全、反应灵敏、运转高效、资源共享、保障有力、符合国情的安全生产应急救援体系，并与公共卫生、自然灾害、社会安全应急救援体系进行有机衔接，可以有效应对各类安全生产事故灾难，并为应对其他突发公共事件提供有力的支持。

一、安全生产应急救援体系结构

我国安全生产应急救援体系主要由组织体系、应急预案体系、运行机制、支持保障系统以及法律法规体系等部分构成。

组织体系是全国安全生产应急救援体系的基础，主要包括应急救援的领导与决策层、管理与协调指挥系统和应急救援队伍及力量。

应急预案体系是应急救援准备的重要内容，是理论与实践联系的重要纽带。同时，应急救援体系还包括与建设相关的资金、政策支持等，以保障应急救援体系建设和正常运行。

运行机制是全国安全生产应急救援体系的重要保障，目标是实现统一领导、分级管理，条块结合、以块为主，分级响应、统一指挥，资源共享、协同作战，一专多能、专兼结合，防救结合、平战结合，以及动员公众参与。

支持保障系统是安全生产应急救援体系的有机组成部分，是体系运转的物质条件和手段，主要包括通信信息系统、培训演练系统、技术支持保障系统、物资与装备保障系统等。

法律法规体系是应急体系的法制基础和保障，也是开展各项应急活动的依据，与应急有关的法律法规主要包括由立法机关通过的法律、政府和有关部门颁布的规章、规定以及与应急救援活动直接有关的标准或管理办法等。

 二、安全生产应急救援组织体系

任何工作都离不开人，应急管理是一项复杂的系统工程，因此，必须建立一套合理高效的组织体系，为应急救援体系建设提供人力保障。目前，我国应急救援组织体系包括：领导决策层、管理与协调指挥系统以及应急救援队伍三层结构。如图 5—1 所示。

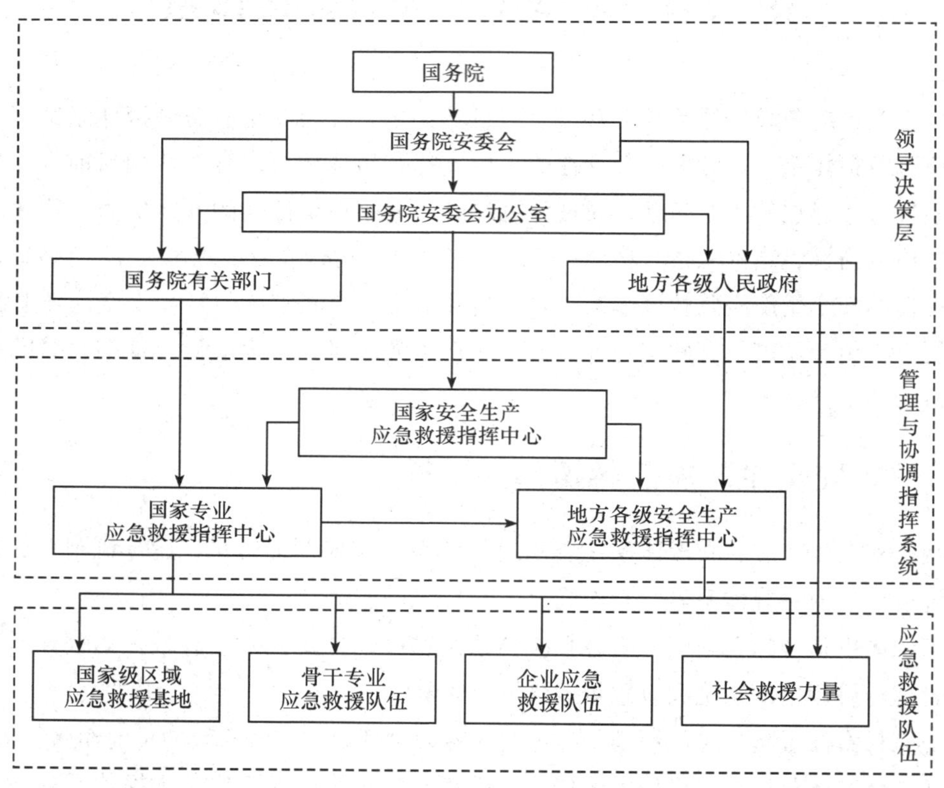

图 5—1　全国安全生产应急救援组织体系示意图

三、安全生产应急救援体系运行机制

应急运行机制始终贯穿于应急准备、初级反应、扩大应急和应急恢复等应急活动中，涉及应急救援的运行机制众多。但关键的、最主要的是统一指挥、分级响应、属地为主和公众动员等机制。

统一指挥是应急指挥的最基本原则。尽管应急救援活动涉及单位的行政级别高低和隶属关系不同，但都必须在应急指挥部的统一组织协调下行动，有令则行，有禁则止，统一号令，步调一致。

分级响应是指在初级响应到扩大应急的过程中实行分级响应的机制。

属地为主是强调“第一反应”的思想和以现场应急现场指挥为主的原则。

公众动员是应急机制的基础，也是整个应急体系的基础，是指在应急体系的建立及应急救援过程中要充分考虑并依靠民间组织、社会团体以及个人的力量，营造良好的社会氛围，使公众都参与到救援过程，人人都成为救援体系的一部分。

四、安全生产应急救援体系支持保障系统

安全生产应急救援体系的支持保障系统主要包括通信信息系统、培训演练系统、技术支持保障系统、物资与装备保障系统等。

1. 通信信息系统

国家安全生产应急救援通信信息系统主要包括国家安全生产应急救援通信系统、国家安全生产应急救援信息系统等。

2. 培训演练系统

培训演练系统主要包括：国家安全生产应急救援培训演练基地，有关专业安全生产应急救援培训演练机构，承担培训演练任务的国家级区域应急救援基地以及地方安全生产应急救援培训机构等。

3. 技术支持保障系统

国家安全生产应急救援指挥中心建立安全生产应急救援专家组，各级地方安全生产监督管理部门、煤矿安全监察机构及各级、各专业安全生产应急管理与协调指挥机构设立相应的安全生产应急救援专家组，为事故灾难应急救援提供技术咨询和决策支持。企业应根据自身应急救援工作需要，建立应急救援专家组。

针对安全生产应急救援工作具体需求，开展对应急救援重大装备和关键技术的研究与开发，重点针对矿井瓦斯、突水、危险化学品泄漏、爆炸、重大火灾等突发性灾害，开展事故灾难应急抢险、应急响应、应急信息共享与集成、人员定位和搜救、应急决策支持、社会救助和专业处置技术等应急救援技术与装备研究开发，增强应急救援能力，并在相关领域和地方开展应急救援技术推广示范。

4. 物资与装备保障系统

各企业按照有关规定和标准针对本企业可能发生的事故特点在本企业内储备一定数量的应急物资，各级地方政府针对辖区内易发重特大事故的类型和分布，在指定的物资储备单位或物资生产、流通、使用企业和单位储备相应的应急物资，形成分层次、覆盖本区域各领域各类事故的应急救援物资保障系统，保证应急救援需要。

应急救援队伍根据专业和服务范围按照有关规定和标准配备装备、器材；各地在指定应急救援基地、队伍或培训演练基地内储备必要的特种装备，保证本地应急救援特殊需要。

国家在国家安全生产应急救援培训演练基地、各专业安全生产应急救援培训演练中心和国家级区域救援基地中储备一定数量特种装备，特殊情况下对地方和企业提供支援。

建立特种应急救援物资与装备储备数据库，各级、各专业安全生产应急管理与协调指挥机构可在业务范围内调用应急救援物资和特种装备实施支援。特殊情况下，依据有关法律、规定及时动员和征调社会相关物资。

同时，以资源整合、平战结合、信息共享为指导思想，采用可视化技术、地理信息系统技术（GIS)、全球定位系统技术（GPS)、遥感技术（RS)、航测技术、虚拟现实技术（VR)、网络技术以及决策支持和专家系统等技术，建立安全生产应急救援可视化系统，将检测、预警、报警、处警等应急信息集成在统一的平台之上有利于安全生产应急救援体系发挥更大的作用。

五、安全生产应急管理法律法规

法律法规体系是应急体系的法制基础和保障，也是开展各项应急活动的依据，与应急有关的法律法规主要包括由立法机关通过的法律、政府和有关部门颁布的规章、规定以及与应急救援活动直接有关的标准或管理办法等。我国目前已基本建立以宪法为依据、以《突发事件应对法》为核心、以相关单项法律法规为配套的应急管理法律体系，应急管理工作也逐渐进入了制度化、规范化、法制化的轨道。我国与应急管理相关的法律法规体系见表5—1。

表5—1　　我国应急管理相关的法律法规体系

分类	应急管理法律名称
我国批准的国际劳工安全公约	预防重大工业事故公约 亚洲预防重大工业事故指南 职业安全和卫生及工作环境公约 建筑安全卫生公约 矿山安全卫生公约条例

续表

分类	应急管理法律名称
立法依据	中华人民共和国宪法
专门的法律	突发事件应对法
相关的法律	安全生产法 矿山安全法 道路交通安全法 海上交通安全法 消防法
专门的法规 相关法规	安全生产应急管理条例（制定中） 生产安全事故报告和调查处理条例 气象灾害防御条例 突发公共卫生事件应急条例 铁路交通事故应急救援和调查处理 危险化学品安全管理条例
规章、文件和标准	生产安全事故应急预案管理办法 生产经营单位生产安全事故应急预案编制导则（GB/T 29639—2013） 生产经营单位生产安全事故应急预案评审指南（试行）（安监总厅应急〔2009〕73 号） 关于加强安全生产管理工作的意见 各级政府各类应急预案体系

第三节 安全生产应急预案

《礼记·中庸》中说："凡事豫（预）则立，不豫（预）则废。言前定则不跲，事前定则不困，行前定则不疚，道前定则不穷。"应急救援工作也一样，需要事前做好充分准备，这样在发生事故后才能达到快速反应、不慌乱，应急预案正是在事故前充分考虑事故后应急救援情况并做好计划和方案。

一、我国应急预案框架体系

为了健全完善应急预案体系，形成"横向到边、纵向到底"的预案体系，按照"统一领导，分类管理，分级负责"的原则，根据不同的责任主体，我国突发公共事件应急预案体系划分为突发公共事件总体应急预案、突发公共事件专项应急预案、突发公共事件部门应急预案、突发公共事件地方应急预案、企事业单位应急预案、重大活动应急预案六个层次，如图 5—2 所示。

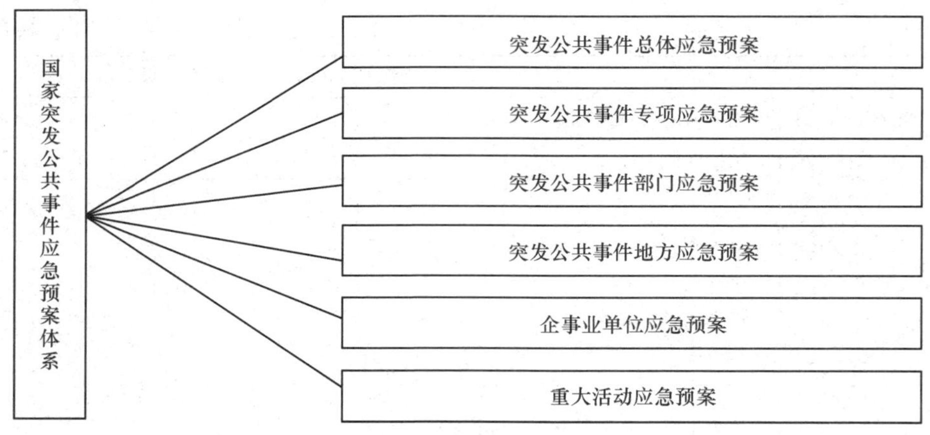

图 5—2　国家突发公共事件应急预案体系

1. 突发公共事件总体应急预案是全国应急预案体系的总纲，是国务院为应对特别重大突发公共事件而制定的综合性应急预案和指导性文件，是政府组织管理、指挥协调相关应急资源和应急行动的整体计划和程序规范，由国务院制定，国务院办公厅组织实施。我国的《国家突发公共事件总体应急预案》于 2006 年 1 月 8 日发布并实施，分总则、组织体系、运行机制、应急保障、监督管理和附则六章。

2. 突发公共事件专项应急预案主要是国务院及其有关部门为应对某一类型或某几个类型的特别重大突发公共事件而制定的涉及多个部门（单位）的应急预案，是总体预案的组成部分，由国务院有关部门牵头制订，由国务院批准发布实施。针对影响较大的突发事件，国务院办公厅发布了一系列专项应急预案，如国家自然灾害救助应急预案、国家防汛抗旱应急预案、国家地震应急预案、国家突发地质灾害应急预案、国家森林火灾应急预案等，这些预案一般都是以一个部门响应为主，需要多部门联合行动。生产安全事故灾难也有相应的专项应急预案——《国家安全生产事故灾难应急预案》。该预案主要针对特别重大事故或可能导致特别重大事故，跨省的事故等的处置问题，其对所有的生产安全事故起到指导作用。

3. 突发公共事件部门应急预案是国务院有关部门（单位）根据总体应急预案、专项应急预案和职责为应对某一类型的突发公共事件或履行其应急保障职责的工作方案，部门（单位）制订，报国务院备案后颁布实施。国家安全生产监督管理总局制定了 7 个部门应急预案，这 7 个预案都是安全生产领域较可能发生严重事故的领域，包括《矿山事故灾难应急预案》《危险化学品事故灾难应急预案》《陆上石油天然气储运事故灾难应急预案》《陆上石油天然气开采事故灾难应急预案》《海洋石油天然气作业事故灾难应急预案》《冶金事故灾难应急预案》和《尾矿库事故灾难应急预案》。

4. 突发公共事件地方应急预案主要指各省级、市级、县级和乡级人民政府及其有关部门（单位）的突发公共事件总体预案、专项应急预案和部门应急预案。预案确定了各级地方政府是处置发生在当地突发公共事件的责任主体，是各地按照分级管理原则，应对突发公共事件的依据。

5. 企事业单位应急预案是各企事业单位根据有关法律、法规，结合各单位特点制定，主要是本单位应急救援的详细行动计划和技术方案。预案确立了企事业单位是其内部发生突发事件的责任主体，是各单位应对突发事件的操作指南，当事故发生时，事故单位立即按照预案开展应急救援。根据《生产经营单位生产安全事故应急预案编制导则》（GB/T 29639—2013），生产经营单位安全生产事故应急预案可以由综合应急预案、专项应急预案和现场应急处置方案构成。

（1）综合应急预案

综合应急预案是从总体上阐述事故的应急方针、政策，应急组织结构及相关应急职责，应急行动、措施和保障等基本要求和程序，是应对各类事故的综合性文件。

综合应急预案的主要内容包括：总则、生产经营单位概况、组织机构及职责、预防与预警、应急响应、信息发布、后期处置、保障措施、培训与演练、奖惩、附则 11 个部分。

（2）专项应急预案

专项应急预案是针对具体的事故类别（如煤矿瓦斯爆炸、危险化学品泄漏等事故）、危险源和应急保障而制定的计划或方案，是综合应急预案的组成部分，应按照综合应急预案的程序和要求组织制定，并作为综合应急预案的附件。专项应急预案应制定明确的救援程序和具体的应急救援措施。

专项应急预案的主要内容包括：事故类型和危害程度分析、应急处置基本原则、组织机构及职责、预防与预警、信息报告程序、应急处置、应急物资与装备保障 7 个部分。

（3）现场处置方案

现场处置方案是针对具体的装置、场所或设施、岗位所制定的应急处置措施。现场处置方案应具体、简单、针对性强。现场处置方案应根据风险评估及危险性控制措施逐一编制，做到事故相关人员应知应会，熟练掌握，并通过应急演练，做到迅速反应、正确处置。现场处置方案的主要内容包括：事故特征、应急组织与职责、应急处置、注意事项四个部分。

除上述三个主体组成部分外，生产经营单位应急预案需要有充足的附件支持，主要包括：有关应急部门、机构或人员的联系方式；重要物资装备的名录或清单；规范化格式文本；关键的路线、标识和图纸；相关应急预案名录；有关协议或备忘录（包括与相关应急救援部门签订的应急支援协议或备忘录等）。

6. 重大活动应急预案是指举办大型会展和文化体育等重大活动时，活动举办方为了有效应对可能发生的突发事件而编制的应急预案。

二、应急预案编制

编制应急预案是应急准备工作的核心内容，是应急救援工作的重要保障，应急预案的编制过程也是对可能发生事故的提前分析和准备过程。我国政府近年来相继颁布的一系列法律法规，如《中华人民共和国安全生产法》《危险化学品安全管理条例》《关于特大安全事故行政责任追究的规定》《特种设备安全监察条例》等，对安全生产事故应急预案的编制提出了相应的要求，是各级政府、企事业单位编制应急预案的法律法规基础。《生产经营单位生产安全事故应急预案编制导则》（GB/T 29639—2013）（以下简称《导则》）对企事业单位的预案编制有很强的指导作用。应急预案编制步骤如下：

1. 成立预案编制小组

成立应急预案编制小组是将各有关职能部门、各类专业技术有效结合起来的最佳方式，可有效地保证应急预案的准确性、完整性和实用性，为应急各方提供了一个非常重要的协作与交流机会，有利于统一应急各方的不同观点和意见。

2. 危险分析和应急能力评估

危险分析是应急预案编制的基础和关键过程。在危险源辨识分析、评价及事故隐患排查、治理的基础上，确定本区域或本单位可能发生事故的危险源、事故的类型、影响范围和后果等，并指出事故可能产生的次生、衍生事故，形成分析报告、分析结果作为应急预案的编制依据。

应急能力包括应急资源（应急人员，应急设施、装备和物资）、应急人员的技术、经验和接受的培训等，它将直接影响应急行动的快速、有效性。应急能力评估就是依据危险确定应急救援的需求和不足，为应急预案的编制奠定基础。

3. 应急预案编制

根据危险性分析和应急能力评估的结果确定相应的应急组织机构，各自的分工和职责，事故预警的方式、方法，事故报告的程序和内容，警报和紧急公告，危险源控制措施，人员疏散和撤离的范围、地点和路线，各种保障措施等。

4. 应急预案的评审与发布

为确保应急预案的科学性、合理性以及与实际情况的符合性，应急预案编制单位或管理部门应依据我国有关应急的方针、政策、法律、法规、规章、标准和其他有关应急预案编制的指南性文件与评审检查表，组织开展应急预案评审工作，取得政府有关部门和应急机构的认可。

重大事故应急预案经评审通过后，由应急机构备案。应急预案编制完成后，应该通过有效实施确保其有效性。应急预案实施主要包括：应急预案宣传、教育和培训；应急资源的定期检查落实；应急演习和训练；应急预案的实践；应急预案的电子化；事故回顾等。

应急预案的编制工作流程如图 5—3 所示。

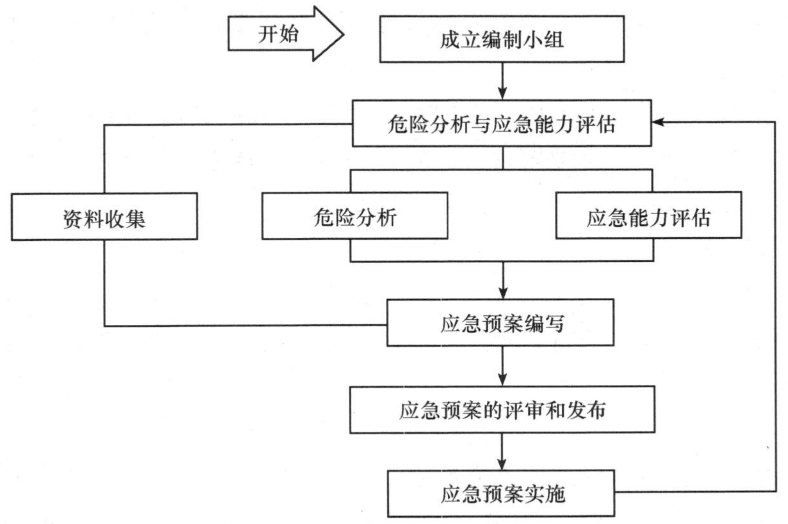

图 5—3　应急预案编制流程

三、应急预案管理

1. 应急预案评审与发布

应急预案编制完成后，应进行评审。应急预案评审的目的是确保应急预案能反映当地政府或生产经营单位经济、技术发展、应急能力、危险源、危险物品使用、法律及地方法规、道路建设、人口、应急电话等方面的最新变化，确保应急预案与危险状况相适应。评审后，按规定报有关部门备案，并经生产经营单位主要负责人签署发布。

（1）应急预案评审类型

应急预案评审采取形式评审和要素评审两种方法。形式评审主要用于应急预案备案时的评审，要素评审用于生产经营单位组织的应急预案评审工作。

1）形式评审。依据《导则》和有关行业规范，对应急预案的层次结构、内容格式、语言文字、附件项目以及编制程序等内容进行审查，重点审查应急预案的规范性和编制程序。

2）要素评审。依据国家有关法律法规、《导则》和有关行业规范，从合法性、完整性、针对性、实用性、科学性、操作性和衔接性等方面对应急预案进行评审。为细化评审，采用列表方式分别对应急预案的要素进行评审。评审时，将应急预案的要素

内容与评审表中所列要素的内容进行对照，判断是否符合有关要求，指出存在问题及不足。应急预案要素分为关键要素和一般要素。

关键要素是指应急预案构成要素中必须规范的内容。这些要素涉及生产经营单位日常应急管理及应急救援的关键环节，具体包括危险源辨识与风险分析、组织机构及职责、信息报告与处置和应急响应程序与处置技术等要素。关键要素必须符合生产经营单位实际和有关规定要求。

一般要素是指应急预案构成要素中可简写或省略的内容。这些要素不涉及生产经营单位日常应急管理及应急救援的关键环节，具体包括应急预案中的编制目的、编制依据、适用范围、工作原则、单位概况等要素。

（2）评审时机

应急预案评审时机是指应急管理机构、组织应在何种情况下、何时或间隔多长时间对应急预案实施评审、修订，对此，国内外相关法规、预案一般都有较为明确的规定或说明。

（3）评审项目

为确保应急预案内容完整、信息准确，符合国家有关法律法规的要求，并具有可读性和实用性，一些发达国家和国际性组织有关应急预案编制指南性材料中，都十分强调应急预案评审或评价的作用，部分资料更是对应急预案评审的项目及各项目的评价指标进行较为详尽的描述。

2. 应急预案备案

应急预案的备案管理是提高应急预案编写质量，规范预案管理，解决预案相互衔接的重要措施之一。按照《生产安全事故应急预案管理办法》规定：

（1）各级人民政府有关部门制定的生产安全事故应急预案应当上报同级人民政府备案。国务院有关部门制定的生产安全事故应急预案应当抄送国家安全生产监督管理总局；地方人民政府制定的生产安全事故专项应急预案应当抄送上级人民政府安全生产监督管理部门；地方人民政府安全生产监督管理部门制定的生产安全事故应急预案应当报送上一级人民政府安全生产监督管理部门；地方人民政府其他有关部门制定的生产安全事故应急预案应当抄送同级安全生产监督管理部门和相应的上级部门。

（2）生产经营单位所属单位和部门制订的应急预案应当报送上一级管理单位审查。中央企业总部制定的应急预案应该报国资委和国家安全生产监督管理总局备案。

矿山、建筑施工单位和危险化学品、烟花爆竹和民用爆破器材生产、经营、储运单位的应急预案，以及生产经营单位涉及重大危险源的应急预案，应当按照分级管理的原则报安全生产监督管理部门和有关部门备案。

生产经营单位涉及核、城市公用事业、道路交通、火灾、船舶水上安全以及特种设备、电网安全等事故的应急预案，并按照分级管理的原则抄报安全生产监督管理部门。

3. 应急预案实施

应急预案实施包括应急预案的宣传教育和培训，应急预案演练，应急预案修订，应急资源和应急能力符合性检查和落实。

（1）应急预案宣传教育、培训和演练

按照《生产安全事故应急预案管理办法》要求，各级安全生产监督管理部门、生产经营单位应当采取多种形式开展应急预案的宣传教育，普及生产安全事故预防、避险、自救和互救知识，提高从业人员安全意识和应急处置技能。各级安全生产监督管理部门应当将应急预案的培训纳入安全生产培训工作计划，并组织实施本行政区域内重点生产经营单位的应急预案培训工作。

生产经营单位应当组织开展本单位的应急预案培训活动，使有关人员了解应急预案内容，熟悉应急职责、应急程序和岗位应急处置方案。

应急预案的要点和程序应当张贴在应急地点和应急指挥场所，并设有明显的标志。

生产经营单位应当制订本单位的应急预案演练计划，根据本单位的事故预防重点，每年至少组织一次综合应急预案演练或者专项应急预案演练，每半年至少组织一次现场处置方案演练。

应急预案演练的类型有桌面演练、功能演练和全面演练。桌面演练是指由应急组织的代表或关键岗位人员参加的、按照应急预案及其标准运作程序讨论紧急情况时应采取行动的演练活动。功能演练是指针对某项应急响应功能或其中某些应急响应活动而举行的演练活动。全面演练是指针对应急预案中全部或大部分应急响应功能，检验、评价应急组织应急运行能力的演练活动。企业应根据实际需要由浅入深循序渐进地展开。

应急预案演练结束后，应急预案演练组织单位应当对应急预案演练效果进行评估，撰写应急预案演练评估报告，分析存在的问题，并对应急预案提出修订意见。

地方各级安全生产监督管理部门制定的应急预案，应当根据预案演练、机构变化等情况适时修订。

（2）应急预案修订

生产经营单位制定的应急预案应当至少每三年修订一次，预案修订情况应有记录并归档。

有下列情形之一的，应急预案应当及时修订：

1）生产经营单位因兼并、重组、转制等导致隶属关系、经营方式、法定代表人发生变化的；

2）生产经营单位生产工艺和技术发生变化的；

3）周围环境发生变化，形成新的重大危险源的；

4）应急组织指挥体系或者职责已经调整的；

5）依据的法律、法规、规章和标准发生变化的；

6）应急预案演练评估报告要求修订的；

7）应急预案管理部门要求修订的。

生产经营单位应当按照应急预案的要求配备相应的应急物资及装备，建立使用状况档案，定期检测和维护，使其处于良好状态。

第四节　应急响应、处置及善后

事故发生后，事故现场人员、企业兼职应急救援队伍、企业领导和相关部门以及政府和有关部门等按照预案事先要求和安排作出响应和处置，从而以最快的速度、适当的投入使事故损失降到最低限度，这就需要有关人员遵守一定的程序，按照相关原则展开有关活动。

一、应急响应

《生产经营单位生产安全事故应急预案编制导则》（GB/T 29639—2013）中将应急响应定义为“针对发生的事故，有关组织或人员采取的应急行动”，包括企业、政府和社会采取的各种行动。

1. 应急响应基本任务

事故应急救援工作是在预防为主的情况下，贯彻统一指挥、分级负责、区域为主、单位自救和社会救援相结合的原则。除了平时做好事故预防工作，避免和减少事故的发生外，还要落实好救援工作的各项准备措施，确保一旦发生事故能及时进行响应。由于重大事故发生的突然性，发生后的迅速扩散性以及波及范围广的特点，决定了应急响应行动必须迅速、准确、有序和有效。

事故应急响应的基本任务主要有以下几个方面：

（1）控制危险源

及时有效地控制造成事故的危险源是事故应急响应的首要任务。只有控制了危险源，才能防止事故的进一步扩大和发展，才能及时有效地实施救援行动，才能确保救援人员、遇险人员和周围群众的生命安全。只有危险源的危险在可控范围内，才能为救援行动创造条件。例如，发生火灾后应首先移开周围的易爆物品，不能移动时应采取喷水降温等措施，对可能烧塌的建筑设施应进行加固或降温。

（2）抢救受害人员

抢救受害人员是事故应急响应的重要任务，也是贯彻“以人为本”的事故救援原则。在响应行动中，及时、有序、科学地实施现场抢救和安全转送伤员对挽救受害人的生命、稳定病情、减少伤残率以及减轻受害人的痛苦等具有重要意义。

(3) 指导群众防护，组织群众撤离

由于重大事故发生的突然性，发生后的迅速扩散性以及波及范围广、危害大的特点，应及时指导和组织群众采取各种措施进行自身防护，并迅速撤离危险区域或可能发生危险的区域。在撤离过程中积极开展群众自救与互救工作。

(4) 清理现场，消除危害后果

对于事故造成的对人体、土壤、水源、空气的危害，迅速采取封闭、隔离、洗消等措施；对事故外溢的有毒有害物质和可能对人和环境继续造成危害的物质，应及时组织人员进行清除；对危险化学品造成的危害进行监测与监控，并采取适当的措施，直至符合国家环境保护标准。

除上述四项基本任务外，事故应急响应过程中还应了解发生的原因和事故性质，准确估算事故影响范围和危险程度，查明人员伤亡情况等，这些都是为完成上述四项基本任务而做的辅助工作。另外，救援过程中还需保护现场，为救援结束后的事故调查奠定基础。

2. 应急响应实施的基本程序

应急响应从发现事故或紧急情况开始，按照一定的程序完成的一系列行动，包括事故的先期处置和后续的现场救援两个方面。

(1) 企业人员事故的先期处置

企业现场人员是最先发现事故的人员，由于事故发生的紧急性，就需要现场人员快速做出正确有效的反应，这对防灾减灾至关重要。一般先期处置包括事故报警、危险源早期控制及组织周围人员撤离等。

1) 事故报警。事故报警的及时与准确是能否及时实施应急救援的关键。发生事故的单位，除了积极组织自救外，必须及时将事故向有关部门报告。对于重特大事故，以及不能及时控制的事故，应尽早争取社会救援，以便尽快控制事态的发展。

2) 危险源早期控制。及时的危险源早期控制能防止事故的扩大，甚至能消灭事故在萌芽状态，例如毒气泄漏时及时关闭阀门，火灾时及时灭火、关闭防火门等。危险源早期控制应由经过培训的专业人员完成，必须确保自身的安全及行动的有效性，这需要企业做好风险分析和培训工作。

3) 组织周围人员撤离。当危险源失控威胁到周围人员安全时，应及时组织周围人员按照既定的路线撤离，撤离须确定逃生通道畅通，撤离时应先做好个体防护，并发扬互帮互助精神，撤离不应冒险或单独行动，必要时可以在安全地点等待救援。

(2) 后续的现场救援

事故较大依靠企业自身力量不能有效控制时，需要借助企业外部力量进行救援，即需要后续的现场救援，包括接报、设点、报到、救援、撤点和总结六个过程。

1）接报。接报指接到执行救援的指示或要求救援的请求报告。接报是救援工作的第一步，对成功实施救援起到重要的作用。

①问清报告人姓名、单位部门和联系电话。

②问明事故发生的时间、地点、事故单位、事故原因、主要毒物、事故性质（毒物外溢、爆炸、燃烧）、危害波及范围和程度、对救援的要求，同时做好电话记录。

③按应急救援程序，派出救援队伍。

④向上级有关部门报告。

⑤保持与应急救援队伍的联系，并视事故发展状况，必要时派出后继梯队予以增援。

2）设点。设点指各救援队伍进入事故现场，选择有利地形（地点）设置现场救援指挥部或救援、急救医疗点。

各救援点的位置选择关系到能否有序地开展救援和保护自身的安全。救援指挥部、救援和医疗急救点的设置应考虑以下几项因素：

①地点：应选在上风向的非污染区域，需注意不要远离事故现场，便于指挥和救援工作的实施。

②位置：各救援队伍应尽可能在靠近现场救援指挥部的地方设点并随时保持与指挥部的联系。

③路段：应选择交通路口，利于救援人员或转送伤员的车辆通行。

④条件：指挥部、救援或急救医疗点，可设在室内或室外，应便于人员行动或伤员的抢救，同时要尽可能利用原有通信、水和电等资源，有利于救援工作的实施。

⑤标志：指挥部、救援或医疗急救点均应设置醒目的标志，方便救援人员和伤员识别。悬挂的旗帜应用轻质面料制作，以便救援人员随时掌握现场风向。

3）报到。报到指各救援队伍进入救援现场后，向现场指挥部报到。其目的是接受任务，了解现场情况，便于统一实施救援工作。

4）救援。进入现场的救援队伍要尽快按照各自的职责和任务开展工作。

①现场救援指挥部：应尽快地开通通信网络；迅速查明事故原因和危害程度；制定救援方案；组织指挥救援行动。

②侦检队：应快速鉴定危险源的性质及危害程度，测定出事故的危害区域，提供有关数据。

③工程救援队：应尽快控制危险；将伤员救离危险区域；协助组织群众撤离和疏散；做好毒物的清消工作。

④现场急救医疗队：应尽快将伤员就地简易分类，按类别进行急救和做好安全转

送。同时应对救援人员进行医学监护，并为现场救援指挥部提供医学咨询。

5）撤点。撤点指应急救援工作结束后，离开现场或救援后的临时性转移。在救援行动中应随时注意气象和事故发展的变化，一旦发现所处的区域有危险时，应立即向安全区转移。在转移过程中应注意安全，保持与救援指挥部和各救援队的联系。救援工作结束后，各救援队撤离现场以前应取得现场救援指挥部的同意。撤离前要做好现场的清理工作，并注意安全。

6）总结。每一次执行救援任务后都应做好救援小结，总结经验与教训，积累资料，以利再战。

（3）应急响应工作中的注意事项

1）救援人员的安全防护。救援人员在救援行动中，应佩戴好防护装置，并随时注意事故的发展变化，做好自身防护。

2）救援人员进入污染区注意事项：进入污染区前，必须戴好防毒面罩和穿好防护服；执行救援任务时，应以2～3人为一组，集体行动，互相照应；带好通信联系工具，随时保持通信联系。

3）工程救援中注意事项

①工程救援队在抢险过程中，尽可能地和单位的自救队或技术人员协同作战，以便熟悉现场情况和生产工艺，有利救援工作的实施。

②在营救伤员、转移危险物品和化学泄漏物的清消处理中，与公安、消防和医疗急救等专业队伍协调行动，互相配合，提高救援的效率。

③救援所用的工具具备防爆功能。

4）现场医疗急救中需注意的问题

①重大事故造成的人员伤害具有突发性、群体性、特殊性和紧迫性，现场医护力量和急救的药品、器材相对不足，应合理使用有限的卫生资源，在保证重点伤员得到有效救治的基础上，兼顾到一般。

②注意保护伤员的眼睛。

③对救治后的伤员实行一人一卡。

④合理调用救护车辆。

⑤合理选送医院。实行就近转送医院的原则。但在医院的选配上，应根据伤员的人数和伤情，以及医院医疗特点和救治能力，有针对性地合理调配，特别要注意避免危重伤员的多次转院。

⑥妥善处理好伤员的污染衣物。

⑦统计工作。统计工作是现场医疗急救的一项重要内容，特别是在忙乱的急救现场，更应注意统计数据的准确性和可靠性，也为日后总结和分析积累可靠的数据。

5）组织和指挥群众撤离现场过程中需注意事项

①在组织和指导群众做好个人防护后，再撤离危险区域。

②防止继发伤害。组织群众撤离危险区域时，应选择安全的撤离路线，避免横穿危险区域。进入安全区后，尽快去除污染衣物，防止继发性伤害。

③发扬互助互救的精神。

（4）政府先期处置工作易出现的问题

根据事故等级，在履行统一领导职责或组织事故处置的政府领导和有关部门到来之前，事发地政府要进行先期处置，要以最短时间、最快速度组织各方面力量实施防止事态扩大，保护人民群众生命财产安全的抢险救援、现场管控等措施。在先期处置工作中易出现的问题，集中表现在五个方面：

1）现场有时失控，维护秩序不佳。

事故灾难发生后，先期处置的事发地领导把主要精力放在了抢险救援上，忽视了交通管制、隔离疏散人员、控制法人或肇事者等现场管控措施，常常会出现围观群众络绎不绝、各路媒体闻风而来、无关车辆进进出出，现场人众车多、哭声喊声嘈杂，一片混乱不堪的景象，直接阻碍了救援、急救车辆的出入，影响生命接力速度，甚至会扩大灾害。

2）专业人员较少，抢险救援不力。

事故灾难涉及道路交通、水上、非煤矿山、工商贸企业、火灾和铁路交通事故等，要求先期处置的事发地政府有相对专业的人员，实施比较科学的救援。但现实情况是基层专业人员匮乏，现有人员有的面对灾难不知所措、无从下手；即使有一定经验的安监人员，也因专业受限，在救援中难以保证不会引发次生灾害。

3）主要领导缺位，政府职能缺失。

应急救援是政府的一项重要职能，事故发生后政府主要领导应亲自赶赴现场组织实施救援。但有的基层政府主要领导对事故灾难的处置漠不关心、无所用心，没有放在心上、抓在手上，总以为自己职责是抓大事、管全面的，有分管领导处置即可。即使事态升级扩大，有的主要领导也不够清醒，不能在第一时间迅速前往。在救援现场，如果长时间见不到政府主要领导的身影，将会受到专家责备、媒体质疑、群众责骂，严重影响政府形象。

4）拒绝媒体采访，负面炒作不断。

大多数基层政府能积极、友好面对媒体，采取合作的态度，但也有少数基层政府面对媒体不予合作：一是躲避，自知本行政区发生事故不光彩，怕接受采访说不清“丢人”、说不好“惹祸”，干脆躲起来。二是闭口，有关领导通过打招呼，要求任何人不得接受采访，结果所有媒体要采访的人均被“不知道”“某人不在”搪塞。殊不知到最后，事故相关情况仍上了网、见了报，当个别情节被炒作、有的说法与事实有出入时，悔之已晚。

5）忽视人文关怀，直系亲属不满。

事故出现伤亡，需通知亲属前来善后。当家属到来后，先期处置的政府和事故单位应妥善安排遇难或被困人员家属，关心和照顾好他们。

二、事故现场应急处置

事故应急处置工作由许多环节构成，其中现场控制和安排既是一个重要的环节，也是应急管理工作中内容最复杂、任务最繁重的部分。只有做好事故现场的控制与安排工作才能确保救援工作有序、快速和高效地开展。

1. 事故现场控制与安排应遵循的基本原则

（1）快速反应的原则

首先体现在防止事故继续蔓延扩大方面。因此，必须在第一时间作出反应，以最快的速度和最高的效率进行现场控制。所以，快速反应原则是事故应急处置中的首要原则。

（2）救援原则

受害者的范围不仅包括事故中的直接受害人，甚至还包括直接受害人的亲属、朋友以及周围其他利益相关的人员。受害人所需要的救助往往是多方面的，体现在生理上、心理和精神层面上。

（3）人员疏散原则

是否疏散需要考虑的因素：是否可能对群众的生命和健康造成危害，特别是要考虑到是否存在潜在危险；事故的危害范围是否会扩大或者蔓延；是否会对环境造成破坏性的影响。

（4）保护现场原则

按照一般的程序，事故应急处置工作结束之后，或在应急处置过程的适当时机，调查工作就需要介入，以分析事故的原因与性质，发现、收集有关的证据，澄清事故的责任者。现场处置工作中所采取的一切措施都要有利于日后对事故的调查。

（5）保护应急救援人员安全原则

美国“9·11”事件的应急处置工作有很多值得总结的经验，但同时也给人们留下了许多值得思考的问题。美国“9·11”事件中300多名警察与消防人员牺牲，造成牺牲的原因很多，有现场指挥的失误，也有在紧急情况下信息不充分的问题。

2. 现场控制的基本方法

现场控制的功能主要是隔离和标识，应急救援时现场聚集着不同的管理人员，存在着不同的区域和地点，需要进行隔离和标识，确保不发生混乱。

根据距离现场主要危险源的远近，一般将事故现场分为三个区域：危险区、缓冲区和安全区。危险区是危险源失控时会影响到的区域；安全区一般是危险源不易影响到的区域；缓冲区是介于安全区和危险区之间的缓冲地带。救援指挥中心对各区域人员进入进行限制，如危险区域只允许救援人员进入。

事故后现场会聚集大量的人员，包括救援人员、工程人员、辅助人员、新闻媒体、围观群众、遇险受害人员及家属等。救援人员包括各种专兼职救护人员、现场指挥人员、专家，他们和工程人员一道实施现场救援任务；辅助人员也是现场救援的重要力量，如维护秩序和治安的警察和保安等。

事故现场的物体主要有：危险源、证据、救援物资和装备以及重要的设施。另外，救援现场的重要地点也应该进行标识，如救援指挥中心、医疗安置点等。

对于现场不同的区域、物体和人员都应该进行标识，标识的方法主要有警戒线控制法、遮盖保护法、以物围圈控制法和定位控制法，或者以现有的建筑、道路和护栏为屏障进行标识和隔离。

3. 现场状态与情境的评估

任何处置工作的开展都必须以对现场形势的准确评估为前提，快速反应的原则并不是单纯强调速度快，而是要保证处置工作的高效率。

事故的应急处置人员在到达现场后，如果不了解现场基本情况就盲目进行处置是不可取的，为了有效地进行现场控制，应急处置人员的首要职责是获取现场准确的信息，对所发生的事故进行及时准确的认识与把握。一旦这些信息反馈给指挥决策部门，就可以帮助它们作出正确的决策。

（1）评估事故的性质

不同性质事故的应急处置要求有不同的侧重点，不同事故类型现场处置的方法也不同，启动的应急预案也不一样。例如，在对有爆炸发生的事件进行现场控制时，要对现场进行评估：判明这是意外事故，还是人为破坏。发生爆炸事故要弄清是物理爆炸还是化学爆炸，爆炸是由什么引起的。

（2）现场潜在危害的监测

多数事故的处置现场可能会存在各种潜在危险，事故会随时二次爆发，造成事态的蔓延和扩大，导致危害加剧，并对应急处置人员的安全构成一定的威胁。因此，在进行应急处置时，必须对现场潜在的危害进行实时监测和评估，避免二次事故的发生。

2005 年吉林石化公司发生爆炸事故，消防人员在控制现场时，一方面组织人员扑救火灾，另一方面随时监控未发生爆炸的油罐，在长达数十小时的救援中，消防人员四进三退，并通知外围警戒线不断外扩，最终在保证人员安全的基础上成功地控制了火势。应急处置人员的重要职责之一是救人，但处置者自身的安全也是必须考虑的。2015 年 1 月 3 日，哈尔滨市北方南勋陶瓷大市场仓库发生火灾，救援过程中由于对着火建筑缺少有效的监测导致建筑坍塌，造成 5 名消防员遇难，14 人受伤。

(3) 现场情景与所需的应急资源

事故应急处置工作头绪多、任务重，而且是在非常紧急的情况下开展的，因此稍有不慎就会造成更大的损失。其中现场情景与应急资源是否匹配，是决定应急处置工作能否取得成功的重要因素之一。

在实践中，无论最终需要组织多少应急资源，都应特别强调第一出动力量的重要性。有力的第一出动力量可以在处置之初有效控制事态。如果第一出动力量不足，再调集其他力量增援，则可能失去应急的最佳时机。值得注意的是，由于事件的性质和特点不同，其难度和处置所需的处置力量也不尽相同。

例如，同样是针对地铁发生的灾难性事件应急处置，1995 年发生在东京的沙林毒气袭击事件造成了多人死伤，在处置过程中，防化、洗消、医疗急救等力量是必不可少的，但是破拆和消防力量则基本上没有用武之地；但是在 2005 年 7 月 7 日伦敦地铁爆炸事件现场处置中，破拆和消防力量却又是必不可少的。因此，评估的意义就在于因时因地因事的不同，通过评估可以调集适当的应急处置力量和资源，达到快速妥善处置的效果。

(4) 人员伤亡的情况评估

人员伤亡情况不仅决定着事故的规模与性质，而且也是安排现场救护主要考虑的因素。在我国突发公共事件的报告制度中，人员伤亡情况是决定事故报告的时间期限、反应级别的重要指标。

当人员伤亡的数量超出地方政府的反应能力时，必须及时请求上一级政府应急资源的支持。应急处置现场对人员伤亡情况的评估包括：确定伤亡人数及种类、伤员主要的伤情、需要采取的措施及需要投入的医疗资源。在事故刚刚发生时，估计人员伤亡的情况一般应以事发时可能在现场的人数作为评估的基准，根据事故的严重程度分析人员伤亡的大致情况。

根据应急管理的适度反应原则，对人员伤亡的情况评估应尽量实事求是。如果估计过重，不仅会造成反应资源的浪费，而且会加重事故对社会心理的冲击；反之，则可能由于报告不及时，反应不足而错失救援的良机。在现场医疗救护中，对于已经死亡的人员，要妥善保存和安置尸体，尽可能收集相关证物和遗物，为善后工作和调查工作提供有利条件。

(5) 经济损失的估计与可能造成的社会影响

在应急处置初期，对经济损失的估计更侧重于对事故造成的负面社会影响的估计。处置现场对经济损失的情况评估包括：直接和间接经济损失，各种财产的损失，以及事故可能带来的对经济的负面影响。

同时，也应考虑事故对社会造成的影响，特别是当今社会，媒体异常发达，一些小的事件都有可能掀起波澜。例如，2011 年，“7・23”温州动车追尾事故发生，造成

40 人死亡（包括 3 名外籍人士）、172 人受伤。事故发生后第 158 天，调查结果公布。经调查认定：……在整个事故应急处置工作中，也暴露出铁道部对动车组列车运行中发生的重特大事故应急预案和应急机制不完善、应急处置经验不足，信息发布不及时，对有关社会关切回应不准确等问题，引起社会质疑，造成了负面影响。特别是简单按照以往有关事故现场处置方式，在现场挖坑将受损车头和零散部件放入其中准备掩埋，虽被制止，但在社会上产生了不良影响。

（6）周围环境与条件的评估

一些事故在应急处置过程中依然处于积极运动期，随时可能造成新的危害，而周围环境和条件就是其再次爆发的主要因素。因此，在应急处置时必须随时注意周围环境和条件对处置工作的影响。

对事发现场周围环境与条件的评估包括对空间、气象、处置工作的可用资源及特点的评估。不同类型事故现场对环境特点的把握应有不同的侧重点。例如，火灾的发展蔓延与火场的气象条件有密切的关系，但即使同是火灾，房屋建筑物火灾和森林火灾的气象特点的重要性也不相同。

周围环境评估的重要性体现在可以让事故应急处置部门比较清晰地了解处置的具体条件，根据不同的空间、气象等环境条件，合理地配置和使用不同的处置资源，提高处置的效率，达到预期的效果。

4. 现场应急处置安排

事故的现场处置需要根据类型、特点和规模作出紧急安排。尽管不同的事故所需的安排不同，但大多数事故的现场处置都应包括设置警戒线、应急反应人力资源组织与协调、应急物资设备的调集、人员安全疏散、现场交通管制、现场以及相关场所的治安秩序维护，对信息和新闻媒介的现场管理，以及对受害人作出分类处理等方面的内容。

（1）设置警戒线

为保证应急处置工作的顺利开展以及事后的原因调查，几乎所有的处置现场都要设立不同范围的警戒线。在事故的处置中，由于事故的规模比较大，影响范围广，人员伤亡严重，往往要根据实际情况设立多层警戒线，以满足不同层次处置工作的要求。

一般而言，内围警戒线要圈定事故或事件的核心区域，根据现场的具体情况，划定事件发生和产生破坏影响的集中区域，在核心区域内一般只允许医疗救护人员、警察、消防人员、应急专家或专业的应急人员进入，并成立现场控制小组，组织开展各项控制和救助工作。

内围警戒线的范围确定要考虑两个因素：现场危险源的威胁范围和与事故原因调查相关的证据散落的范围。

外围警戒线的划定以满足救援处置工作的需求为主要考虑因素，为保证安全，大量的应急救援工作是在内围警戒线之外开展的。

在某些事故的处置中还要设立三层警戒线，即在核心区和处置区之间设置缓冲区，作为二线处置力量的集结区域和现场指挥部所在地。

（2）应急反应人力资源组织与协调

根据应急预案，不同事故由不同的部门牵头负责，并由相关部门予以协调和支持。各个部门在处置中分工协作，具有较为明确的任务和职责。在事故发生后，由牵头部门组织各部分应急处置人员赶赴现场并开展工作，并在现场的出入通道设置引导和联络人员安排处置后续人员。各应急处置组织的带队领导应组成现场指挥部，统一协调指挥现场的应急人员与其他应急资源。

在人员集结过程中，没有一定的模式，但是有一些原则值得遵循。首先，人员集结要方便应急处置工作，核心处置力量和现场急需的专业处置力量要接近现场；其次，人员集结要有序可循，不能造成混乱，人员集结的位置和规模不能对现场内外交通造成堵塞。同时，现场必须要坚持统一指挥，这也是以往事故救援的经验总结，已写入《安全生产法》中。

（3）应急物资设备的调集

应急处置需要大量的专业设备和工具。专用设备、工具与车辆一般由各专业救援队伍提供，对于一些特殊和所需数量较多而现场数量不足的设备、工具与车辆可以通过媒体向社会征募，同时也可以向有关方面请求支援。

（4）人员安全疏散

在处置现场组织及时有效的人员安全疏散，是避免大量人员伤亡的重要措施。根据疏散的时间要求、距离远近可将人员安全疏散分为临时紧急疏散和远距离疏散。结合危险区域人员的结构与分布情况、可用的疏散时间、可能提供的疏散能力、交通工具和所处的环境条件等因素，制定科学的疏散规划。

（5）现场交通管制

现场交通管制是确保处置工作顺利展开的重要前提。通过实行交通管制，封闭可能影响现场处置工作的道路，开辟救援专用路线和停车场，禁止无关车辆进入现场，疏导现场围观人群，保证现场的交通快速畅通。

（6）现场治安秩序维持

在公安机关未到达现场之前，负有第一反应职责的社区保安人员、企业事业单位的治安保卫人员，或在社区与单位服务的紧急救助员等应立即在现场周围设立警戒区和警戒哨，先期做好现场控制、交通管制、疏散救助群众和维护公共秩序等工作。

（7）对信息和新闻媒介的现场管理

事故发生后，各种新闻媒介就成为现场处置与社会各方沟通的重要渠道。不能堵，也不能任其发展，而要引导。

总之，事故应急处置过程中需要作出的安排是多方面的，参与应急处置的各个部门、组织与人员应在现场指挥协调人员的统一指挥下，发扬协作精神，本着以人为本的指导思想，通过共同努力，将人员的伤亡、财产的损失、环境的破坏和社会心理的冲击减少到最低程度。

三、应急恢复与善后工作

应急恢复是指事故影响得到初步控制后，政府、社会组织和公民，为使生产、工作、生活、社会秩序和生态环境尽快恢复到正常状态而采取的措施或行动。当应急阶段结束后，从紧急情况恢复到正常状态需要时间、人员、资金和正确的指挥，这时对恢复能力的预先估计将变得很重要。例如已经预先评估的某一易发事故公路段，如果预先制订了恢复计划，就能在短短的数小时之内恢复到原来的水平。应急恢复从应急救援工作结束时开始。决定恢复时间长短的因素包括：破坏与损失的程度；完成恢复所必需的人力、财力和技术支持；相关法律、法规；其他因素（天气、地形、地势等）。通常情况下，重要的恢复活动主要有以下几种：恢复期间管理、事故调查、现场警戒和安全、安全和应急系统的恢复、员工的救助、法律问题的解决、损失状况评估、保险与索赔、工艺数据的收集以及公共关系等。

复习思考题

1. 如何建立安全生产应急救援体系？（可从政府和企业两个角度分别论述）
2. 简述发生汽油油罐泄漏后现场处置的主要工作内容。
3. 企业内部应急能力和外部应急能力主要包括哪些内容？
4. 简述企业总体应急预案、专项应急预案和现场处置方案三者之间的关系。

技能实训六　应急预案编制

一、实训目标

1. 掌握应急预案的编制步骤。
2. 熟悉总体应急预案和专项应急预案的区别。
3. 掌握应急预案的编制内容和方法。

二、任务描述

某农副产品批发市场是储藏、批发各类水果、蔬菜、水产、肉类、禽类和医药的全民所有制企业，占地面积约130亩。[①] 东侧约80米处为生活区，生活区内约有人员20人；南侧为小型商店；西侧约285米处为一中学，约有师生1 000人；北侧约160米处为一研究所，该研究所约有人员200人。

批发市场现有员工150人，其中管理人员10人，总经理下设动力部、市场部、储运部、安保部、劳资部、财务部和办公室。其中，安保部有专职安全管理人员4人，负责市场的安全管理工作。

批发市场制冷车间有制冷机房1个，属于生产场所，其液氨主要储存或保有在车间储氨器、低压循环储液桶、蒸发器、氨液分离器等生产设备设施和相应的管道系统中。

制冷车间的液氨保有量为30吨，属于重大危险源。

根据上述给定条件，编制企业总体应急预案和液氨泄露专项应急预案。

三、任务准备

1. 复习教材相关内容，明确应急预案的类型，应急预案的编制内容、步骤和方法，明确重大危险源的定义、辨识和评价方法。

2. 查找有关应急预案编制的标准，如《生产经营单位安全生产事故应急预案编制导则》（AQ/T 9002—2006）、《生产经营单位生产安全事故应急预案编制导则》（GB/T 29639—2013）。

四、知识要点

对应本章应急预案编制、危险分析、应急响应、事故应急处置现场控制与安排、应急恢复与善后工作等内容。

五、实训过程

依据给定的任务和要求，结合本章相关内容和行业标准编制应急预案。

六、注意事项

1. 应急预案的编制内容和格式要符合标准要求。
2. 要注意总体应急预案和专项应急预案的区别与衔接问题。
3. 要结合企业实际进行危险性分析与评估。
4. 在编制过程中可逐步补充和完善给定的材料。

七、总结与思考

1. 应急预案编制的主要依据有哪些？
2. 应急预案编制的基本步骤是什么？

---

① 1亩≈666.7米^2。

第六章

事故调查与处理

本章学习目标

1. 了解事故的等级划分、事故报告的内容及有关规定。
2. 掌握事故调查的原则和方法并进行原因分析。
3. 熟悉相关事故的责任追究制度。

第一节　事故统计与分析

一、生产安全事故等级划分

生产安全事故等级，是指根据生产安全事故造成的人员伤亡或者直接经济损失严重程度划分的事故等级。这种事故等级的划分，主要是为了便于生产安全事故报告和调查处理工作的分级管理。长期以来，我们一直把事故分成若干等级，并根据不同等级事故规定不同的报告和调查处理程序要求。但不同时期和不同行业对事故等级的划分有不同的分级办法，例如，1986年颁布的国家标准《企业职工伤亡事故分类》（GB 6442—1986）将一次死亡3人以上事故定为特大事故，将一次死亡1～2人事故定为重大伤亡事故。而后来我们在实际工作中，一般将一次死亡3～9人的事故称之为重大事故，把一次死亡10～29人的事故称之为特大事故，把一次死亡30人以上事故称之为特别重大事故。为统一生产安全事故分级标准，国务院2007年4月9日发布的《生产安全事故报告和调查处理条例》根据生产安全事故造成的人员伤亡或者直接经济损失严重程度，明确规定了生产安全事故分级标准，这是在国家行政法规中第一次明确规定生产安全事故分级标准，是目前我国最权威的事故分级标准。此外，有关法规和交通运输安全管理的部门规章也有一些特殊的事故等级划分办法。

1. 普通生产安全事故的等级划分

根据《生产安全事故报告和调查处理条例》第三条的有关规定，生产安全事故一般分为以下 4 个等级：

（1）特别重大事故

1）一次造成 30 人以上（含 30 人）死亡。

2）一次造成 100 人以上（含 100 人）重伤（包括急性工业中毒）。

3）一次造成 1 亿元以上（含 1 亿元）直接经济损失。

（2）重大事故

1）一次造成 10～29 人（含 10 人）死亡。

2）一次造成 50～99 人重伤（包括急性工业中毒）。

3）一次造成 5 000 万～1 亿元直接经济损失。

（3）较大事故

1）一次造成 3～9 人（含 3 人）死亡。

2）一次造成 10～49 人重伤（包括急性工业中毒）。

3）一次造成 1 000 万～5 000 万元直接经济损失。

（4）一般事故

1）一次造成 1～2 人死亡。

2）一次造成 1～9 人重伤（包括急性工业中毒）。

3）一次造成 100 万～1 000 万元直接经济损失。

需要说明的是，《生产安全事故报告和调查处理条例》在规定事故一般分为上述四个等级的同时，也规定针对一些行业或者领域事故的实际情况，国务院安全生产监督管理部门可以会同国务院有关部门，制定事故等级划分的补充规定。这样规定，体现了原则性和灵活性的统一，符合实际情况。

2. 特殊行业或者领域的事故等级划分

公安、交通、民航等有关部门都制定有火灾事故、道路交通事故、水上交通事故、民航飞行事故分级标准，例如，《铁路交通事故应急救援和调查处理条例》中对铁路交通事故的分级作出了规定。这些分级标准有的与《生产安全事故报告和调查处理条例》的规定不一致，应进行调整修订。但事实上，这些分级标准仍在行业或领域内使用。现将这些分级标准介绍如下：

（1）道路交通事故

1991 年 12 月 2 日，公安部《关于修订道路交通事故等级划分标准的通知》（公通字〔1991〕113 号）将道路交通事故分为 4 类：

1）轻微事故，是指一次造成轻伤 1～2 人，或者财产损失机动车事故不足 1 000 元，非机动车事故不足 200 元的事故。

2）一般事故，是指一次造成重伤 1～2 人，或者轻伤 3 人以上，或者财产损失不足 3 万元的事故。

3）重大事故，是指一次造成死亡1～2人，或者重伤3人以上10人以下，或者财产损失3万元以上不足6万元的事故。

4）特大事故，是指一次造成死亡3人以上，或者重伤11人以上，或者死亡1人，同时重伤8人以上，或者死亡2人，同时重伤5人以上，或者财产损失6万元以上的事故。

（2）火灾事故

1996年12月3日，公安部、劳动部、国家统计局联合颁布的关于重新印发《火灾统计管理规定》的通知（公通字〔1996〕82号），将火灾事故分为特大火灾、重大火灾和一般火灾3类：

1）特大火灾事故，是指死亡10人以上（含10人，下同）事故；重伤20人事故以上；死亡、重伤20人以上事故；受灾50户以上事故；直接财产损失100万元以上事故。

2）重大火灾事故，是指死亡3人以上事故；重伤10人以上事故；死亡、重伤10人以上事故；受灾30户以上事故；直接财产损失30万元以上事故。

3）一般火灾，是指不具有前列两项情形的燃烧事故。

（3）水上交通事故

2002年8月26日，交通部发布的第5号令《水上交通事故统计办法》，将水上交通事故按照人员伤亡和直接经济损失情况分为小事故、一般事故、大事故、重大事故和特大事故。特大水上交通事故，按照国务院有关规定执行。小事故、一般事故、大事故、重大事故的分类见表6—1。

表6—1　　水上交通事故统计方法

船舶吨位	重大事故	大事故	一般事故	小事故
3 000总吨以上或主机功率3 000千瓦以上的船舶	死亡3人以上；或直接经济损失500万元以上	死亡1～2人；或直接经济损失500万元以下，300万元以上	人员有重伤；或直接经济损失300万元以下，50万元以上	没有达到一般事故等级以上的事故
500总吨以上、3 000总吨以下或主机功率1 500千瓦以上、3 000千瓦以下的船舶	死亡3人以上；或直接经济损失300万元以上	死亡1～2人；或直接经济损失300万元以下，50万元以上	人员有重伤；或直接经济损失50万元以下，20万元以上	没有达到一般事故等级以上的事故
500总吨以下或主机功率1 500千瓦以下的船舶	死亡3人以上；或直接经济损失50万元以上	死亡1～2人；或直接经济损失50万元以下，20万元以上	人员有重伤；或直接经济损失20万元以下，10万以上	没有达到一般事故等级以上的事故

注：①凡符合表内标准之一的即达到相应的事故等级。

②本规则及本表中的“以上”包含本数或本级；“以下”不包含本数或本级。

（4）民航飞行事故

根据国家标准《民用航空器飞行事故等级》（GB 14648—1993）的规定，航空飞行事故分为特别重大飞行事故、重大飞行事故、一般飞行事故。

1）特别重大飞行事故。凡属下列情况之一者为特别重大飞行事故：

①人员死亡，死亡人数在40人及其以上者。

②航空器失踪，机上人员在40人及其以上者。

2）重大飞行事故。凡属下列情况之一者为重大飞行事故：

①人员死亡，死亡人数在39人及其以下者。

②航空器严重损坏或迫降在无法运出的地方（最大起飞质量2 250千克及其以下的航空器除外）。

③航空器失踪，机上人员在39人及其以上者。

3）一般飞行事故。

凡属下列情况之一者为一般飞行事故：

①人员重伤，重伤人数在39人及其以下者。

②最大起飞质量2 250千克（含）以下的航空器严重损坏，或迫降在无法运出的地方。

③最大起飞质量2 250～50 000千克（含）的航空器一般损坏，其修复费用超过事故当时同型或同类可比新航空器价格的10%（含）者。

④最大起飞质量50 000千克以上的航空器一般损坏，其修复费用超过事故当时同型或同类可比新航空器价格的5%（含）者。

（5）铁路交通事故

2007年7月11日国务院发布的《铁路交通事故应急救援和调查处理条例》规定，根据事故造成的人员伤亡、直接经济损失、列车脱轨辆数、中断铁路行车时间等情形，铁路交通事故等级分为特别重大事故、重大事故、较大事故和一般事故。

1）有下列情形之一的，为特别重大事故：

①造成30人以上死亡，或者100人以上重伤（包括急性工业中毒，下同），或者1亿元以上直接经济损失的。

②繁忙干线客运列车脱轨18辆以上并中断铁路行车48小时以上的。

③繁忙干线货运列车脱轨60辆以上并中断铁路行车48小时以上的。

2）有下列情形之一的，为重大事故：

①造成10人以上30人以下死亡，或者50人以上100人以下重伤，或者5000万元以上1亿元以下直接经济损失的。

②客运列车脱轨18辆以上的。

③货运列车脱轨60辆以上的。

④客运列车脱轨 2 辆以上 18 辆以下，并中断繁忙干线铁路行车 24 小时以上或者中断其他线路铁路行车 48 小时以上的。

⑤货运列车脱轨 6 辆以上 60 辆以下，并中断繁忙干线铁路行车 24 小时以上或者中断其他线路铁路行车 48 小时以上的。

3）有下列情形之一的，为较大事故：

①造成 3 人以上 10 人以下死亡，或者 10 人以上 50 人以下重伤，或者 1 000 万元以上 5 000 万元以下直接经济损失的。

②客运列车脱轨 2 辆以上 18 辆以下的。

③货运列车脱轨 6 辆以上 60 辆以下的。

④中断繁忙干线铁路行车 6 小时以上的。

⑤中断其他线路铁路行车 10 小时以上的。

4）造成 3 人以下死亡，或者 10 人以下重伤，或者 1 000 万元以下直接经济损失的，为一般事故。

上述所称的“以上”包括本数，所称的“以下”不包括本数。

以上事故分级标准凡与《生产安全事故报告和调查处理条例》规定的分级标准有矛盾的，都应当进行修订调整。

二、事故的分类

有关事故的分类问题，由于研究的目的不同，角度不同，分类的方法也就有所不同。目前主要有以下几种分类方法：

1. 依照造成事故的责任不同，分为责任事故和非责任事故两大类。责任事故，是指由于人们违背自然或客观规律，违反法律、法规、规章和标准等违法、违规行为造成的事故。非责任事故，是指遭遇不可抗拒的自然因素或目前科学无法预测的原因造成的事故。

2. 依照事故造成的后果不同，分为伤亡事故和非伤亡事故。造成人身伤害的事故称为伤亡事故。只造成生产中断、设备损坏或财产损失的事故称为非伤亡事故。

3. 依事故监督管理的行业不同，分为企业职工伤亡事故（工矿商贸企业伤亡事故）、火灾事故、道路交通事故、水上交通事故、铁路交通事故、民航飞行事故、农业机械事故、渔业船舶事故等。

三、事故分析

对一起事故的原因分析，通常有两个层次，即直接原因和间接原因。直接原因通常是一种或多种不安全行为、不安全状态或两者共同作用的结果。间接原因可追踪于管理措施及决策的缺陷，或者环境的因素。分析事故时，应从直接原因入手，逐步深入到间接原因，从而掌握事故的全部原因。在事故原因分析时通常要明确以下内容：①在事故发生之前存在什么样的征兆。②不正常的状态是在哪儿发生的。③在什么时候首先注意到不正常的状态。④不正常状态是如何发生的。⑤事故为什么会发生。⑥事件发生的可能顺序以及可能的原因（直接原因、间接原因）。⑦分析可选择的事件发生顺序。

1. 事故原因分析的基本步骤

（1）整理和阅读调查材料。

（2）可按以下 7 项内容进行分析：①受伤部位；②受伤性质；③起因物；④致害物；⑤伤害方式；⑥不安全状态；⑦不安全行为。

（3）确定事故的直接原因。

（4）确定事故的间接原因。

（5）确定事故责任者。

2. 直接原因分析

（1）机械、物质或环境的不安全状态。见《企业职工伤亡事故分类》附录 A 中 A. 6 不安全状态。

（2）人的不安全行为。见《企业职工伤亡事故分类》附录中 A 中 A. 7 不安全行为。

3. 间接原因分析

（1）技术和设计上有缺陷——工业构件、建筑物、机械设备、仪器仪表、工艺过程、操作方法、维修检验等的设计、施工和材料使用存在问题。

（2）教育培训不够、未经培训、缺乏或不懂安全操作技术知识。

（3）劳动组织不合理。

（4）对现场工作缺乏检查或指导错误。

（5）没有安全操作规程或不健全。

（6）没有或不认真实施事故防范措施，对事故隐患整改不力。

（7）其他。

第二节　事故报告

一、生产安全事故报告的原则要求

事故报告是安全生产工作中的一项十分重要的内容，事故发生后，及时、准确、

完整地报告事故，对于及时、有效地组织事故救援，减少事故损失，顺利开展事故调查具有十分重要的意义。因此，《安全生产法》和《生产安全事故报告和调查处理条例》都对生产安全事故报告工作做出了严格要求。

《生产安全事故报告和调查处理条例》第四条第一款规定：生产安全事故报告应当及时、准确、完整，任何单位和个人对事故不得迟报、漏报、谎报或者瞒报。

《安全生产法》第 70 条、第 71 条对事故的报告作出了如下规定：

生产经营单位发生生产安全事故后，事故现场有关人员应当立即报告本单位负责人。

单位负责人接到事故报告后，应当迅速采取有效措施，组织抢救，防止事故扩大，减少人员伤亡和财产损失，并按照国家有关规定立即如实报告当地负有安全生产监督管理职责的部门，不得隐瞒不报、谎报或者拖延不报，不得故意破坏事故现场、毁灭有关证据。

负有安全生产监督管理职责的部门接到事故报告后，应当立即按照国家有关规定上报事故情况。负有安全生产监督管理职责的部门和有关地方人民政府对事故情况不得隐瞒不报、谎报或者拖延不报。

二、生产安全事故报告责任

《安全生产法》和《生产安全事故报告和调查处理条例》都明确规定了事故报告责任，下列人员和单位负有报告事故的责任：

（1）事故现场有关人员。

（2）事故发生单位的主要负责人。

（3）安全生产监督管理部门。

（4）负有安全生产监督管理职责的有关部门。

（5）有关地方人民政府。

事故单位负责人既有向县级以上人民政府安全生产监督管理部门报告的责任，又有向负有安全生产监督管理职责的有关部门报告的责任，即事故报告是两条线，实行双报告制。

安全生产监督管理部门和负有安全生产监督管理职责的有关部门，既有向上级部门报告事故的责任，又有同时报告本级人民政府的责任。

三、生产安全事故报告程序及时限

根据《生产安全事故报告和调查处理条例》的有关规定，事故现场有关人员、事故单位负责人和有关部门应当按照下列程序和时间要求报告事故：

（1）事故发生后，事故现场有关人员应当立即向本单位负责人报告；情况紧急时，事故现场有关人员可以直接向事故发生地县级以上人民政府安全生产监督管理部门和负有安全生产监督管理职责的有关部门报告。

（2）单位负责人接到事故报告后，应当于1小时内向事故发生地县级以上人民政府安全生产监督管理部门和负有安全生产监督管理职责的有关部门报告。

（3）安全生产监督管理部门和负有安全生产监督管理职责的有关部门接到事故报告后，应当按照事故的级别逐级上报事故情况，并报告同级人民政府，通知公安机关、劳动保障行政部门、工会和人民检察院，且每级上报的时间不得超过2小时。

1）特别重大事故、重大事故逐级上报至国务院安全生产监督管理部门和负有安全生产监督管理职责的有关部门。

2）较大事故逐级上报至省、自治区、直辖市人民政府安全生产监督管理部门和负有安全生产监督管理职责的有关部门。

3）一般事故上报至设区的市级人民政府安全生产监督管理部门和负有安全生产监督管理职责的有关部门。

（4）国务院安全生产监督管理部门和负有安全生产监督管理职责的有关部门以及省级人民政府接到发生特别重大事故、重大事故的报告后，应当立即报告国务院。

必要时，安全生产监督管理部门和负有安全生产监督管理职责的有关部门可以越级上报事故情况。

四、生产安全事故报告的内容

1. 报告事故应当包括的内容

根据《生产安全事故报告和调查处理条例》的有关规定，事故报告的内容应当包括事故发生单位概况、事故发生的时间、地点、简要经过和事故现场情况，事故已经造成或者可能造成的伤亡人数和初步估计的直接经济损失，以及已经采取的措施等。事故报告后出现新情况的，还应当及时补报。

（1）事故发生单位概况

事故发生单位概况应当包括单位的全称、所处地理位置、所有制形式和隶属关系、生产经营范围和规模、持有各类证照的情况、单位负责人的基本情况以及近期的生产经营状况等。对于不同行业的企业，报告的内容应该根据实际情况来确定，但是应当以全面、简洁为原则。

（2）事故发生的时间、地点以及事故现场情况

报告事故发生的时间应当具体，并尽量精确到分钟。报告事故发生的地点要准确，除事故发生的中心地点外，还应当报告事故所波及的区域。报告事故现场的情况应当

全面，不仅应当报告现场的总体情况，还应当报告现场的人员伤亡情况、设备设施的毁损情况；不仅应当报告事故发生后的现场情况，还应当尽量报告事故发生前的现场情况。

（3）事故的简要经过

事故的简要经过是对事故全过程的简要叙述。核心要求在于“全”和“简”。“全”就是要全过程描述，“简”就是要简单明了。但是，描述要前后衔接、脉络清晰、因果相连。需要强调的是，由于事故的发生往往是在一瞬间，对事故经过的描述应当特别注意事故发生前作业场所有关人员和设备设施的一些细节，因为这些细节可能就是引发事故的重要原因。

（4）事故已经造成或者可能造成的伤亡人数（包括下落不明的人数）和初步估计的直接经济损失

对于人员伤亡情况的报告，应当遵守实事求是的原则，不做无根据的猜测，更不能隐瞒实际伤亡人数。在矿山事故中，往往出现多人被困井下的情况，对可能造成的伤亡人数，要根据事故单位当班记录，尽可能准确地报告。对直接经济损失的初步估算，主要指事故所导致的建筑物的毁损、生产设备设施和仪器仪表的损坏等。由于人员伤亡情况和经济损失情况直接影响事故等级的划分，并因此决定事故的调查处理等后续重大问题，在报告这方面情况时应当谨慎细致，力求准确。

（5）已经采取的措施

已经采取的措施主要是指事故现场有关人员、事故单位负责人、已经接到事故报告的安全生产管理部门为减少损失、防止事故扩大和便于事故调查所采取的应急救援和现场保护等具体措施。

（6）事故的补报

事故报告后出现新情况的，应当及时补报。自事故发生之日起30日内，事故造成的伤亡人数发生变化的，应当及时补报。道路交通事故、火灾事故自发生之日起7日内，事故造成的伤亡人数发生变化的，应当及时补报。

2. 事故调度统计报告的有关规定

国家安全监管总局《关于印发〈安全生产调度统计业务规范〉的通知》（安监总厅字〔2005〕56号）和《国家安全监管总局关于调整生产安全事故调度统计报告的通知》（安监总调度〔2007〕120号），对生产安全事故调度统计报告范围、内容和时限作出了如下规定：

（1）生产安全事故调度统计报告范围

1）生产经营活动中发生的造成人员死亡、重伤（包括急性工业中毒）或者直接经济损失在100万元以上的各类生产安全事故。

2）各类非法生产经营事故。

3）事故性质暂时界定不清的各类事故。

调度快报事故范围是指生产经营活动中各行业领域发生的特别重大事故、重大事故、较大事故和煤矿一般事故，较大以上涉险事故，事故性质暂时不清的较大及以上事故。

（2）调度快报

1）调度快报内容

①事故发生的时间（年、月、日、时、分）。

②事故发生地〔省（区、市）、市（地）、县（市）、乡（镇）〕。

③发生事故的单位名称、经济类型（国有和国有控股、集体和集体控股、民营和民营控股以及合资、外资等）。

④事故类型（按照各行业和领域的事故类型报告）。

⑤生产规模和能力（设计、核定）。

⑥发生事故单位的安全评估等级和持有证件情况。

⑦发生事故的车辆、船舶、飞行器、容器等牌号、名称及核载、实载情况。

⑧事故简要情况（事故的经过及事故原因初步分析）。

⑨事故现场总人数和伤亡人数（死亡、失踪、被困、轻伤、重伤、急性工业中毒等）。

⑩初步估计事故造成的直接经济损失。

⑪事故抢救进展情况和采取的措施。

2）调度快报时限。省级安全生产监督管理部门、煤矿安全监察机构接到较大及以上事故报告后，要在2小时内报送至安全监管总局（调度统计司）。对事故情况暂时不清的，可先报送事故概况，并及时跟踪或有新情况续报。

省级煤矿安全监察机构接到煤矿一般事故报告，每周周五前和每月月末报送至安全监管总局（调度统计司）。

3）事故快报的方式。接到事故信息后，根据事故情况，按以下方式逐级报送：

①一次死亡（遇险）10人以下事故使用国家安全生产监督管理总局统一的网络传输软件报送，尚不具备网络传输条件的可使用传真报送。

②一次死亡（遇险）10人以上（含10人）事故、社会影响重大事故和重特大未遂伤亡事故发生后，使用网络传输软件和电话同时报告，不具备网络传输条件的使用传真和电话同时报告。

（3）统计月报

1）统计月报内容。生产安全事故基本情况，包括事故发生单位的名称、单位地址、事故死亡、事故重伤（包括急性工业中毒）、直接经济损失、事故原因、事故类别等情况。

2）统计月报时限。省级安全生产监督管理部门、煤矿安全监察机构应按照《安全监管总局办公厅关于调整生产安全事故报告时间的通知》（安监总厅统计〔2007〕37号）要求，于每月6日前，将上月本地区工矿商贸企业各类生产安全事故卡片报送至安全监管总局（调度统计司）。

3）事故统计月报的报送方式。各类工矿商贸企业伤亡事故由安全生产监督管理部门负责统计报告；煤矿企业伤亡事故由煤矿安全监察机构负责统计报告（未设立煤矿安全监察机构的地区，由当地安全生产监督管理部门报告）。

使用国家安全生产监督管理总局统一的伤亡事故统计软件通过专用网络报送伤亡事故统计卡片；尚不具备专用网络传输条件的单位，可使用公共网络报送事故统计卡片。

（4）有关生产安全事故调度统计报告的几个问题

1）以高等级事故因素为先确定事故等级。一起事故造成的人员死亡、重伤（包括急性工业中毒）和直接经济损失如同时符合2个以上事故等级的，在总体事故统计时，以最高事故等级为先进行统计。

2）事故等级的变化调整。由于事故造成的死亡、重伤（包括急性工业中毒）、直接经济损失发生变动，导致事故等级出现变化的，要按照《生产安全事故报告和调查处理条例》等有关规定重新进行事故等级调整。

3）事故报告项目的界定标准如下：

一是重伤。依据《企业职工伤亡事故分类标准》（GB 6441—1986）和《事故伤害损失工作日标准》（GB/T 15499—1995），“重伤”是指造成职工肢体残缺或视觉、听觉等器官受到严重损伤，一般能引起人体长期存在功能障碍，或劳动能力有重大损失的伤害。具体是指损失工作日等于和超过105日的失能伤害。

二是急性工业中毒。参照《劳动部办公厅企业职工伤亡事故报告统计问题解答》（1993年9月17日），“急性工业中毒”是指人体因接触国家规定的工业性毒物、有害气体，一次或短期内吸入大量工业有毒物质使人体在短时间内发生病变，导致人员立即中断工作、入院治疗的列入急性工业中毒事故统计。

三是死亡和失踪。道路交通、火灾和水上交通事故在7天内死亡或失踪超过7天的，均按死亡事故报告统计；其他事故在30天内死亡的（因医疗事故死亡的除外，但必须得到医疗事故鉴定部门的确认）或失踪超过30天的，均按死亡事故报告统计。如果来不及在当月统计的，应在下月补报。超过上述事故规定报告期限死亡的，不再进行补报和统计。

四是直接经济损失。依据《企业职工伤亡事故经济损失统计标准》（GB 6721—1986），“直接经济损失”是指生产经营活动中因事故造成的人身伤亡、善后处理、事故救援、事故处理所支出的费用和财产损失价值等合计，具体统计范围包括以下几项：

①人身伤亡后所支出的费用

a. 医疗费用（含护理费用）。

b. 丧葬及抚恤费用。

c. 补助及救济费用。

d. 歇工工资。

②善后处理费用

a. 处理事故的事务性费用。

b. 现场抢救费用。

c. 清理现场费用。

③财产损失价值

a. 固定资产损失价值。

b. 流动资产损失价值。

4）事故性质的界定。要严格事故性质的界定，对事故性质暂时界定不清的，应先按要求及时快报。经事故调查认定为非生产安全事故的，要及时向安全监管总局写出书面报告，在没有明确批复之前，必须进入统计。

五、事故的救援与现场处置

根据《安全生产法》和《生产安全事故报告和调查处理条例》的有关规定，事故发生单位的主要负责人、安全生产监督管理部门、负有安全生产监督管理职责的有关部门、有关地方人民政府在接到事故报告后，除要做好事故报告工作外，更重要的是要积极组织事故救援，并保护好事故现场。

事故发生单位负责人接到事故报告后，应当立即启动事故应急预案，或者采取有效措施组织抢救，防止事故扩大，减少人员伤亡和财产损失。事故发生地有关地方人民政府、安全生产监督管理部门和负有安全生产监督管理职责的有关部门接到事故报告后，其负责人应当立即赶赴事故现场组织事故救援。有关部门应当服从指挥、调度，参加或者配合救助，将事故损失降到最低限度。

事故发生后，有关单位和人员应当妥善保护事故现场以及相关证据，任何单位和个人不得破坏事故现场、毁灭相关证据。由于抢救人员、防止事故扩大以及疏通交通等原因，需要移动事故现场物件的，应当做出标志，绘制现场简图并做出书面记录，妥善保存现场重要痕迹、物证。

事故发生地公安机关根据事故的情况，对涉嫌犯罪的，应当依法立案侦查，采取强制措施和侦查措施。犯罪嫌疑人逃匿的，公安机关应当迅速追捕归案。

安全生产监督管理部门和负有安全生产监督管理职责的有关部门应当建立值班制度，并向社会公布值班电话，受理事故报告和举报。

第三节 事故调查

一、事故调查的基本原则

根据《生产安全事故报告和调查处理条例》第 4 条的规定，事故调查工作必须坚持以下原则：

1. 实事求是的原则

实事求是是唯物辩证法的基本要求。事故调查工作必须坚持实事求是，坚决克服主观主义，保证做到客观、公正。一是必须全面、彻底查清生产安全事故的原因，不得夸大事故事实或者缩小事故事实，更不得弄虚作假；二是在认定事故性质、分析事故责任时一定要从实际出发，要在查明事故原因的基础上，根据实际情况明确事故责任；三是在提出对事故责任者的处理意见时，一定要实事求是，不得从主观出发，不能感情用事，要坚持以事实为依据，以法律为准绳，要根据事故责任划分，按照法律、法规和国家有关规定对事故责任人提出处理意见；四是总结事故教训、落实事故整改措施要实事求是，总结教训要准确、全面，落实整改措施要坚决、彻底。

2. 尊重科学的原则

尊重科学是事故调查工作的客观规律。生产安全事故调查工作具有很强的科学性和技术性，特别是对事故原因的调查，往往需要作很多技术上的分析和研究，利用很多技术手段，如进行技术鉴定或试验等。尊重科学，一是要有科学的态度，不主观臆想，不轻易下结论，防止个人意识主导，杜绝心理偏好，努力做到客观、公正；二是要特别注意充分发挥专家和技术人员的作用，把对事故原因的查明、事故责任的分析、认定建立在科学的基础上。

二、事故调查工作的职责划分

我国生产安全事故调查工作实行“政府统一领导、分级负责”的原则，《生产安全事故报告和调查处理条例》对不同等级事故组织事故调查的责任分别做了规定。同时，考虑到火灾、道路交通、水上交通等行业或者领域的事故调查处理已有专门法律、行政法规，《生产安全事故报告和调查处理条例》第 45 条规定：“特别重大事故以下等级事故的报告和调查处理，有关法律、行政法规或者国务院另有规定的，依照其规定。”根据《生产安全事故报告和调查处理条例》和有关法律、行政法规或者国务院的有关规定，生产安全事故调查工作的职责分工大致如下：

1. 特别重大事故的调查

特别重大事故由国务院或者国务院授权的部门组织事故调查组进行调查。由国务院直接组织事故调查组进行调查的特别重大事故，事故调查组组长既可以由国务院有关领导同志担任，也可以由国务院指定有关部门负责同志担任。近年来发生的特别重大事故，一般是由国务院批准成立事故调查组进行调查。

2. 重大事故以下等级事故的调查

（1）普通事故的调查

根据《生产安全事故报告和调查处理条例》第19条的有关规定，重大事故、较大事故、一般事故分别由事故发生地省级人民政府、设区的市级人民政府、县级人民政府负责调查。省级人民政府、设区的市级人民政府、县级人民政府可以直接组成事故调查组进行调查，也可以授权或者委托有关部门组织事故调查组进行调查。未造成人员伤亡的事故，县级人民政府也可以委托事故发生单位组织事故调查组进行调查。

（2）煤矿事故的调查

根据《生产安全事故报告和调查处理条例》第45条和《煤矿安全监察条例》第18条“煤矿发生伤亡事故的，由煤矿安全监察机构负责组织调查处理”的规定，煤矿发生重大事故，由省级煤矿安全监察机构组织事故调查组进行调查，省级人民政府及其有关部门参加调查；发生较大事故、一般事故，由负责监察事故发生地煤矿的煤矿安全监察分局组织事故调查组进行调查，有关地方政府和有关部门参加调查。

（3）铁路交通事故的调查

根据《生产安全事故报告和调查处理条例》第45条和《铁路交通事故应急救援调查处理条例》第26条的有关规定，铁路发生重大事故由国务院铁路主管部门组织事故调查组进行调查，较大事故和一般事故由事故发生地铁路管理机构组织事故调查组进行调查；国务院铁路主管部门认为必要时，可以组织事故调查组对较大事故和一般事故进行调查。根据事故的具体情况，事故调查组由有关人民政府、公安机关、安全生产监督管理部门、监察机关等单位派人组成，并应当邀请人民检察院派人参加。

（4）跨行政区域发生的事故的调查

特别重大事故以下等级事故，事故发生地与事故发生单位不在同一个县级以上行政区域的，由事故发生地人民政府负责调查，事故发生单位所在地人民政府应当派人参加。

3. 上级政府可以调查下级政府负责调查的事故

上级人民政府认为必要时，可以调查由下级人民政府负责调查的事故。一般情况下，由下级人民政府负责调查的事故有下列情形之一时，可以由上级人民政府组织事故调查组进行调查：

（1）事故性质恶劣、社会影响较大的。

（2）同一地区连续频繁发生同类事故的。

（3）事故发生地不重视安全生产工作、不能真正吸取事故教训的。

（4）社会和群众对下级政府调查的事故反响十分强烈的。

（5）事故调查难以做到客观、公正的。

4. 对因事故伤亡人数变化导致事故等级发生变化的事故的调查

自事故发生之日起 30 日内（道路交通事故、火灾事故自发生之日起 7 日内），因事故伤亡人数变化导致事故等级发生变化，依照《生产安全事故报告和调查处理条例》规定应当由上级人民政府负责调查的，上级人民政府可以另行组织事故调查组进行调查。

三、事故调查组的组成

1. 事故调查组的组成原则

事故调查组的组成应当遵循精简、效能的原则。根据事故的具体情况，事故调查组由有关人民政府、安全生产监督管理部门、负有安全生产监督管理职责的有关部门、监察机关、公安机关以及工会派人组成，并应当邀请人民检察院派人参加。事故调查组可以聘请有关专家参与调查。

2. 事故调查组成员的基本条件

事故调查组成员应当具有事故调查所需要的知识和专长，并与所调查的事故没有直接利害关系。所谓没有直接利害关系，是指事故调查组成员与事故发生单位没有直接利害关系，与事故单位的主要负责人、主管人员、有关责任人没有直接利害关系。事故调查组组成时，发现被推荐为事故调查组成员的人选与所调查的事故有直接利害关系的，组织事故调查的人民政府或者有关部门应当将该成员予以调整；事故调查组组成时，有关部门、单位中与所调查的事故有直接利害关系的人员应当主动回避，不应参加事故调查工作；事故调查组组成后，有关部门、单位发现其成员与所调查的事故有直接利害关系的，事故调查组应当将该成员予以更换或者停止其事故调查工作。

3. 事故调查组组长的产生

事故调查组组长由负责事故调查的人民政府指定，也可以由授权组织事故调查组的有关部门指定，事故调查组应当根据事故的具体情况和事故等级，设事故调查组副组长 1～3 人，副组长一般情况下应当是有关地方政府或者有关部门的负责人，副组长在事故调查组成员中产生，协助组长开展事故调查工作。对一般等级的事故可只设组长一名，不再设置副组长。

4. 事故调查组应当明确的几个问题

（1）事故调查组的组成必须依照《生产安全事故报告和调查处理条例》的规定

执行。

（2）事故调查组的成员履行事故调查的行为是职务行为，代表其所属部门、单位进行事故调查工作。

（3）事故调查组成员都要接受事故调查组的领导。

（4）事故调查组聘请的参与事故调查的专家，也是事故调查组的成员。

四、事故调查组的职责及权利

1. 事故调查组的职责

根据《生产安全事故报告和调查处理条例》的有关规定，事故调查组履行下列职责：

（1）查明事故发生的经过

1）事故的具体时间、地点。

2）事故发生前，事故发生单位生产作业状况。

3）事故现场状况及事故现场保护情况。

4）事故发生后采取的应急处置措施情况。

5）事故报告经过。

6）事故抢救情况。

7）事故善后处理情况。

8）其他与事故发生经过有关的情况。

（2）查明事故发生的原因

1）事故发生的直接原因。

2）事故发生的间接原因。

3）事故发生的其他原因。

（3）查明人员伤亡情况

1）事故发生前，事故发生单位生产作业人员分布情况。

2）事故发生时人员涉险情况。

3）事故当场人员伤亡情况及人员失踪情况。

4）事故抢救过程中人员伤亡情况。

5）最终伤亡情况。

6）其他与事故发生有关的人员伤亡情况。

（4）查明事故的直接经济损失

1）人员伤亡后所支出的费用，如医疗费用、丧葬及抚恤费用、补助及救济费用、歇工工资等。

2）事故善后处理费用，如事故处理的事务性费用、现场抢救费用、现场清理费用、事故罚款和赔偿费用等。

3）事故造成的财产损失费用，如固定资产损失价值、流动资产损失价值等。

（5）认定事故的性质和事故责任

通过事故调查分析，对事故的性质要有明确结论。其中对认定为自然事故（非责任事故或者不抗拒的事故）的可不再认定或者追究事故责任人；对认定为责任事故的，要按照责任大小和承担责任的不同分别认定下列事故责任：

1）直接责任者，即其行为与事故发生有直接责任的人员，如违章作业人员。

2）主要责任者，即对事故发生负有主要责任的人员，如违章指挥者。

3）领导责任者，即对事故发生负有领导责任的人员。

（6）提出对事故责任者的处理建议

通过事故调查分析，在认定事故的性质和事故责任的基础上，提出对事故责任者的处理建议。对事故责任者的处理建议一般包括以下内容：

1）对事故责任者的行政处分、纪律处分建议。

2）对事故责任者的行政处罚建议。

3）对事故责任者追究刑事责任的建议。

4）对事故责任者追究民事责任的建议。

（7）总结事故教训

通过事故调查分析，在查明事故原因和事故单位在安全生产管理上存在的问题及漏洞，认定事故性质和事故责任的基础上，要认真总结事故教训，要针对安全生产管理、安全投入、安全条件等方面存在的不足和漏洞，查找事故根源，认真总结事故教训，主要包括：

1）事故发生单位应该吸取的教训。

2）事故发生单位主要负责人应该吸取的教训。

3）事故发生单位有关主管人员和有关职能部门应该吸取的教训。

4）从业人员应该吸取的教训。

5）政府及其有关主管部门应该吸取的教训。

6）相关生产经营单位应该吸取的教训。

7）社会公众应该吸取的教训。

（8）提出事故防范措施和整改意见

在事故调查分析的基础上，针对事故发生单位和政府监管工作中存在的问题，提出事故防范措施和整改建议。

（9）提交事故调查报告

在事故调查组全面完成事故调查任务的前提下，提出事故调查报告。该调查报告

必须经事故调查组全体成员讨论通过并签名。

2. 事故调查组的权利

根据《生产安全事故报告和调查处理条例》第 26 条的有关规定，事故调查组在履行事故调查职责时有以下权利：

（1）有权向有关单位和个人了解与事故有关的情况。事故发生单位的负责人和有关人员在事故调查期间不得擅离职守，并应当随时接受事故调查组的询问，如实提供有关情况。

（2）有权获得相关文件、资料。事故调查组根据事故调查工作的需要，有权向事故单位和相关部门、单位及个人调阅、复制相关文件、资料，有关单位和个人必须及时、如实提供，不得拒绝。

（3）事故调查组在事故调查中发现涉嫌犯罪的，应当及时将有关材料或者其复印件移交司法机关处理。

五、事故调查组成员的行为规范

《生产安全事故报告和调查处理条例》第 28 条对事故调查组成员的行为规范做了明确规定。

1. 事故调查组成员要有品德操守。事故调查组成员不管来自哪个部门和单位，均是事故调查组的一员，在参加事故调查工作中要讲诚信，要公正地开展事故调查工作，要全面了解事故调查中的有关情况，不得偏听、偏信，影响事故调查。

2. 事故调查组成员要有工作操守。事故调查组成员要恪尽职守，兢兢业业，严格履行职责，充分发挥专业特长和技术特长，按时、高质量地完成调查组分配的调查任务。

3. 事故调查组成员要守纪、保密。事故调查组成员要遵守事故调查组的纪律，服从事故调查组的领导，廉洁自律，认真负责，协调行动，听从指挥，同时，要严格保守事故调查中的秘密。

4. 事故信息发布工作，应当由事故调查组统一安排，未经事故调查组组长允许，事故调查组成员不得擅自发布有关事故的信息。

六、事故调查常用工作方式和调查方法

1. 事故调查的常用工作方式

对重大事故、特别重大事故的调查，一般在调查组中设置若干工作小组，每一工作小组负责某一方面的具体调查工作，通常分设综合组、技术分析组、管理调查组等。各工作小组的分工大致如下：

（1）综合组

综合组主要负责资料搜集和保管、信息报送、协调内务、对外联络、宣传报道、汇总材料、协助善后工作、写出事故调查报告。

（2）技术分析组

技术分析组主要负责现场勘察、收集现场资料和物证，对事故现场技术状况进行分析，为事故抢救工作提供决策支持，并对事故的技术原因进行分析，认定事故性质，写出技术调查报告。

（3）管理调查组

管理调查组主要负责调查生产经营单位和相关部门在安全生产管理、安全培训和政府监管监察等方面存在的问题，并负责提出对责任人的处理建议，写出管理调查组调查报告。

上述三个工作小组中，调查工作任务最重的是技术分析组和管理调查组。技术分析组的工作涉及对事故的分析是否准确，能够经得起历史考验的问题。在对一些复杂事故的分析中，特别是在争议比较大的情况下，可能还要通过试验或模拟分析的方法进行论证。管理调查组的工作涉及生产经营单位在安全生产法律法规执行、制度落实等方面存在的问题，直接涉及有关责任人员的处理，并往往影响事故结案的时间。

2. 事故调查常用的工作方法

在开展事故调查工作中，关键是要重证据，重第一手材料，《企业职工伤亡事故调查分析规则》对此作出了专门规定。因此，调查组开展工作时，应首先查看事故现场，封存有关技术档案和记录，找当事人谈话做好笔录，根据需要复印有关材料，针对不同情况，对照有关法律法规，查找在制度建设上、管理工作上、生产技术和工艺上等存在的问题，举一反三，反过来查找安全生产监督管理工作方面存在的问题，弥补缺陷，调整和完善国家有关法律法规，改进工作方法，强化监督管理，杜绝同类事故的发生。

（1）事故调查的取证

事故发生后，在进行事故调查的过程中，事故调查取证是完成事故调查过程中非常重要的一个环节，这在《企业职工伤亡事故调查分析规则》中作出了明确的规定，主要有以下几个方面。

1）现场处理

①事故发生后，应救护受伤害者，采取措施制止事故蔓延扩大。

②认真保护事故现场，凡与事故有关的物体、痕迹、状态，不得破坏。

③为抢救受伤害者需要移动现场某些物体时，必须做好现场标志。

2）物证搜集

①现场物证包括：破损部件、碎片、残留物、致害物等。

②在现场搜集到的所有物件均应贴上标签，注明地点、时间、管理者。

③所有物件应保持原样，不准冲洗擦拭。

④对健康有危害的物品，应采取不损坏原始证据的安全防护措施。

3）事故事实材料的搜集

①与事故鉴别、记录有关的材料

a. 发生事故的单位、地点、时间。

b. 受害人和肇事者的姓名、性别、年龄、文化程度、职业、技术等级、工龄、本工种工龄、支付工资的形式。

c. 受害人和肇事者的技术状况、接受安全教育情况。

d. 出事当天，受害人和肇事者什么时间开始工作、工作内容、工作量、作业程序、操作时的动作（或位置）。

e. 受害人和肇事者过去的事故记录。

②事故发生的有关事实

a. 事故发生前设备、设施等的性能和质量状况。

b. 使用的材料，必要时进行物理性能或化学性能实验与分析。

c. 有关设计和工艺方面的技术文件、工作指令和规章制度方面的资料及执行情况。

d. 关于工作环境方面的状况，包括照明、湿度、温度、通风、声响、色彩度、道路、工作面状况及工作环境中的有毒、有害物质取样分析记录。

e. 个人防护措施状况，应注意它的有效性、质量、使用范围。

f. 出事前受害人或肇事者的健康状况。

g. 其他可能与事故致因有关的细节或因素。

4）证人材料搜集。事故发生后，要尽快找被调查者搜集材料，认真询问当事人。对证人的口述材料，应认真考证其真实程度。

5）现场摄影及绘图

①显示残骸和受害者原始存息地的所有照片。

②可能被清除或被践踏的痕迹，如刹车痕迹、地面和建筑物的伤痕、火灾引起损害的照片、冒顶下落物的空间等。

③事故现场全貌。

④利用摄影或录像，提供较完善的信息内容。

⑤必要时，绘出事故现场示意图、流程图、受害者位置图等。

（2）技术鉴定

事故调查中需要进行技术鉴定的，事故调查组应当委托具有国家规定资质的单位进行技术鉴定。必要时，事故调查组可以直接组织专家进行技术鉴定。技术鉴定所需时间不计入事故调查期限。

事故发生不仅涉及人的操作行为、管理行为等不安全行为，而且会涉及生产作业环境的安全状态和设备、设施的安全状况，在事故调查中进行技术鉴定往往是确定事故发生的直接原因的有效途径和技术支持。

(3) 事故调查常用的技术方法

事故调查常用的技术方法有故障树分析方法、故障类型和影响分析方法和变更分析方法。这里只介绍变更分析方法。

从变更分析方法的名字就可以看出，该技术方法重点在于变更。为了完成事故调查，查找原因，调查人员必须寻找与标准、规范相背离的东西，调查有关预期变更所导致的所有问题。对每一项变更进行分析，以便确定其发生的原因。这种技术方法应遵循以下步骤：

1) 确定问题，即发生了什么。

2) 相关标准、规范的确立。

3) 辨明发生什么变更、变更的位置以及对变更的描述，即发生什么变更、在哪儿发生的变更、什么时间发生的以及变更的程度如何。

4) 影响变更的因素具体化的描述和不影响变更的因素描述。

5) 辨明变更的特点、特征及具体情况。

6) 对发生变更的可能原因做一详细的列表。

7) 从中选择最可能的变更原因。

8) 找出相关变更带来的危险因素的防范措施。

 七、事故调查时限和事故报告的主要内容

《生产安全事故报告和调查处理条例》第 29 条和第 30 条明确规定了提出事故报告的时限和事故调查报告应当包括的内容。

1. 事故调查时限

原则上，事故调查组应当自事故发生之日起 60 日内提交事故调查报告；特殊情况下，提交事故调查报告的期限经负责事故调查的人民政府批准可以适当延长，但延长的期限最长不超过 60 日。事故调查报告报送负责事故调查的人民政府后，事故调查工作即告结束，事故调查的有关资料应当归档保存。

2. 事故调查报告的主要内容

(1) 事故调查报告正文的内容

事故调查报告正文应当包括下列内容：

1) 事故发生单位概况。

2）事故发生经过和事故救援情况。

3）事故造成的人员伤亡和直接经济损失。

4）事故发生的原因和事故性质。

5）事故责任的认定以及对事故责任者的处理建议。

6）事故防范和整改措施。

（2）事故调查报告附件应当包括的内容

事故调查报告应当附具有关证据材料和事故调查组成员在事故调查报告上的签名页。

事故调查报告附具的有关证据材料是事故调查报告的重要部分，应作为事故调查报告的附件一并提交。事故调查报告附具的有关证据材料应当具有真实性，并作为事故调查报告的附件予以详细登记，必要时有关当事人及获得该证据材料的事故调查组成员应当在证据材料上签名。事故调查组成员在事故调查报告上的签名页是事故调查报告的必备内容，没有事故调查组成员签名的事故调查报告，可以不予批复。

第四节　原 因 分 析

对一起事故的原因分析，通常有两个层次，即直接原因和间接原因。直接原因通常是一种或多种不安全行为、不安全状态或两者共同作用的结果。间接原因可追踪于管理措施及决策的缺陷，或者环境的因素。分析事故时，应从直接原因入手，逐步深入到间接原因，从而掌握事故的全部原因。

一、事故原因分析的内容

在事故原因分析时通常要明确以下内容：

（1）在事故发生之前存在什么样的征兆。

（2）不正常的状态是在哪儿发生的。

（3）在什么时候首先注意到不正常的状态。

（4）不正常状态是如何发生的。

（5）事故为什么会发生。

（6）事件发生的可能顺序以及可能的原因（直接原因、间接原因）。

（7）分析可选择的事件发生顺序。

二、事故原因分析的基本步骤

《企业职工伤亡事故调查分析规则》中，给出了分析事故原因的步骤。

1. 整理和阅读调查材料

2. 按以下七项内容进行分析

(1) 受伤部位。

(2) 受伤性质。

(3) 起因物。

(4) 致害物。

(5) 伤害方式。

(6) 不安全状态。

(7) 不安全行为。

3. 确定事故的直接原因

4. 确定事故的间接原因

5. 确定事故责任者

三、直接原因分析

在《企业职工伤亡事故调查分析规则》中规定,属于下列情况者为直接原因:

(1) 机械、物质或环境的不安全状态。见《企业职工伤亡事故分类》附录 A 中 A.6 不安全状态。

(2) 人的不安全行为。见《企业职工伤亡事故分类》附录中 A 中 A.7 不安全行为。

四、间接原因分析

在《企业职工伤亡事故调查分析规则》中规定,属下列情况者为间接原因:

(1) 技术和设计上有缺陷——工业构件、建筑物、机械设备、仪器仪表、工艺过程、操作方法、维修检验等的设计、施工和材料使用存在问题。

(2) 教育培训不够、未经培训、缺乏或不懂安全操作技术知识。

(3) 劳动组织不合理。

(4) 对现场工作缺乏检查或指导错误。

(5) 没有安全操作规程或不健全。

(6) 没有或不认真实施事故防范措施,对事故隐患整改不力。

(7) 其他。

五、事故分析案例

1. 机械事故案例

某机械加工厂金工一车间三组车工安某承担150S50泵轴的加工任务，具体是攻螺纹工序，在C620车床上操作。2000年7月8日上午下班前完成3.25小时（应完成工时定额3.12小时）。上午未穿工作服。

下午安某继续加工任务，仍未穿工作服。约12时45分左右，在其前后工作的金某和赵某忽然听到安某的一声惨叫，看到安某的上衣已被加工旋转泵轴全部卷上，马上喊拉电闸，距安某20米远的刘某迅速切断离自己较近的车间电闸。

从事故现场清楚可见，安某全部上衣（包括内衣）都缠卷在加工的682毫米长的泵轴上，覆盖了从三角夹头起一大部分泵轴。胳膊位置在泵轴的下方，紧靠三角夹头处的泵轴部分，并伸向斜上方。破裂的头部右部紧靠三角夹头。身体直挂在车床上，下装则完好无损。

当把缠卷的上衣从泵轴解下时，发现腈纶袖边一部分已紧贴在泵轴的“消气”部位表面。从车床转速表上可见，事故发生时车床转速为480转/分。

虽有《机械系统安全生产操作规程》并多次要求和宣传上班要穿工作服，但这次事故发生前仍有20%～25%的人不按规定穿戴个人防护用品。据说，青年工人不喜欢工作服的样式和面料；此外，只有两套工作服，遇雨季洗换不便。

问题：请分析事故类型及性质、直接原因、间接原因及责任者，并提出整改措施。

一、事故类型及性质

1. 根据事故原因分类：机械伤害事故。

2. 根据事故伤害严重程度分类：一般伤亡事故。

3. 事故性质：是一起操作人员违章作业、现场管理不力而造成的责任事故。

二、事故直接原因‘

安某上班不穿工作服，作业时，所穿的腈纶衣的袖边粘在加工的泵轴上，被卷击致死。

三、事故间接原因

虽有安全生产操作规程，但未采取恰当措施使之落实。事故发生前有20%～25%的人不按规定穿戴个人防护用品。

四、责任者

1. 直接责任者：车工安某，作业时，不按安全操作规程的规定穿戴个人防护用品。

2. 领导责任者：车间主任，未采取恰当措施落实安全操作规程。

3. 主要责任者：车工安某。

五、对事故责任者的处理

1. 给予车间主任行政警告处分，罚款并扣发当月奖金。

2. 车间技安员及班组长管理失职，扣发当月奖金。

3. 鉴于车工安某已死亡，对其免予处罚。

六、事故整改措施

1. 单位领导采取恰当措施，落实安全操作规程。

2. 车间管理人员要深入现场，及时发现和处理作业中的不安全因素，以避免同类事故再次发生。

3. 加强对工人的安全教育培训，提高其安全意识，自觉地在作业时中穿戴个人防护用品。

2. 瓦斯爆炸事故案例

某年某煤矿发生一起特大瓦斯爆炸事故，事故造成 14 人死亡。矿井通风方式为分区抽出式，矿井需要总风量 4 700 米^3/分钟，总入风量 5 089 米^3/分钟，总排风量 5 172 米^3/分钟。该矿 2000 年经瓦斯等级鉴定确定为低瓦斯矿井。事故地点位于一水平的某采区左翼已贯通等移交的准备采煤工作面。

问题：请分析事故的性质、直接原因和间接原因，并提出整改措施。

一、事故性质

这是一起由于通风布置不合理造成瓦斯聚集，现场人员违章试验放炮器打火，引起瓦斯爆炸的重大责任事故。

二、直接原因

两掘进工作面贯通后，回风上山通风设施不可靠，严重漏风，导致工作面处于微风状态，造成瓦斯积聚；作业人员违章试验放炮器打火引起瓦斯爆炸。

三、间接原因

1. 安全管理松懈，安全责任制不落实。两掘进巷贯通后，矿各级领导没有按照《煤矿安全规程》规定对巷道贯通和贯通后通风系统调整实施现场指挥。风门没有专人管理，致使风门打开，风流短路，造成准备采矿工作面微风，导致瓦斯聚集。

2. 瓦斯检查制度不健全，瓦斯员漏岗、漏检。没有制定瓦斯员交接制度，没有按规定检查瓦斯、漏检、假检。在没有对工作面进行瓦斯检查的情况下，违章指挥工人进入工作面作业。

3. 违规作业。贯通后的通风系统构筑物未按设计规定的材质要求安设木质调风门，而是设挡风帘，漏风严重，造成准备工作面风量不足。

4. “一通三防”管理工作混乱。瓦斯员未经矿务局培训就上岗作业；瓦斯日报无人检查和查看，记录混乱；通风调度水平低下，不能协调指挥生产。

5. 技术管理不到位。巷道贯通和通风系统调整计划与安全措施等，矿总工程师未按规则规定组织有关人员进行审批，导致作业规程编制内容不全，无针对性的安全技术措施和明确的责任制，无法指挥生产。

6. 安全投入不足。全矿共有 9 个作业地点，仅有 14 台便携式瓦斯报警仪投入使用，全矿无瓦斯报警矿灯，二道防线不健全。

7. 采煤工作面接续紧张，导致只注重进尺，不注重安全，无规程作业，违章指挥现象经常发生。

四、事故整改措施

1. 该采区左翼工作面要立即停产整顿，对通风系统进行调整，待系统稳定后，组织测风员和瓦斯员进行风量测定和瓦斯浓度测定，风量和瓦斯浓度均符合《煤矿安全规程》的规定后，方可移交生产。

2. 加强瓦斯管理，健全瓦斯管理制度。

3. 加强重点瓦斯工作面管理工作。

4. 加强对采掘工作面的瓦斯鉴定工作。

5. 增加矿井投入，健全瓦斯检测的“二道防线”，确保安全生产。

6. 加强安全技术培训工作。

7. 加强矿井通风技术力量。

3. 交通事故案例

2000 年 7 月 7 日 22 时 30 分，柳州市壶东大桥发生一起大客车坠入柳江的特大交通事故，车内司乘人员 79 人全部死亡，直接经济损失约 20 万元。

7 月 7 日 20 时 40 分，柳州市突降暴雨，并伴有强雷电及大风。21 时，壶东大桥路灯因钟控开关遭雷击损坏，路灯全部熄灭。21 时 37 分，柳州市公共交通有限责任公司（以下简称市公交公司）驾驶员周某驾驶桂 B—00512 号大客车（核载 80 人）从车场出发。此时处于暴雨过后的小雨状态，街面车辆多，车速慢，车内乘客多，汽车驶至事故发生地点时，已延长 20 分钟左右。

22 时 30 分，因大桥路灯熄灭，能见度低（实际能见距离 5～6 米）。周某驾驶大客车以约 38 千米/小时的速度（限速 40 千米/小时）由西向东行驶至壶东大桥中段时，碰到大桥维护施工单位潘某等四人遗留在行车道上横倒的水泥隔离墩，导致大客车突然向左拐，冲上旁边高 0.3 米的人行道，撞断大桥北面护栏 7.8 米，大桥人行道外侧水泥板垮塌。大客车垂直翻入距桥面 27.1 米的柳江中，车内司乘人员 79 人（其中男 34 人、女 45 人）全部死亡，直接经济损失约 20 万元。

问题：试分析事故性质、直接原因和间接原因、责任者。

一、事故性质

这是一起因施工人员违章作业，施工现场管理混乱，驾驶员未遵守确保安全通行原则而引发的特别重大交通事故，是一起责任事故。

二、直接原因

1. 柳州市市政维护处第四工程处临时工潘某等四人在桥面作业时违反安全管理规定，在未全部清除桥面上遗留的水泥隔离墩的情况下便离开施工现场，妨碍了交通，致使大客车在行驶过程中左前轮与遗留在桥面上一个横倒在地的水泥隔离墩相撞，造成车辆冲上人行道，直坠江心。车辆与水泥隔离墩相撞导致失控是事故发生的直接原因。

2. 驾驶员周某在雷雨天气、桥面路灯熄灭的情况下，驾驶大客车与水泥隔离墩相撞前没有及时采取制动及有效回避措施，致使两者相撞。周某未遵守确保安全通行原则，不注意安全驾驶车辆，也是造成事故的直接原因。

三、间接原因

1. 柳州市市政维护处领导安全意识淡薄，有关人员工作不负责任，在进行壶东大桥主桥伸缩缝施工时，保证大桥交通安全的措施不具体，造成 7 月 7 日晚壶东大桥主桥伸缩缝施工现场无人指挥和管理。

2. 柳州市公交公司安全管理规章制度不够完善，安全教育和技术培训缺乏针对性，个别职工安全意识不强。

3. 柳州市有关部门对安全生产工作的领导、检查和监督的力度不够，事故防范措施不力。

四、责任者

1. 潘某等 4 人未能共同清除遗留在桥面上的水泥隔离墩，妨碍了交通，导致水泥隔离墩被其他车辆撞倒在地，致使大客车碰撞并坠落江中，是事故的直接责任者，在本次事故中负主要责任。潘某等 4 人涉嫌交通肇事罪，移送司法机关处理。

2. 驾驶员周某在雷雨天、桥面路灯熄灭的情况下，未遵守确保安全通行的原则，致使事故发生，对此次事故的发生负次要责任，鉴于其已在事故中死亡，不再对其处罚。

第五节 责任追究

一、有关事故处理的规定

事故处理对于事故责任追究以及防范和整改措施的落实等非常重要，也是落实“四不放过”要求的核心环节。《生产安全事故报告和调查处理条例》对事故处理工作

做出了明确规定。

1. 事故调查报告的批复主体和批复的期限

事故调查报告由负责组织事故调查的人民政府批复，即：特别重大事故的调查报告由国务院批复；重大事故、较大事故、一般事故的事故调查报告分别由负责事故调查的有关省级人民政府、设区的市级人民政府、县级人民政府批复。

重大事故、较大事故、一般事故自收到事故调查报告之日起15日内做出批复；特别重大事故30日内做出批复，特殊情况下，批复时间可以适当延长，但延长的时间最长不超过30日。

2. 事故责任追究的落实

有关机关应当按照人民政府的批复，依照法律、行政法规规定的权限和程序，对事故发生单位和有关人员进行行政处罚，对负有事故责任的国家工作人员进行处分；事故发生单位应当按照负责事故调查的人民政府的批复，对本单位负有事故责任的人员进行处理；负有事故责任的人员涉嫌犯罪的，依法追究刑事责任。

3. 防范和整改措施的落实及其监督检查

事故发生单位应当认真吸取事故教训，落实防范和整改措施，防止事故再次发生。防范和整改措施的落实情况应当接受工会和职工的监督。安全生产监督管理部门和负有安全生产监督管理职责的有关部门，应当对事故发生单位负责落实防范和整改措施的情况进行监督检查。所谓监督检查，主要是指通过信息反馈、情况反映、实地检查等方式及时掌握事故发生单位落实防范和整改措施的情况，对未按照要求落实的，督促其落实；经督促仍不落实的，依法采取有关措施。

4. 事故处理情况的公布

事故处理情况除依法需要保密的之外，由负责事故调查的人民政府或者其授权的机构向社会公布。

二、有关事故责任追究的规定

安全生产责任追究是指因安全生产责任者未履行安全生产有关的法定责任，根据其行为的性质及后果的严重性，追究其行政、民事或刑事责任的一种制度。

1. 行政责任

(1) 安全生产责任的行政处分规定

安全生产责任的行政处分主要是对职务性过错的制裁，它包括不作为失职处分和作为失职处分。《国务院关于特大安全事故行政责任追究的规定》（国务院302号令）对各种不作为失职行为和作为违法、违纪行为的处分都做了明确规定；《安全生产法》第六章对安全生产监督管理人员的行政法律责任有明确的规定。主要有：

1）防范性工作失职处分。

2）确保中小学生社会实践活动安全的失职处分。

3）安全审批失职处分。

4）监督管理失职处分。

5）事故调查处理失职处分。

（2）安全生产责任的行政处罚规定

在《安全生产法》《国务院关于特大安全事故行政责任追究的规定》《消防法》《矿山安全法》《建筑法》《环境保护法》《治安管理条例》和《生产安全事故报告和调查处理条例》等法律、法规中，对违反安全规定或因违法行为造成事故的责任人（公民、法人或其他组织）的行政处罚，都有具体规定。

2. 刑事责任

根据《刑法》中的规定，与安全生产有关的犯罪主要有危害公共安全罪，渎职罪，生产、销售伪劣商品罪和重大环境污染事故罪。其中危害公共安全罪是一类社会危害性非常严重的犯罪，是《刑法》规定的犯罪中除危害国家安全罪外，客观危险性最大的一类犯罪。罪名包括重大飞行事故罪，铁路运营安全事故罪，交通肇事罪，生产、作业重大安全事故罪，强令违章冒险作业重大安全事故罪，生产设施、条件重大安全事故罪，不报、谎报安全事故罪，危险物品肇事罪，工程重大安全事故罪，教育设施重大安全事故罪，消防责任事故罪。

在《安全生产法》中，追究刑事责任的具体规定为：

（1）第 90 条规定，生产经营单位的决策机构、主要负责人、个人经营的投资人不依照《安全生产法》规定保证安全生产所必需的资金投入，致使生产经营单位不具备安全生产条件的犯罪及刑事处罚，主要依据《刑法》第 135 条的规定追究刑事责任。具体的是对直接责任人员，处三年以下有期徒刑或者拘役；情节特别恶劣的，处三年以上七年以下有期徒刑。

（2）第 91 条规定，生产经营单位的主要负责人未履行《安全生产法》规定的安全生产管理职责的犯罪及刑事处罚，主要依据《刑法》第 135 条的规定追究刑事责任。具体的是对直接责任人员，处三年以下有期徒刑或者拘役；情节特别恶劣的，处三年以上七年以下有期徒刑。

（3）第 93 条规定，违反《安全生产法》关于生产经营单位的安全生产保障的犯罪及刑事处罚，主要依据《刑法》第 135 条的规定追究刑事责任。具体的是对直接责任人员，处三年以下有期徒刑或者拘役；情节特别恶劣的，处三年以上七年以下有期徒刑。

（4）第 95 条规定，未经依法批准，擅自生产、经营、储存危险物品的犯罪及刑事处罚，主要依据《刑法》第 136 条的规定追究刑事责任。具体的是对直接责任人员，

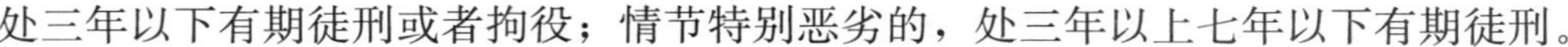

处三年以下有期徒刑或者拘役；情节特别恶劣的，处三年以上七年以下有期徒刑。

（5）第98条规定，生产经营单位违反有关危险物品管理的规定及进行危险作业未安排专门管理人员进行现场安全管理的犯罪及刑事处罚，主要依据《刑法》第136条的规定追究刑事责任。具体的是对直接责任人员，处三年以下有期徒刑或者拘役；情节特别恶劣的，处三年以上七年以下有期徒刑。

（6）第102条规定，生产经营单位生产、经营、储存、使用危险物品的车间、商店、仓库与员工宿舍不符合有关安全要求的犯罪及刑事处罚，主要依据《刑法》第136条和第139条的规定追究刑事责任。具体的是对直接责任人员，处三年以下有期徒刑或者拘役；情节特别恶劣的，处三年以上七年以下有期徒刑。

（7）第104条规定，生产经营单位的从业人员不服从管理，违反安全生产规章制度或者操作规程的犯罪和刑事处罚，主要依据《刑法》第134条的规定追究刑事责任。具体的是对直接责任人员，处三年以下有期徒刑或者拘役；情节特别恶劣的，处三年以上七年以下有期徒刑。

（8）第106条规定，生产经营单位主要负责人在本单位发生重大生产安全事故时，不立即组织抢救或者在事故调查处理期间擅离职守或者逃匿的以及对生产安全事故隐瞒不报、谎报或者拖延不报的犯罪及刑事处罚，主要依据《刑法》第168条的规定追究刑事责任。具体的是对直接责任人员，处三年以下有期徒刑或者拘役；致使国家利益遭受特别重大损失的，处三年以上七年以下有期徒刑。

（9）第87条规定，负有安全生产监督管理职责的部门的工作人员不依法履行审批和监督管理职责的犯罪及刑事处罚，主要依据《刑法》第397条的规定追究刑事责任。具体的是对直接责任人员，处三年以下有期徒刑或者拘役；情节特别恶劣的，处三年以上七年以下有期徒刑。

（10）第89条规定，承担安全评价、认证、检测、检验工作的机构出具虚假证明的犯罪及刑事处罚，主要依据《刑法》第229条的规定追究刑事责任。具体的是对直接责任人员，处五年以下有期徒刑或者拘役；由于严重不负责任，出具的证明文件有重大失实，造成严重后果的，处三年以下有期徒刑或者拘役。

（11）第106条规定，有关地方人民政府、负有安全生产监督管理职责的部门，对生产安全事故隐瞒不报、谎报或者拖延不报的所构成的犯罪及刑事处罚，主要依据《刑法》第397条的规定追究刑事责任。具体的是对直接责任人员，处三年以下有期徒刑或者拘役；情节特别恶劣的，处三年以上七年以下有期徒刑。

3. 民事责任

安全生产的民事责任主要是侵权民事责任，包括财产损失赔偿责任和人身伤害民事责任。在《安全生产法》中，有关民事责任的具体规定有：

（1）第89条规定，承担安全评价、认证、检测、检验工作的机构，出具虚假证

明，给他人造成损害的，与生产经营单位承担连带赔偿责任。

（2）第100条规定，生产经营单位将生产经营项目、场所、设备发包或者出租给不具备安全生产条件或者相应资质的单位或者个人，导致发生生产安全事故给他人造成损害的，与承包方、承租方承担连带赔偿责任。

（3）第111条规定，生产经营单位发生生产安全事故造成人员伤亡、他人财产损失的，应当依法承担赔偿责任；拒不承担或者其负责人逃匿的，由人民法院依法强制执行。

（4）第53条规定，因生产安全事故受到损害的从业人员，除依法享有工伤社会保险外，依照有关民事法律尚有获得赔偿的权利的，有权向本单位提出赔偿要求。

4.《生产安全事故报告和调查处理条例》中有关惩处违法行为方面的规定

《生产安全事故报告和调查处理条例》规定了对事故单位、事故单位主要负责人及有关负责人的处罚、对有关人员及中介机构的处理、对政府及其有关各级人员的处分等内容，体现了安全生产的“重典治乱”。

（1）事故发生单位主要负责人的责任

事故发生单位主要负责人在事故发生后，不立即组织事故抢救的；迟报或者漏报事故的；或者在事故调查处理期间擅离职守的处上一年年收入40%至80%的罚款；属于国家工作人员的，并依法给予处分；构成犯罪的，依法追究刑事责任。《刑法修正案（六）》第四项规定：“在安全事故发生后，负有报告职责的人员不报或者谎报事故情况，贻误事故抢救，情节严重的，处三年以下有期徒刑或者拘役；情节特别严重的，处三年以上七年以下有期徒刑。”

事故发生单位主要负责人未依法履行安全生产管理职责，导致事故发生的，依照事故的不同等级，处上一年年收入不同比例的罚款；属于国家工作人员的，并依法给予处分；构成犯罪的，依法追究刑事责任。

（2）事故发生单位及其有关人员的责任

事故发生后，事故发生单位及其有关人员有谎报或者瞒报事故的；伪造或者故意破坏事故现场的；转移、隐匿资产、财产，或者销毁有关证据、资料的；拒绝接受调查或者拒绝提供有关情况和资料的；在事故调查中作伪证或者指使他人作伪证的；或事故发生后逃匿的，对事故发生单位处100万元以上500万元以下的罚款；对主要负责人、直接负责的主管人员和其他直接责任人员处上一年年收入60%至100%的罚款；属于国家工作人员的，并依法给予处分；构成违反治安管理行为的，由公安机关依法给予治安管理处罚；构成犯罪的，依法追究刑事责任。

事故发生单位的责任依照事故的不同等级，给予不同程度的罚款。例如：发生一般事故的，处10万元以上20万元以下的罚款；发生较大事故的，处20万元以上50万元以下的罚款；发生重大事故的，处50万元以上200万元以下的罚款；发生特别重大事故的，处200万元以上500万元以下的罚款。

（3）有关地方人民政府、安全生产监督管理部门和负有安全生产监督管理职责的有关部门的责任

在生产安全事故发生后，有关地方人民政府、安全生产监督管理部门和负有安全生产监督管理职责的有关部门不立即组织事故抢救的，迟报、漏报、谎报或者瞒报事故的，阻碍、干涉事故调查工作的，或在事故调查中作伪证或者指使他人作伪证的，对直接负责的主管人员和其他直接责任人员依法给予处分；构成犯罪的，依法追究刑事责任。

（4）对事故发生单位、有关中介机构和人员的处罚

事故发生单位对事故发生负有责任的，由有关部门依法暂扣或者吊销其有关证照；对事故发生单位负有事故责任的有关人员，依法暂停或者撤销其与安全生产有关的执业资格、岗位证书；事故发生单位主要负责人受到刑事处罚或者撤职处分的，自刑罚执行完毕或者受处分之日起，5年内不得担任任何生产经营单位的主要负责人。为发生事故的单位提供虚假证明的中介机构，由有关部门依法暂扣或者吊销有关证照及其相关人员的执业资格；构成犯罪的，依法追究刑事责任。

复习思考题

1. 如何确定一起事故发生的直接原因与间接原因？
2. 事故按严重程度分为哪几级？事故调查如何对应各级人民政府？
3. 事故报告应报告到哪一级？每一级的时限是多少？事故备案到哪一级？
4. 事故调查处理应坚持的基本原则是什么？
5. 根据你的理解，事故调查处理的“政府负责，分级分类调查处理”表现在哪些方面？
6. 试述事故调查与事故处理之间的关系。

技能实训七 事故调查与处理报告

一、实训性质与目的

1. 性质

在专业教学计划中，本章内容处于安全管理理论教学与专业实训之间，是学生通过事故现场调查、分析等学习接受安全管理职业技能训练的重要环节。

2. 目的

弄清楚事故情况，从思想、管理和技术等方面查明事故的原因，分清事故的责任，

提出有效的改进措施，从中吸取教训，防止类似事故重复发生。

二、任务描述

2015年3月9日，某石化公司生产一部，在炼油区火炬管网系统气密性检查作业过程中，操作人员在三层平台上开阀门时扳手滑脱，由于惯性身体冲出护栏从三层平台坠落地面，发生一起高处坠落事故，造成1人死亡。通过现场实训，收集公司资料，调查、分析事故发生的经过以及原因等，并提出纠正预防措施。

三、任务准备

1. 应根据教学计划和实训的安排在指定的时间、地点进行实训。

2. 收集该公司相关资料，进行危险性分析，为后期事故调查与处理做好准备。

3. 实训期间听从带队教师及管理人员的安排，不得擅做主张，确实因实训需要的，必须经带队教师或实训管理人员批准。

四、实训内容

（一）事故单位及其他相关单位基本情况

1. A有限责任公司资料

A有限责任公司是由B石油天然气股份有限公司和C石油化工有限责任公司共同投资兴建的一家特大型企业，双方股比结构为90%：10%，装置设计生产能力为80万吨/年乙烯、1 000万吨/年炼油，厂区位于某市工业园区，工程总占地4平方千米。其公司设置总经理（党委）办公室、生产运行处、财务处、人事处（党委组织部）、质量安全环保处、技术发展处、审计法规处、机动设备处、党群工作（企业文化）处9个机关处室，商务部、工程部、行政部3个直属部门；下设6个生产部及仓储运输部、公用工程部、设备检修部、生产监测部和炼油厂共11个二级单位。公司生产一部是公司的生产部门之一，负责该公司1 000万吨/年常减压装置、250万吨/年催化裂化联合装置、10万吨/年硫黄联合装置、火炬及火炬气回收设施的生产管理。该部目前有部长1人、副部长3人，其他管理人员16人，操作人员119人。按照公司管线划分的规定，炼油区火炬系统的生产操作由公司生产一部负责，芳烃联合装置E管廊炼油火炬界区阀及相关管线的气密性试验由生产一部负责。

2. 施工单位基本情况

D有限公司是A有限责任公司旗下的子公司，注册成立于1997年11月。作为专业从事石油化工、炼油及煤化工装置工程建设和技术服务的公司，其工程具备一体化园区规划、工程项目申请报告、可行性研究、大型复杂项目总体设计、工程咨询、设计、采购、施工管理、工程总承包、项目管理承包、培训及开车等全过程服务的综合能力。该公司是某地区石化65万吨/年对二甲苯装置的工程总包单位。

A公司第七建设公司始建于1974年，是中国石油天然气集团公司直属的综合性施工企业。1991年跨入全国500家最大建筑业企业、全国500家最佳经济效益建筑业行

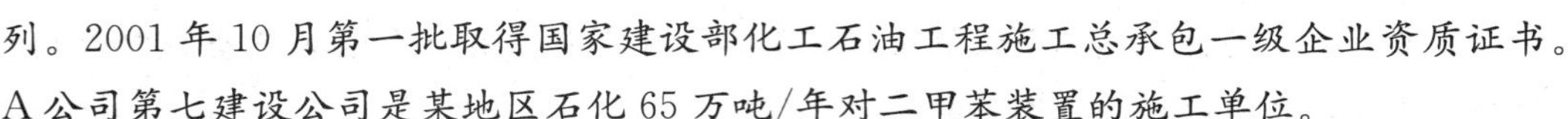

列。2001年10月第一批取得国家建设部化工石油工程施工总承包一级企业资质证书。A公司第七建设公司是某地区石化65万吨/年对二甲苯装置的施工单位。

3. D项目管理有限公司

D项目管理有限公司成立于1994年9月27日，是以工程项目管理为主体具有独立法人资格的股份制公司。2008年监理主营业务收入14 000余万元，在全国监理行业中排名第19位，在某市排名第3位。该公司承担某地区石化65万吨/年对二甲苯装置施工阶段的监理任务。

4. 装置、工程状况

A公司炼油区火炬共有高压、低压放空气管网和一条酸性气体放空管线，事故相关的高压管网的背压为0.4兆帕（G），管径为*DN* 1 300，整个管网至火炬头体积约为4 500米^3；低压管网的背压为0.1兆帕（G），管径为*DN* 1 700，整个管网至火炬头体积约为6 500米^3。按照公司规定，生产一部负责由芳烃联合装置E管廊炼油火炬界区阀及相关管线的气密性试验。事发地点的生产三部芳烃联合装置E管廊界区三层平台距地面13.2米，火炬高压、低压放空气管线并排由其下方的二层平台（距离地面8.35米）上南北向穿过。

（二）事故经过

2015年2月25日，A公司生产运行处牵头组织召开了火炬系统气密协调会，决定自3月8日对高/低压火炬系统进行气密试验检查。

2015年3月9日，按照高/低压火炬系统气密检查工作部署与气密检查方案，生产一部火炬回收系统操作员郑某与强某，前往生产三部芳烃联合装置E管廊界区三层平台的界区阀处，做高/低压火炬线气密性检查，其中，郑某负责高压火炬线，强某负责低压火炬线。

10时30分，二人来到生产三部芳烃联合装置E管廊区，该气密性检查前需要打开高/低压火炬线界区阀门。强某拿喷壶先上到三层平台，蹲下放下喷壶，手臂伸出护栏外手动进行低压火炬33线界区阀门打开操作。随后，郑某上到三层平台，蹲在高压火炬线界区阀旁边的护栏旁，使用F形扳手进行高压火炬线界区阀门打开操作。此时，强某已将低压火炬线界区阀门打开，起身将喷壶放在三层平台东面直梯口旁，转过身欲下直梯到二层平台对低压火炬界区阀进行气密性检查，见郑某已从三层平台上坠落到高、低压火炬管道之间缝隙并从缝隙坠落。强某立即从三层平台下到地面，看见郑某侧卧在地面，打通班长范某电话，召集人员前来抢救，并迅速拨打120急救电话。

10时40分，救护车抵达事故现场，将郑某送至某人民医院。经检查，郑某伤势严重，腹膜下弥漫性出血，深度持续昏迷。在某人民医院对郑某进行抢救的同时，公司立即聘请当地的医疗权威专家到某人民医院组织全力抢救。

2015年3月10日9时12分，郑某经抢救无效死亡。事故发生后公司立即上报事

故，召开事故现场会，成立事故调查组对事故展开调查，并配合当地安全监督部门进行事故调查，全力做好死者家属的善后工作。

死者基本情况：郑某，男，1988 年 1 月 30 日出生，籍贯甘肃，2010 年 7 月参加工作，某石化学院炼油专业毕业，身份证号为 62210119880130××××。

（三）事故原因分析

1. 直接原因

操作员在平台上用 F 形扳手开阀过程中，F 形扳手推阀门时滑落，操作员因身体惯性冲压护栏，护栏未起到保护作用，冲出护栏，从高处坠落。

2. 间接原因

（1）阀门的位置与操作平台在设计上不匹配，不方便操作人员在平台上开/关阀门，操作平台没起到应有的工作平台作用。

《石油化工企业职业安全卫生设计规范》（SH 3047—1993）的第 2.5.1 条款规定：操作人员进行操作、维护、调节、检查的工作位置距坠落基准面高差超过 2 米，且有坠落危险的场所，应配置供站立的平台和防坠落的栏杆、安全盖板、防护板等。

（2）操作平台防护栏施工不完整，防护栏（中间护带）虚搭，不能起到安全防护作用。《固定式钢梯及平台安全要求第 3 部分：工业防护栏杆及钢平台》（GB 4053.3—2009）中规定：防护栏杆及钢平台应采用焊接连接，焊接要求应符合 GB 50205 的规定。当不便焊接时，可用螺栓连接，但应保证设计的结构强度。安装后的防护栏杆及钢平台不应有歪斜、扭曲、变形及其他缺陷。

（3）工程监理人员未及时发现防护栏存在的重大安全隐患。

（4）郑某风险识别能力不足，在靠近不完整防护栏边缘作业时未采取有效防坠落保护措施，冒险作业。

3. 管理原因

（1）设计上未考虑现场阀门操作平台的设置，没有给操作人员提供安全可靠的作业环境，在交底和审查阶段，公司未及时发现平台位置的设置对阀门的操作存在重大安全隐患。

（2）石化公司在“三查四定”过程中发现了 E 管廊高/低压火炬阀未设置操作平台后向设计单位提出，但设计单位坚持原设计未予整改。

（3）工程监理人员监督检查不到位，未对平台、护栏部分拆除施工后的复位进行现场检查确认，未及时发现护栏虚搭的重大安全隐患。

（4）石化公司在施工监管和验收中工作不细致，检查有疏漏。

（5）石化公司在执行“三查四定”工作中不细致，不彻底，未及时发现施工单位遗留的防护栏虚搭的重大安全隐患。

（6）操作人员风险意识不强，对危险的辨识能力不足，实际操作能力培训不够，

石化公司的日常管理要求不严格。

（四）事故责任认定与责任追究

根据《中国石油天然气集团公司生产安全事故管理办法》《中国石油天然气集团公司生产安全事故与环境事件责任人员行政处分规定》和《石化公司生产安全事故与环境事件责任人员行政处分实施细则》的规定，对事故责任单位与责任人进行责任追究。

郑某，生产一部三班员工，在平台上用F形扳手开阀操作过程中，风险意识不强，未采取有效防护措施，冒险作业，是本次事故的直接责任人，因本人在事故中死亡，免于追究。

范某，生产一部三班副班长，为火炬系统气密作业负责人，在安排和布置该项工作过程中，没有进行作业风险评估、作业交底和过程监管，对其直接管理职责履行不到位，对事故的发生负主要责任，给予降级处分。

范某，生产一部三班班长，对班组成员的日常安全教育和管理不到位，未有效开展安全监督和安全风险评估工作，对事故的发生负主要责任，给予警告处分。

黄某，生产一部工艺工程师，为火炬系统气密工作负责人，在安排和布置气密工作过程中，履行管理职责不到位，未有效开展安全监督和安全风险评估工作，对事故的发生负主要责任，给予记大过处分。

高某，生产一部主管安全生产的副部长，对直接主管的安全生产工作履职不力，健全、落实本单位安全生产责任制、规章制度及操作规程不到位，督促、检查本单位安全生产工作不细致，对事故的发生负主要领导责任，给予记大过处分。

姜某，生产一部部长，为单位安全生产第一责任人，对安全生产工作履职不力，对安全教育、管理和安全生产工作责任制落实不到位，对事故的发生负主要领导责任，给予记过处分。

边某，生产三部公用工程组组长，为芳烃装置E管廊区属地负责人，对施工单位遗留的防护栏安全隐患未及时发现，在“三查四定”工作中未能发现三层操作平台护栏未封的问题，对事故的发生负主要责任，给予记大过处分。

史某，生产三部工艺工程师，为芳烃装置E管廊区管理负责人，对施工单位遗留的防护栏安全隐患未及时发现，在“三查四定”工作中未能发现三层操作平台护栏未封的问题，对事故的发生负主要责任，给予记过处分。

赵某，生产三部主管安全生产的副部长，对施工单位遗留的防护栏安全隐患未及时发现，对“三查四定”工作组织不力，未能发现三层操作平台护栏未封的问题，对事故的发生负重要领导责任，给予警告处分。

安某，生产三部部长，为单位安全生产的第一责任人，对安全生产工作履职不力，组织检查本单位安全生产工作不细致，对施工单位遗留的防护栏安全隐患及三层操作平台护栏未封问题没有及时发现，对事故的发生负重要领导责任，给予警告处分。

公司为芳烃联合装置E管廊高/低压火炬线界区阀及平台的设计单位，设计管理不到位，对操作平台与高/低压火炬线界区阀不匹配没有整改，对事故的发生负设计管理责任。

A公司第七建设公司，为芳烃联合装置E管廊高/低压火炬线界区阀及平台的施工单位，施工管理不到位，对操作平台护栏不完善、护栏虚搭等安全隐患没有及时处理，对事故的发生负直接管理责任。

D项目管理有限公司为芳烃联合装置E管廊高/低压火炬线界区阀及平台的监理单位，施工监管不到位，对操作平台安全隐患没有发现，对事故的发生负监管责任。

对于设计单位、施工单位和监理单位将按照事故调查组提出的处理意见进行处理。

五、纠正预防措施

1. 责令该工程建设有限公司立即按《石油化工企业职业安全卫生设计规范》(SH 3047—1993)的第2.5.1条款对芳烃联合装置E管廊界区的高/低压火炬阀操作平台进行整改。

2. 责令A公司第七建设公司立即按《固定式钢梯及平台安全要求　第3部分：工业防护栏杆及钢平台》(GB 4053.3—2009)的第4.5.1条款对芳烃联合装置E管廊第二、三层平台存在安全缺陷的防护栏进行整改。

3. 对现场的梯子、平台、通道、盖板的安全防护措施进行专项检查，对不符合安全要求及存在安全缺陷的，要立即组织整改，并挂牌督办。对一时不能整改的，要设置警示标志，采取可靠的安全防护措施，并要确定整改措施与期限，落实整改负责人。

4. 做好操作安全防范工作，对生产操作部位没有平台的增设平台，无法设置平台的搭设临时脚手架，低位操作可用梯子，使用梯子作业必须有人监护，脚手架、梯子上作业和平台上作业身体重心超出平台作业必须系挂安全带。

5. 在全公司开展“我要安全”的安全生产大讨论活动，找出在安全管理、风险防范、自我规范和履行安全职责上的差距，依据找出的差距全员制订“个人安全行动计划”，并对实施情况定期进行考核。

6. 开展安全生产规章制度与规程及安全操作技能的学习活动，严格对学习结果进行考试与考核，灌输风险意识，强制规定操作前必须识别风险，培养员工养成事事想安全的习惯。

第七章

职业卫生与管理

本章学习目标

1. 掌握职业卫生定义、职业卫生工作范围及发展趋势。
2. 掌握职业危害因素的分类及辨识方法。
3. 掌握我国职业卫生监督与管理体制、内容及相关法律依据。
4. 了解职业安全健康管理体系。

第一节　职业卫生概述

一、引言

现代工业的兴起和飞速发展，在给人类带来了富足文明的同时，也带来了各种职业危害因素，对劳动者的健康造成了严重的威胁。职业卫生就是研究人类从事各种职业活动过程中的卫生问题，使劳动者的健康在职业活动过程中免受伤害的一门学科。

早在公元前460—前377年，古希腊医学家希波克拉底就告诫他的同事“注意观察环境，以便了解病人得病的根源”，他首先认识到了铅是造成腹绞痛的病因。我国北宋时期，在《谈苑》中述及“后苑银作镀金，为水银所熏，头手俱颤”，“采石人，石末伤肺，肺焦多死”。公元14—16世纪，随着采矿冶炼业的发展，出现了金属中毒的病例，例如冶炼金、银、铅、锌、汞等引起的职业病。意大利的拉马兹尼于1700年出版了《论手工业者疾病》，该书描述了50多种职业病，包括矿工、陶工、油漆工、石工等工种涉及的职业病，已成为职业病的经典著作。18世纪英国纺织机械的革新和蒸汽机的出现引发了第一次工业革命，由于劳动条件恶劣，职业病及传染病不断，频繁发生意外工伤事故。19世纪因电力的广泛应用出现了第二次工业革命，推动了大规模的采矿和冶炼，还发明了合成染料，出现了苯胺中毒等职业病例。自19世纪末职业性

危害受到西方社会的广泛关注，开始依靠科学技术的进步，改善劳动条件进行职业病的防治，许多国家政府编制了职业卫生与劳动保险法规，开展了防治职业病的服务与研究。20 世纪随着有机化合物的大量合成，出现了多种急、慢性化学中毒和职业肿瘤等问题。以原子能、高分子化合物和计算机为标志的第三次工业革命，X 射线、原子能、微波、高频辐射等技术的应用带来了新的职业卫生问题。美国的汉密尔顿出版了《美国的工业中毒》一书，系统地介绍各种职业中毒的原因及对人体的损害。英国亨特所著的《职业病》一书强调“环境”和“群体”的重要性，提出职业病的群发特点，在职业病研究领域产生了重要影响。

进入 21 世纪以来，职业卫生学获得快速发展。基础毒理学、劳动生理学、职业心理学、人机工程学、卫生工程学等新分支学科的出现，大大丰富了职业卫生的理论内涵，形成了一个比较完整的现代职业卫生科学体系。随着科技的进步，特别是计算机技术、自动化、智能化技术的广泛应用，在使人们逐渐摆脱繁重体力劳动的同时，也为避免直接接触有害因素提供了可能。这些科学技术上的进步，大大改善了人类的工作环境和生活质量，根除了某些长期以来威胁工人健康的职业危害。

在职业卫生的发展历程中，职业卫生相关组织及协会做出了重要贡献，例如国际劳工组织、世界卫生组织、国际职业卫生协会、国际社会保障协会、欧洲职业安全健康局、美国职业安全卫生总署及亚太职业安全健康组织等。其中国际劳工组织的主要职责是保护工人免遭由工作而引起的身体不适、疾病和伤害，它通过雇主、工人和政府三方达成共识的程序，以公约和建议书的形式制定国际劳工标准。目前，国际劳工组织已制定了近 190 个公约和近 200 个建议书，一半以上都直接或间接与职业安全卫生有关。世界卫生组织是联合国下属负责卫生的一个专门机构，其宗旨是使全世界人民获得尽可能高水平的健康，该组织给健康下的定义为“身体、精神及社会生活中的完美状态”。世界卫生组织的主要职能是促进流行病和地方病的防治，提供和改进公共卫生、疾病医疗和有关事项的教学与训练，推动确定生物制品的国际标准。这些组织机构在职业卫生标准规范制定、科学技术研究、教育与培训等方面的工作，使得世界各国的职业卫生水平得到了显著提升，使一些古老传统的职业病得到有效控制。

二、职业卫生的定义及常见术语

1. 职业卫生定义

国际劳工组织和世界卫生组织提出：职业卫生旨在促进和维持所有职工在身体和精神幸福上的最高质量；防止在工人中发生由其工作环境所引起的各种有害于健康的情况；保护工人在就业期间免遭由不利于健康的因素所产生的各种危险；使工人置身于一个能适应其生理和心理特征的职业环境之中。总之，要使每一个人都能适应于自己的工作环境。

我国在《职业卫生名词术语》中给职业卫生做如下定义：以促进和保障劳动者在职业活动中的身心健康和社会福利，预防和保护劳动者免受职业有害因素所致的健康影响和危险，使劳动者生理和心理与职业环境相适应为宗旨的一门学科。

研究职业卫生，应首先了解职业安全与职业卫生的联系与区别。职业安全也称为劳动安全，是以防止职工在职业活动过程中发生各种伤亡事故为目的的工作领域及在法律、技术、设备、组织制度和教育等方面所采取的相应措施。职业卫生则是以职工的健康在职业活动过程中免受有害因素侵害为目的的工作领域及在法律、技术、设备、组织制度和教育等方面所采取的相应措施。职业安全与职业卫生是一个事物的两个方面，是不可分割的整体。二者目的均是防止劳动者在工作中受到伤害，一方面是保护身体健康；另一方面保护人身安全，既可独立存在，也可相互并存。只要是在劳动生产中就会存在着安全与卫生问题，因此，国外很多国家在立法和行政管理上都将职业安全与职业卫生结合在一起。我国在《职业安全卫生术语》中，将职业安全与卫生进行统一定义：以保障职工在职业活动过程中的安全与健康为目的的工作领域及在法律、技术、设备、组织制度和教育等方面所采取的相应措施。

2. 职业卫生常见术语

(1) 职业危害

职业危害对从事职业活动的劳动者可能导致的工作有关疾病、职业病和伤害。

(2) 职业性有害因素

职业性有害因素又称职业病危害因素，是指在职业活动中产生和（或）存在的、可能对职业人群健康、安全和作业能力造成不良影响的因素或条件，包括化学、物理、生物等因素。

(3) 职业病

企业、事业单位和个体经济组织的劳动者在职业活动中，因接触粉尘、放射性物质和其他有毒、有害物质等因素而引起的疾病。

(4) 法定职业病

国家根据社会制度、经济条件和诊断技术水平，以法规形式规定的职业病。

(5) 职业禁忌

劳动者从事特定职业或者接触特定职业性有害因素时，比一般职业人群更易于遭受职业危害和罹患职业病或者可能导致原有自身疾病病情加重，或者在从事作业过程中诱发可能导致对劳动者生命健康构成危险的疾病的个人特殊生理或者病理状态。

(6) 工作有关疾病

工作有关疾病是与多因素相关的疾病。在职业活动中，由于职业性有害因素等多种因素的作用，导致劳动者罹患某种疾病或潜在疾病显露或原有疾病加重。

（7）职业性伤害

职业性伤害是指职业活动中所发生的伤害。

（8）职业卫生标准

为实施职业病防治法律法规和有关政策，保护劳动者健康，预防、控制和消除职业病危害，防治职业病，由法律授权部门制定的、在全国范围内统一实施的技术要求。

（9）一级预防

一级预防又称病因预防，指采用有利于职业病防治的工艺、技术和材料，合理利用职业病防护设施及个人职业病防护用品，减少劳动者职业接触的机会和程度，预防和控制职业危害的发生。

（10）二级预防

二级预防又称发病预防，指通过对劳动者进行职业健康监护，结合环境中职业性有害因素监测，以早期发现劳动者所遭受的职业危害。

（11）三级预防

三级预防是指对患有职业病和遭受职业伤害的劳动者进行合理的治疗和康复。

（12）工作场所

劳动者进行职业活动，并由用人单位直接或间接控制的所有工作地点。

（13）工作地点

劳动者从事职业活动或进行生产管理而经常或定时停留的岗位和作业地点。

（14）噪声作业

存在有损听力、有害健康或有其他危害的声音，且 8 小时/天或 40 小时/周噪声暴露等效声级不小于 80 分贝（A）的作业。

（15）高温作业

高温作业指有高气温或有强烈的热辐射，或伴有高气湿相结合的异常气象条件、WBGT 指数超过规定限值的作业。

（16）职业性中毒

指劳动者在职业活动中组织器官受到工作场所毒物的毒作用而引起的功能性和器质性疾病。

（17）职业接触限值

劳动者在职业活动过程中长期接触，对绝大多数接触者的健康不引起有害作用的容许接触水平，是职业性有害因素的接触限制量值。化学有害因素的职业接触限值包括时间加权平均容许浓度、短时间接触容许浓度和最高容许浓度三类。物理因素职业接触限值包括时间加权平均容许限值和最高容许限值。

（18）最高容许浓度（MAC）

在一个工作日内、任何时间和任何工作地点有毒化学物质均不应超过的浓度。

(19) 时间加权平均容许浓度(PC—TWA)

以时间为权数规定的8小时工作日、40小时工作周的平均容许接触浓度。

(20) 短时间接触容许浓度(PC—STEL)

在遵守PC—TWA前提下容许短时间(15分钟)接触的浓度。

(21) 总粉尘

可进入整个呼吸道(鼻、咽、喉、气管、支气管、细支气管、呼吸性细支气管、肺泡)的粉尘,即用总粉尘采样器按标准测定方法从空气中采集的粉尘。

(22) 呼吸性粉尘

可达到肺泡区(无纤毛呼吸性细支气管、肺泡管、肺泡囊)的粉尘,亦即用呼吸性粉尘采样器按标准测定方法从空气中采集的粉尘。

(23) 个人防护用品

个人防护用品又称个人职业病防护用品,指劳动者在劳动中为防御物理、化学、生物等外界因素伤害而穿戴、配备以及涂抹、使用的各种物品的总称。

(24) 职业病危害预评价

对可能产生职业病危害的建设项目,在可行性论证阶段,对建设项目可能产生的职业病危害因素、危害程度、对劳动者健康影响、防护措施等进行预测性卫生学分析与评价,确定建设项目在职业病防治方面的可行性,为职业病危害分类管理提供科学依据。

(25) 职业病危害控制效果评价

建设项目在竣工验收前,对工作场所职业病危害因素、职业病危害程度、职业病防护措施及效果、健康影响等做出综合评价。

(26) 职业病防护设施

消除或者降低工作场所的职业病危害因素浓度或强度,减少职业病危害因素对劳动者健康的损害或影响,达到保护劳动者健康目的的装置。

(27) 职业健康监护

以预防为目的,根据劳动者的职业接触史,通过定期或不定期的医学健康检查和健康相关资料的收集,连续性地监测劳动者的健康状况,分析劳动者健康变化与所接触的职业病危害因素的关系,并及时地将健康检查和资料分析结果报告给用人单位和劳动者本人,以便及时采取干预措施,保护劳动者健康。职业健康监护主要包括职业健康检查和职业健康监护档案管理等内容。

三、职业卫生工作的范围

1. 职业病危害因素和职业病的识别

作业场所存在各种职业性有害因素对从业者的健康会造成不良影响,严重的可以

导致职业性疾病或损伤。2002年4月，我国卫生部、原劳动和社会保障部颁发的《职业病目录》中，共有10大类、115种法定的职业病。识别职业性有害因素及职业病是职业卫生工作的基本步骤之一，是进行危害性评价、采取控制策略以及规划优先措施必不可少的前提条件。识别职业性有害因素及职业病可以确定何种环境下存在何种有害物质，以及对人体造成有害影响的性质及伤害的程度。

要鉴别有害物质和有害因素的来源，需要广博的知识，需要对工作过程、操作工序、原材料、使用或产生的化学物质、最终成品或副产物等进行认真研究，还需要对化学物形成事故的可能性、物质的分解、燃料的燃烧或杂质的产生的可能性进行研究。要鉴别过度接触时有害物质生物效应的性质与影响程度，还需要掌握毒理学的知识。

2. 职业病的发病规律分析

职业病发病具有以下五个特点：

(1) 病因明确，病因即职业性有害因素，在控制病因或作用条件后，可消除或减少发病。

(2) 所接触的病因大多是可检测和识别的，且其强度或浓度需要达到一定的程度，才能使劳动者致病，一般可有接触水平反应的关系，即接触强度（浓度）越大，机体反应越明显。

(3) 在接触同一有害因素的人群中常有一定的发病率，很少只出现个别病人。

(4) 大多数职业病如果能早期诊断、及时治疗、妥善处理，康复效果较好，但有些职业病，例如矽肺，目前尚无特效疗法，只能对症综合处理，故发现越晚，疗效越差。

(5) 除职业传染病外，治疗个体无助于控制人群发病。从病理学上说，职业病是完全可以预防的，故必须强调“预防为主”。

总之，职业性疾病可累及很多器官、系统，涉及临床医学各个分科，例如内科、外科、神经科、皮肤科、眼科、耳鼻喉科等。因此，必须充分运用多学科的综合知识和技能，明确了解职业病的发病病因，处理职业性疾病的早期诊断、治疗、康复。

3. 职业性危害因素监测

对作业环境进行有计划、系统的检测，分析作业环境中有毒有害因素的性质、强度及其在时间、空间的分布、消长规律，为评价作业环境的卫生质量，判断是否符合职业卫生标准要求；估计在此作业环境下劳动作业者的接触水平，为研究接触—反应或效应关系提供基础数据。通过职业卫生监测，提供工作场所有害物质现状的数据，判断工作场所有害物质是否符合国家职业卫生标准，评价当前工作场所职业卫生的主要问题。找出工作场所有害污染最严重的地点或岗位，以及该处的有害物质的重要污染因素，作为主要管理对象，评价该处有害物质污染防治对策和措施实施效果。

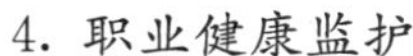

4. 职业健康监护

健康监护是职业卫生的一项主要内容。通过健康监护不仅起到保护员工健康、提高员工健康素质的作用，也是为了便于早期发现疑似职业病病人，尽早得到治疗。

健康监护应着重做好环境监测和体格检查两方面的工作。环境监测是了解工作环境存在职业病危害因素的重要依据，经检测，可以判定职业病危害因素的性质、分布、产生的原因和程度，也可鉴定防护设备的效果。体格检查是了解健康状况的必要手段，上岗前、在岗期间和离岗时的职业健康体检，有助于识别员工的健康变化，结合环境监测等资料进行动态对比，可鉴别是否属于职业性病变。

在开展健康监护工作中，必须有专职人员负责，建立职业健康监护档案。

5. 职业病的预防

职业病的预防遵循三级预防原则，即：①一级预防。从根本上着手，使劳动者尽可能不接触职业性有害因素，或控制作业场所有害因素水平在卫生标准允许限度内。②二级预防。对作业工人实施健康监护、早期发现职业损害，及时处理、有效治疗、防止病情进一步发展。③三级预防。对已患职业病的患者积极治疗，促进健康。三级预防的关系是：突出一级预防，加强二级预防，做好三级预防。

落实三级预防的基本措施有：①实施劳动卫生监督，包括预防性和经常性卫生监督，以及事故性处理。新建、扩建、改建工程项目的卫生防护设施“三同时”验收是其重要的内容。②降低有害因素浓（强）度。常见的卫生技术措施有从工艺上改进，防止有害因素逸散，推广运用低毒、无毒的材料或技术，配置个人防护用品、通风防尘等。③职业性健康筛检。常规的措施有就业职业性体检、定期职业性体检和离退休职业性体检。

四、我国职业卫生工作现状

近年来，我国的职业卫生工作取得了长足发展，特别是《职业病防治法》颁布实施以来，进一步建立完善了职业病防治的法律、法规、标准体系；组织开展了全国职业病危害专项整治行动；加大了职业病防治联合执法力度，查处了重大职业病危害事故。总体而言，我国职业卫生整体水平有所提高，重大职业病危害事故也得到了有效遏制。但由于我国处于社会主义初级阶段，工业生产装备水平不高，工艺技术相对落后，尤其是在煤炭、冶金等职业危害较严重的行业，改善工作环境需要一个过程。在城镇化、工业化的过程中，大量农民工进城就业，他们流动性大，健康保护意识不强，职业防护技能缺乏，加大了职业危害防治监管的难度。另外，随着经济和科技的发展，新技术、新工艺、新材料的广泛应用，新的职业危害风险及职业病不断出现，防治工作也面临着新的挑战。总体看来，目前我国职业危害形势依然非常严峻，主要有以下

几个突出问题：

1. 接触职业病危害人数多，患病数量大，发病年龄下降，新职业病不断出现，专家估计今后10～15年我国职业病发病总数还将呈继续上升趋势。

2. 职业病危害分布行业广，乡镇企业、外资企业职业危害严重，农民工成为职业危害的主要受害者。

3. 职业病危害流动性大、危害转移严重。

4. 职业病具有隐匿性、迟发性的特点，危害往往被忽视。

5. 职业病危害造成的经济损失巨大，影响长远。

五、职业卫生工作发展趋势

1. 职业病危害预防

职业卫生的主要任务是消除、阻止或大幅度降低职业人群对职业病危害因素的接触，深入研究低强度长期接触职业病危害因素对人体的影响，早期发现职业人群在细胞乃至分子层出现的损伤。

2. 人类工效学

我国的工效学研究起步较晚，研究单位也较少，仍然是个有待加强的薄弱领域。随着信息化、自动化程度的进一步提高，劳动者对卫生、安全、高效、满意、舒适的工作条件的需求，人类工效学研究必将成为我国职业卫生、职业医学关注的“热点”。

3. 职业安全和职业卫生的融合

近年来，我国生产事故频繁发生，且多数为大规模恶性事故，例如：高浓度煤层引起的爆炸、高浓度毒物导致的急性中毒死亡，而这些事故中很大部分都涉及严重的职业卫生问题。因此，职业安全、职业卫生各相关监督管理部门必须加强协调和合作，充分发挥各自的专长，做到优势互补，充分发挥保障劳动者生命安全和健康的作用。

4. 职业卫生网络信息

通过职业卫生信息管理系统，将职业卫生信息监测纳入国家公共卫生信息监测系统平台，规范职业病危害、职业病、工作相关疾病的预防、控制、统计工作，使我国职业卫生信息数据与国际接轨并互认。

5. 非工业职业病危害

近10年来，非工业生产的职业病危害问题日益显现出来，主要有图书、档案、文献管理作业，视频作业（信息产业、银行、保险、证券业、电视台等），精神紧张作业（设计院、医院、政府机关）等，这些行业的工作人员除了受到一些化学、物理、生物、工效学因素的影响外，主要受职业紧张的影响，导致心理、精神问题，以及高血压等疾病。在21世纪，随着第三产业的日益扩大，非工业生产的职业病危害问题将会

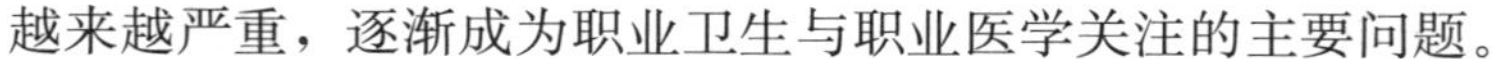
越来越严重，逐渐成为职业卫生与职业医学关注的主要问题。

第二节　职业危害辨识与分析

一、概述

职业危害指在生产劳动过程及其环境中产生或存在的，对职业人群的健康、安全和作业能力可能造成不良影响的一切要素或条件的总称。职业危害因素是造成职业病的原因。2009 年 9 月 1 日，国家安监总局颁布的《作业场所职业健康监督管理暂行规定》正式开始实施。同年 11 月 1 日，该局制定的《作业场所职业危害申报管理办法》施行，为预防和减少职业危害，改善作业环境，保障劳动者生命健康权益提出了新的具体要求。

根据规定，作业场所职业危害申报内容主要包括：生产经营单位的基本情况，产生职业危害因素的生产技术、工艺和材料，作业场所职业危害因素的种类、浓度或强度，作业场所接触职业危害因素的人数及分布情况，职业危害防护设施及个人防护用品的配备情况，对接触职业危害因素从业人员的管理情况。

二、职业危害因素及分类

1. 职业危害因素

职业危害因素指在生产过程、劳动过程、作业环境中存在的危害从业人员健康的因素（或称生产性有害因素）。

职业危害因素按其来源主要有生产工艺过程、劳动过程、作业环境中存在的危害劳动者健康的因素。

（1）生产工艺过程：如生产工艺过程中使用的原辅物料、产品、副产物、催化剂等中存在的化学毒物，生产设备运行过程中产生的噪声或高温等。

（2）劳动过程：劳动组织情况、生产设备布局、作业人员体位和方式等。

（3）作业环境：不良气象条件、通风、照明等。

2. 职业危害因素分类

按职业危害因素的不同来源可分为下列三类：

（1）生产过程中产生的有害因素

1）化学因素。生产毒物，如铅、汞、氯气、一氧化碳、有机磷农药等；生产性粉尘，如矽尘、石棉尘、煤尘、有机粉尘等。

2）物理因素。异常气象条件，如高温、高湿、低温等；异常气压，如高气压（潜涵作业等）、低气压（高山、高空作业等）；噪声、振动；非电离辐射，如红外线、紫外线、微波、激光、射频等；电离辐射，如X射线、γ射线等。

3）生物因素。如附着于皮毛上的炭疽杆菌、蔗渣上的霉菌等。

（2）劳动过程中的有害因素

1）劳动组织、制度不合理、劳动作息制度不合理等。

2）精神紧张或个别系统、器官过度紧张，如视力紧张等。

3）劳动强度过大或生产定额不当，安排的作业强度与劳动者生理状态不相适应等。

4）长时间处于某种不良体位或使用不合理的工具等。

（3）生产环境中的有害因素

1）自然环境中的有害因素，如炎热季度强阳光辐射。

2）厂房建筑或布置不合理，有毒工段和无毒工段安排在同一个车间。

3）由不合理的生产过程所致环境污染。

在实际生产场所中，危害因素常常不是单一的，往往同时存在多种危害因素对劳动者的健康产生联合影响。

劳动者发生职业性损害还必须具备一定的作用条件。这些条件主要是：有接触机会，如生产中使用或产生某些有毒物质；一定的接触方式，如经呼吸道、皮肤或其他间接途径，或由于意外事故；一定的接触时间；足够大的接触剂量（强度）。后两个方面是决定机体所受剂量的主要因素，又称职业危害的接触水平。

职业危害的接触水平与生产环境布局、生产工艺、生产设备、集体或个体防护设施等有关。生产车间的设计不符合卫生标准，布局不合理，工艺和设备落后，缺乏集体和个体防护设施和管理不善，都可以增加职业危害的接触机会和接触水平。

在同一生产环境下从事同一作业的工人中，个体发生职业性损害的机会和程度有很大的差别，这是因为：

（1）个体之间的遗传差异：如患有某些遗传疾病或有遗传缺陷的人容易受某些有毒物质的作用。

（2）年龄和性别的差异：如妇女接触职业危害因素极易损害胎儿、婴儿的健康，未成年人和老年人也易受职业危害的影响。

（3）营养差异：营养不良可降低机体的抵抗力和康复能力。

（4）其他疾病和精神因素：如患有皮肤疾病可增加吸收毒物的机会，患有肝脏病影响机体对毒物的解毒功能。

（5）文化水平和生活方式：具有一定的文化素质的人能较自觉地采取预防危害的措施。

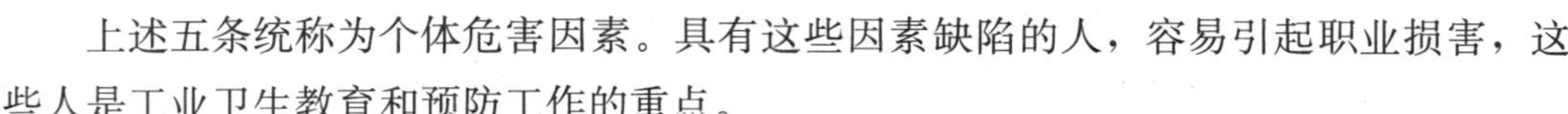

上述五条统称为个体危害因素。具有这些因素缺陷的人，容易引起职业损害，这些人是工业卫生教育和预防工作的重点。

三、职业病分类

职业病有广义职业病和法定职业病之分。

1. 广义职业病

因职业病危害因素直接作用于人体所引起的健康损害或疾病称为职业病，也是广义上的职业病；易导致职业病危害因素引起职业病的特定工作条件，被称为职业病危害。

2. 法定职业病

法定职业病也称狭义的职业病，是指由职业性危害因素所引起的疾病，由国家主管部门公布的《职业病目录》所列的职业病称法定职业病。

3. 分类

卫生部卫法监发〔2002〕108 号《职业病目录》将 10 大类 115 种职业病列为法定职业病，其中：①尘肺 13 种；②职业性放射性疾病 11 种；③化学因素所致职业中毒 56 种；④物理因素所致职业病 5 种；⑤生物因素所致职业病 3 种；⑥职业性皮肤病 8 种；⑦职业性眼病 3 种；⑧职业性耳鼻喉口腔疾病 3 种；⑨职业性肿瘤 8 种；⑩其他职业病 5 种，其中包括化学灼伤等工伤事故。

4. 界定法定职业病的基本条件

(1) 在职业活动中产生。

(2) 接触职业危害因素。

(3) 列入国家职业病范围。

(4) 与劳动用工行为相联系。

四、职业危害因素辨识

1. 职业病危害因素及其分类

职业病危害因素分为：①粉尘类；②放射性物质类（电离辐射）；③化学物质类；④物理因素；⑤生物因素；⑥导致职业性皮肤病的危害因素；⑦导致职业性眼病的危害因素；⑧导致职业性耳鼻喉口腔疾病的危害因素；⑨导致职业性肿瘤的职业病危害因素；⑩其他职业病危害因素等，共计 10 大类 115 种。

2. 作业场所职业病危害作业分级

《工作场所职业病危害作业分级》（GBZ/T 229）按部分发布，目前已出版以下几个部分：

——第 1 部分：生产性粉尘；

——第 2 部分：化学物；

——第 3 部分：高温；

——第 4 部分：噪声。

(1)《工作场所职业病危害作业分级　第 1 部分：生产性粉尘》，由卫生部根据《中华人民共和国职业病防治法》制定，于 2010 年 3 月 10 日发布，自 2010 年 10 月 1 日起实施。

生产性粉尘指在生产过程中形成的粉尘。按粉尘的性质分为：①无机粉尘（inorganic dust，含矿物性粉尘、金属性粉尘、人工合成的无机粉尘）；②有机粉尘（organic dust，含动物性粉尘、植物性粉尘、人工合成的有机粉尘）；③混合性粉尘（mixed dust，混合存在的各类粉尘）。

生产性粉尘作业分级（见表 7—1）的依据包括粉尘中游离二氧化硅含量、工作场所空气中粉尘的职业接触比值和劳动者的体力劳动强度等要素的权重数。

表 7—1　　生产性粉尘作业分级

分级指数（G）	作业级别
0	0 级（相对无害作业）
$0<G\leqslant 6$	Ⅰ级（轻度危害作业）
$6<G\leqslant 16$	Ⅱ级（中度危害作业）
>16	Ⅲ级（高度危害作业）

(2)《工作场所职业病危害作业分级　第 2 部分：化学物》（GBZ/T 229.2—2010）。有毒作业分级（见表 7—2）的依据包括化学物的危害程度、化学物的职业接触比值和劳动者的体力、劳动强度三个要素的权数。

表 7—2　　有毒作业分级

分级指数（G）	作业级别
$\leqslant 1$	0 级（相对无害作业）
$1<G\leqslant 6$	Ⅰ级（轻度危害作业）
$6<G\leqslant 24$	Ⅱ级（中度危害作业）
>24	Ⅲ级（重度危害作业）

(3)《工作场所职业病危害作业分级　第 3 部分：高温》由卫生部于 2010 年 3 月 10 日发布，自 2010 年 10 月 1 日起实施。

在高温作业的健康危害、环境热强度、接触高温时间、劳动强度和工作服装阻热性能等全面评价基础上进行分级。高温作业分级的依据包括劳动强度、接触高温作业时间、WBGT 指数和服装的阻热性。

高温作业按危害程度分为 4 级，即轻度危害作业（Ⅰ级）、中度危害作业（Ⅱ级）、重度危害作业（Ⅲ级）和极重度危害作业（Ⅳ级），见表 7—3。

表 7—3　　高温作业分级表

接触高温作业时间/分钟	WBGT 指数，℃									
	25～26	27～28	29～30	31～32	33～34	35～36	37～38	39～40	41～42	≥43
≤120	Ⅰ	Ⅰ	Ⅰ	Ⅰ	Ⅱ	Ⅱ	Ⅱ	Ⅲ	Ⅲ	Ⅲ
121～240	Ⅰ	Ⅰ	Ⅱ	Ⅱ	Ⅲ	Ⅲ	Ⅳ	Ⅳ		—
241～360	Ⅱ	Ⅱ	Ⅲ	Ⅲ	Ⅳ	Ⅳ	—	—	—	—
≥361	Ⅲ	Ⅲ	Ⅳ	Ⅳ	—	—	—	—	—	—

（4）《工作场所职业病危害作业分级　第 4 部分：噪声》由卫生部于 2012 年 6 月 5 日发布，自 2012 年 12 月 1 日起实施。

噪声分级以国家职业卫生标准接触限值及测量方法为基础进行分级。按照 GBZ/T 189.8—2007 的要求进行噪声作业测量，依据噪声暴露情况计算 LEX，8 小时或 LEX，w 后，根据表 7—4 确定噪声作业级别，共分四级。

表 7—4　　噪声作业分级

分级	等效声级 LEX，8 小时　分贝	危害程度
Ⅰ	85≤LEX，8 小时<90	轻度危害
Ⅱ	90<LEX，8 小时<94	中度危害
Ⅲ	95<LEX，8 小时<100	重度危害
Ⅳ	LEX，8 小时≥100	极重危害

注：表中等效声级 LEX，8 小时与 LEX 等效使用。

3. 职业危害评价与分析

（1）职业病危害评价依据

开展职业病危害评价的主要依据是各种法律、法规、标准、规范以及企业提供的各种资料。虽然安全和卫生法规、标准和规范各有自己的法规体系，但在职业病危害评价中有一些相同的法规、标准作为依据，例如《生产过程安全卫生要求总则》（GB 12801—2008）、《生产设备安全卫生设计总则》（GB 5083—1999）、《工业企业总平面设计规范》（GB 50187—2012）、《工业企业设计卫生标准》（GBZ 1—2010）等。

（2）职业病危害评价的流程

1）收集各种与评价项目有关的资料，包括适用的各类法律、法规、标准、规范，企业提供的各类安全卫生技术、管理文件资料、运行记录，以及现场的安全卫生状况等。

2）根据收集到的资料及企业的评价要求和评价目的，制定相应的评价计划或评价

方案，以指导评价工作按时有序地开展。

3）在获得充分资料的基础上进行工程分析，对物料、工艺过程、设备设施、作业场所等进行危险、有害因素或职业病危害因素的识别，并明确其存在的部位或环节。

4）结合企业实际情况，划分评价单元或确定重点评价因子，并选择评价方法。

5）利用选定的各种评价方法进行定性、定量或综合评价，以明确危险、有害因素或职业病危害因素的危害程度。

6）结合现场或类比现场实际情况或可行性研究报告中的职业安全卫生的考虑，依据相应的法律、法规、标准和规范的要求，对企业的安全卫生管理、工程技术措施等进行评价。

7）针对辨识、评价的情况，有针对性地提出各种合理可行的安全、卫生对策措施，包括管理措施、工程技术措施、应急救援预案等。

8）做出职业病危害评价的结论。

9）在评价过程中要对评价报告进行反复的审核、修改、完善工作，确保职业病危害评价报告的质量。

（3）职业病危害评价内容

由于企业危险、有害因素与职业病危害因素的差异，职业病危害评价侧重对作业环境中可能影响企业职工身体健康的职业病危害因素进行识别、评价和控制，重点在于职业病的预防和控制。

安全评价和职业病危害评价在部分评价内容方面有一定的交叉，比如在厂址选择及总平面布置方面都要求：①厂址选择符合工业布局和城市规划的要求；②考虑不同地质条件和水文条件对厂址的影响；③考虑当地气象条件（如风向因素）的影响；④新建厂选址应满足有关国家标准中关于防火距离及卫生防护距离的要求，包括企业与外部的居民区、周边企业等的防护距离，企业内部车间、设备装置、办公区、生活区等相互之间的安全距离等。

（4）职业病危害——工程分析

安全评价和职业病危害评价都需要通过工程分析来识别分析生产过程及作业场所存在的危险、有害因素或职业病危害因素。两种评价都将从原辅物料、中间产品及产品、工艺过程、生产设备设施、作业场所、安全卫生投入等方面进行工程分析，但工程分析的侧重点由于评价内容不同而存在差异。

例如对原辅物料、中间产品及产品的工程分析，安全评价关注其易燃易爆性、活性、毒性及腐蚀性，而职业病危害评价关注的是其毒性和腐蚀性。

对生产工艺和设备设施的工程分析，安全评价分析其工程技术、工艺过程中各项参数（如温度、压力、速度、流量、材质等）可能导致的设备故障，人、物、环境和管理方面的缺陷可能导致的泄漏、火灾、爆炸和各种人身伤害事故；而职业病危害评

价则分析有工人操作的工艺过程或设备设施中存在的有毒有害物质的挥发、溢出或意外泄漏及噪声等危害因素对工人健康的影响。

此外，为了保护员工的健康，更准确地掌握工人接触职业病危害因素的浓度（强度），职业病危害评价还需要对卫生室和辅助用室、工时制度等进行分析。

（5）职业病危害评价方法的选择

在评价方法的选择上，职业病危害评价方法相对固定，主要有检查表法、类比法和定量分级法。其中，类比法是目前开展职业病危害预评价时的主要评价方法，通过类比项目的职业卫生调查、作业场所职业病危害因素浓度（强度）的检测等来类推拟建项目的职业病危害因素浓度（强度）、职业病危害后果及应采取的职业病防护措施。职业病危害评价还常利用现场或类比现场职业病危害因素浓度（强度）的检测数据进行定量分级，来评价职业病危害因素对人的危害程度。

在采用类比法时，职业病危害评价强调作业场所工人接触职业病危害因素浓度（强度）和卫生工程措施的类比。在采用检查表法时，职业病危害评价则强调职业卫生工程技术措施、作业场所的职业病危害因素检测情况及职业卫生管理、健康监护等内容的检查。

（6）对策措施

对辨识出的危险、有害因素或职业病危害因素进行定性、定量评价后，需要结合企业情况提出合理可行的对策措施来降低风险。评价报告中提出的职业卫生对策措施的侧重点和针对性包括：防尘、防毒、防噪、防振、防暑、防湿、防寒、防电离/非电离辐射、防生物危害措施等。

但在具体的防护措施方面，安全和职业卫生两种评价有很多重复和交叉的内容，可以互相参考。

1）生产的机械化、自动化、密闭化。前期设计或引进技术时，尽量考虑生产的机械化、自动化、密闭化，将大大降低人员与危险物料、设备的接触机会，减少人员在危险场所的工作时间，这是应该优先考虑的保护工人安全和健康的措施。

2）增强设备设施的可靠性和质量。增强设备设施的可靠性和质量，降低设备设施的故障率，减少维修或意外故障的机会，也将减少发生事故的概率，保护工人的安全和健康。

3）减振降噪措施。选用低噪声工艺及设备、合理布置、隔声、消声、吸声、隔振降噪等措施可以达到减振降噪的目的。这不仅能减少对工人听力及其他生理系统的危害，同时也能降低工人的疲劳感，减少出现操作失误的概率和听觉信号使用的差错率，保证工人的安全。

4）通风除尘、净化措施。粉尘和有毒化学物质不仅会对工人的健康造成危害，还可能引发火灾或爆炸。通过设置通风除尘和净化系统，既能保证工作场所粉尘和毒物的浓度符合标准限值的要求，降低粉尘和毒物危害，也能降低工作场所发生火灾、爆炸的风险。

5）个体防护用品的配置措施。对采用工程技术措施后遗留的危害部分可以通过佩戴个体防护用品来减小其对工人的危害，如佩戴防尘和防毒口罩、耳塞、防静电防护服、防酸防碱防护服等。

6）有毒有害物质泄漏的紧急处理。很多的物质不仅有毒，而且易燃易爆，一旦发生泄漏，将可能造成人员急性或慢性中毒，在外界火源的作用下还可能引发火灾或爆炸，再次波及周边工人的安全。因此，职业病危害评价要考虑对泄漏出的有毒有害物质进行紧急处理，如采用洗消、收容、稀释、覆盖等方式减少其危害。

7）采光照明措施。作业场所的采光照明应达到国家标准的要求，以减少对工人视力的影响，以及因光线不足、视线不良造成的操作失误。

8）标志。安全标志、职业卫生周知卡等现场标志，都能起到警告、警示、提醒、指令等作用，减少工人的违章或失误，在一定程度上可避免事故的发生，保护工人的安全和健康。

9）管理措施。在管理方面，采取对工人进行各种安全卫生培训、提高工人的素质和技能、落实责任制、制定各种安全卫生管理制度等措施，能进一步保证生产的安全和工人的安全与健康。同时，企业的安全和卫生监督管理职能目前基本都在同一部门或专职、兼职人员身上。因此，安全、卫生管理措施可以互相补充、配合，使企业的安全卫生管理产生效益。

第三节　职业卫生监督与管理

职业卫生监督管理包括国家职业卫生监督管理和用人单位职业卫生监督管理两方面内容。随着改革开放的不断深入和社会主义市场经济体制的建立健全，生产经营企业为国民经济的增长做出了巨大的贡献，与此同时，职业卫生监督管理工作也面临着前所未有的挑战，在这样的大环境下依然有部分企业为了自身经济利益的最大化，忽视了职业卫生的重要性，从而为企业埋下了职业卫生安全隐患。职业危害已经成为严重羁绊企业发展、社会进步的瓶颈，随之带来的职业卫生的监督管理任务日趋繁重，面临的问题更加复杂。

一、我国职业卫生监督管理制度

自新中国成立以来，我国职业卫生监管职能发生了三次重大变化，每次都有不同的时代背景和意义。

1. 1949—1998 年：劳动部

新中国成立前夕，1949 年 9 月，第一届中国人民政治协商会议通过的《共同纲领》明确规定：实行工矿检查制度，以改进工矿安全和卫生设备。由劳动部进行监督检查、综合管理。新中国成立后，中央人民政府于 1949 年 11 月 2 日成立了中华人民共和国劳动部，下设劳动保护司，负责全国的劳动保护工作。

1970 年 6 月，劳动部与国家技委合并后，改为劳动保护组；1975 年 9 月国家劳动总局成立；1979 年 6 月，劳动保护组改为劳动保护司；1982 年 5 月至 1987 年，改为劳动人事部劳动保护局。1988 年，根据七届人大一次会议批准的国务院机构改革方案，撤销劳动人事部，组建劳动部。新组建的劳动部是国务院领导下的综合管理全国劳动工作的职能部门。根据劳动部的主要职责，成立了职业安全卫生监察局，是劳动部综合管理全国职业安全卫生工作的职能部门。该局下设职业卫生监察处，其主要职责是监督检查执行职业卫生法规情况，调查研究和掌握企业职业卫生状况，并提出对策；综合管理新建、改建、扩建企业和老企业改造中工程项目的职业安全卫生“三同时”的监察工作；管理职业安全卫生技术措施经费、行业试点和组织职业卫生技术措施综合评价；统计分析职业病的情况并提出对策；管理乡镇企业的职业卫生工作；处理女工、未成年工保护、工时休假、保健食品、提前退休和职业卫生的专业培训、考核发证等日常工作。

2. 1998—2003 年：卫生部

为适应社会主义市场经济体制建设的需要，1998 年 6 月 17 日，政府机构按“政企分开”“精简、统一、效率”的原则进行大幅度调整，职业卫生监管职能发生了重大变化，将劳动部承担的职业卫生监察（包括矿山卫生监察）职能交由卫生部承担。

3. 2003 年至今：卫生部和国家安监总局

为了更好地保护广大劳动者的人身健康安全，2001 年，国家安全生产监督管理局成立，负责全国的安全生产监管工作。2005 年，国家安全生产监督管理局升格为国家安全生产监督管理总局，为国务院直属机构。2003 年 10 月 23 日，中央机构编制委员会办公室下发了《关于国家安全生产监督管理局（国家煤矿安全监察局）主要职责内设机构和人员编制调整意见的通知》（中央编办发〔2003〕15 号），对职业卫生监管的职责进行了调整。为了做好这项工作，卫生部、国家安监局经认真研究、协商，对两个部门职业卫生监管的职责分工达成共识，并于 2005 年 1 月份联合下发了《关于职业卫生监督管理职责分工意见的通知》（卫监督发〔2005〕131 号）。主要分工内容如下：

卫生部门职责：①拟订职业卫生法律、法规和标准；②负责对用人单位职业健康监护情况进行监督检查，规范职业病的预防、保健，并查处违法行为；③负责职业卫生技术服务机构资质认定和监督管理，审批承担职业健康检查、职业病诊断的医疗卫

生机构并进行监督管理，规范职业病的检查和救治，负责化学品毒性鉴定管理工作；④负责对建设项目进行职业病危害预评价审核、职业病防护设施设计卫生审查和竣工验收。

安全监管部门职责：①负责制定作业场所职业卫生监督检查、职业危害事故调查和有关违法、违规行为处罚的法规、标准，并监督实施；②负责作业场所职业卫生的监督检查，依照《使用有毒物品作业场所劳动保护条例》发放职业卫生安全许可证；③负责职业危害申报，依法监督生产经营单位贯彻执行国家有关职业卫生法律、法规、规定和标准情况；④组织查处职业危害事故和有关部门违法、违规行为；⑤组织指导、监督检查生产经营单位职业安全培训工作。各级煤矿安全监察机构依据上述内容负责煤矿企业作业场所的职业卫生监督管理工作。

二、职业卫生监督管理原则和要求

1. 分级监管、属地管理原则

国家安全生产监督管理总局负责全国生产经营单位作业场所职业危害防治的监督管理工作。

县级以上地方人民政府安全生产监督管理部门负责本行政区域内生产经营单位作业场所职业危害防治的监督管理工作。

县级以上人民政府安全生产监督管理部门应当设置职业安全健康监管机构，配备监管执法人员，依照职业危害防治法律、法规、规章和国家标准及行业标准的要求，对生产经营单位作业场所职业危害防治工作进行监督检查。

2. 监管人员的权力

安全生产监督管理部门履行监督检查职责时，有权采取下列措施：

（1）进入被检查单位和作业现场，进行职业危害检测，了解有关情况，调查取证。

（2）查阅、复制被检查单位有关职业危害防治的文件、资料，采集有关样品。

（3）对有根据认为不符合职业危害防治的国家标准、行业标准的设施、设备、器材予以查封或者扣押，并应当在15日内依法做出处理决定。

3. 监管人员的义务

（1）安全生产监督管理部门行政执法人员依法履行监督检查职责时，应当出示有效的执法证件。

（2）行政执法人员应当忠于职守，秉公执法，严格遵守执法规范；对涉及被检查单位的技术秘密和业务秘密，应当为其保密。

4. 对中介机构实行备案制度

（1）安全生产监督管理部门对从事职业危害防治工作的职业健康技术服务机构实

行登记备案管理制度。依法取得相应资质的职业健康技术服务机构，应当向安全生产监督管理部门登记备案。

从事作业场所职业危害检测、评价等工作的中介技术服务机构应当客观、真实、准确地开展检测、评价工作，并对其检测、评价的结果负责。

（2）安全生产监督管理部门应当加强对职业健康技术服务机构的监督检查，发现存在违法违规行为的，及时向有关部门通报。

三、职业卫生监督管理的基本内容

1. 国家安全生产监督管理总局职业健康监管的主要职责

依据国务院办公厅印发的《国家安全生产监督管理总局主要职责、内设机构和人员编制规定的通知》（国办发〔2008〕91号），国家安全监管总局职业健康监督管理的基本内容主要包括以下几个方面：

（1）监督检查工矿商贸用人单位贯彻执行职业健康法律法规、标准和方针政策情况，组织查处重特大职业危害事故和违法行为。

（2）组织指导和监督检查职业卫生安全许可证的颁发和管理工作，承担中央管理的工矿商贸企业（总部）职业卫生安全许可证的颁发管理工作。

（3）组织指导职业危害项目申报工作，依法监督检查工矿商贸生产经营单位职业危害项目申报工作。

（4）承担职业安全健康宣传教育工作，组织指导和监督检查工矿商贸生产经营单位及其作业场所相关人员职业安全健康培训工作。

（5）监督检查作业场所职业卫生技术服务工作，组织指导职业安全健康技术支撑体系建设。

（6）指导监督建设项目职业卫生“三同时”工作，指导监督工矿商贸生产经营单位职业安全健康标准化工作。

（7）指导监督职业安全健康科学技术研究和科技成果推广工作。

（8）指导和监督检查工矿商贸生产经营单位职业安全健康防护用品使用情况，参与职业危害事故应急救援工作。

依据《作业场所职业健康监督管理暂行规定》（国家安全生产监督管理总局第23号令），安全生产监督管理部门依法对生产经营单位执行有关职业危害防治的法律、法规、规章和国家标准、行业标准的下列情况进行监督检查：①职业健康管理机构设置、人员配备情况；②职业危害防治制度和规程的建立、落实及公布情况；③主要负责人、职业健康管理人员、从业人员的职业健康教育培训情况；④作业场所职业危害因素申报情况；⑤作业场所职业危害因素监测、检测及结果公布情况；⑥职业危害防护设施

的设置、维护、保养情况，以及个体防护用品的发放、管理及从业人员佩戴使用情况；⑦职业危害因素及危害后果告知情况；⑧职业危害事故报告情况；⑨依法应当监督检查的其他情况。

2. 职业健康监督检查类型、程序和内容

(1) 职业健康监督检查的类型

职业健康监督检查通常可分为日常监督检查、专项监督检查和举报监督检查三种类型。

1) 日常监督检查。对企业日常生产经营活动中职业危害防治情况的监督检查。这种监督检查活动通常有以下两种具体形式：

①不定期地组织监督检查执法活动。这种活动，包括对企业全面的职业危害防治情况进行检查，或对某些职业危害严重的行业和单位职业卫生情况进行重点监督检查。

②定期对企业开展的职业健康监督检查。

2) 专项监督检查。是指针对专门或特殊的职业健康工作进行的监督检查，包括：①对职业卫生安全许可证颁发管理工作的监督检查；②对使用有毒物品作业的用人单位职业卫生安全许可证条件保持情况的监督检查；③对用人单位及其作业场所相关人员职业安全健康培训工作的监督检查；④对建设项目职业卫生“三同时”工作的监督检查；⑤对用人单位职业安全健康防护用品使用情况的监督检查；⑥对重点岗位职业危害及其防护情况的监督检查等。

3) 举报监督检查。根据举报进行监督检查活动。根据职工对职业危害的投诉和工会组织严重职业危害情况的检举、揭发，派员调查，依法进行处理。这一系列类型的监督检查，是安全生产监督管理部门获取职业危害现状、职业危害防护、职业危害事故、职业病等信息的重要手段，对安全生产监督管理部门进一步研究对策，推进职业安全健康的发展发挥重要的作用。

(2) 职业健康监督检查的程序和内容

1) 监督检查程序。职业健康监督检查程序是指政府职业安全健康监管人员履行作业场所职业健康监督检查活动的步骤和顺序，一般包括以下五个方面：

①监督检查准备。这是对监督检查用人单位进行的初步调查了解，是监督检查过程的开始，是为进入用人单位开展职业健康监督检查所做的准备工作。监督检查准备包括：a. 确定监督检查对象，查阅有关法规和标准；b. 了解检查对象的工艺流程、生产和职业危害情况；c. 制订检查计划，安排检查内容、方法、步骤；d. 编写检查表或检查提纲，选择陪同职业卫生专家等。

②监督检查用人单位守法情况。出示有效的监管执法证件，进入用人单位并听取用人单位对遵守国家职业安全健康法规标准的情况和存在的问题及改进措施的汇报，查阅相关资料，掌握用人单位培训、检测、责任制等情况。

③调查作业现场。实地了解作业状况，包括生产工艺、技术装备、防护措施、原材料等方面存在的问题。同时，采访工人并听取职工意见和建议，尤其在职业危害管理和改善劳动条件方面的问题和建议。

④提出意见或建议。向用人单位负责人或有关人员通报检查情况，指出存在问题，提出整改意见和建议，指定完成期限。

⑤发出职业健康监督检查执法文书。根据监督检查情况，把执法文书下达给用人单位，进行限期整改。违法情节严重的，进行行政处罚。

职业健康监督检查执法文书是职业健康监督管理机构责成有关单位在规定的时间内，改进或纠正职业危害防治工作方面存在问题的指令性书面通知书。通常包括两方面的内容：一是有关单位在职业健康方面存在的问题；二是提出限期整改的要求。

企业接到职业健康监督检查执法文书后，逾期不做改进的，职业健康监督管理机构应按有关规定给予相应的行政处罚。

行政处罚通常是一项经济制裁措施，是教育有关企业或领导干部加强职业健康管理，保障职工劳动中免遭职业危害的一种辅助手段。

对于发出职业健康监督检查执法文书的监督检查，一般在整改期限到达后，职业健康监督管理部门要安排一次跟进监督检查，即深入现场核实整改措施是否到位并符合要求。

2）监督检查的内容。在履行职业健康监督检查程序时，要重点关注以下内容：

①听取用人单位汇报有关情况时应了解的内容

a. 用人单位的一般情况包括主要产品、工艺流程、职工总数、生产工人数、接触有害作业人数等。

b. 主要职业危害因素种类，分布的车间、岗位，工人接触情况。

c. 企业职业病防治工作的开展情况，重点了解岗前、在岗和离岗职业健康体检情况，职业危害因素检测情况，职工职业健康培训，个人防护用品发放及职业危害防护设施的设置和使用情况等。

②查阅相关资料时应重点查看的内容。

a. 职业健康管理资料。包括：是否以文件的形式明确设立了职业健康管理组织机构、配备了专（兼）职职业健康管理人员；是否制订了职业健康管理制度、操作规程、检测及评价制度、职业危害事故应急救援预案；职业健康档案、健康监护档案是否完整齐全；是否制订了年度职业危害防治工作计划。

b. 培训资料。上岗前、在岗期间的职业卫生培训和教育情况。

c. 查看健康监护资料。岗前体检：查看新招人员工作岗位安排情况，有无安排从事接触职业危害作业的，如有，是否进行了岗前职业健康体检，岗前体检项目是否与所接触的职业危害因素相关。记录部分新上岗人员名单到生产现场进行核实。在岗体

检：根据《职业健康监护技术规范》规定的检查周期查看应检人数、实检人数、异常人数及复查情况，必检项目是否完整。询问企业负责人对体检中发现的有健康损害或职业禁忌人员，是否已按体检评价报告中的建议进行复查、调离原工作岗位，并记录下这些人员名单到生产现场进行核实。离岗体检：查看接触职业危害作业的劳动者，在退休前、解除劳动合同前、脱离有害作业岗位时，是否进行了离岗体检。

d. 查看职业危害项目的申报资料。重点查看并记录申报中生产原（辅）料、生产工艺流程、职业危害因素等，注意询问企业负责人现在生产工艺及原（辅）料是否与原申报资料有改变，是否存在未申报的职业危害作业（现场检查进行核对）。

e. 查看职业危害因素监测资料。检测项目是否包括了作业场所或工作岗位所产生的职业危害因素，职业危害因素尤其是严重职业危害因素超标情况（现场检查进行核对）。

f. 抽查劳动合同。对劳动者是否进行了劳动合同告知，合同中是否根据劳动者工作岗位注明劳动过程中可能接触的职业危害因素的种类及危害程度、危害后果、职业病防护设施和个人职业危害防护用品使用注意事项，企业和劳动者在职业危害防治工作中的责任和义务等内容。

近两年有无用于企业生产的新建、改建和扩建或技术改造、技术引进建设项目，是否经过“三同时”审查与验收。

职业危害检测评价结果是否定期上报当地有关部门。

③到生产现场重点观察的内容

a. 职业危害因素来源。生产作业方式：全密闭、半密闭、敞开式、自动化、手工操作、作坊式生产、其他方式。从工作现场、生产流程查看职业危害因素的种类、来源，通过看、听、嗅及便携式测定仪器来初步判定职业病危害的严重程度。检查是否存在申报资料中未涉及的原（辅）料及职业危害因素。

b. 卫生防护设施、个人防护用品。包括：有害作业岗位是否采取了有效的职业卫生防护设施。车间生产有害与无害是否分开。车间有无通风排毒、除尘设施（全面通风、局部通风），这些设施是否能正常运转，生产中是否在正常使用。应急处理设施：可能发生急性职业危害的作业场所现场是否设置了冲洗设施、事故性通风排毒设施、应急防范装备和医疗急救用品。是否为劳动者提供了符合职业危害防治要求的职业病防护用品，例如防尘、防毒面罩，防噪耳塞，护目镜，防化学手套、防护服、防护帽、呼吸防护器及皮肤防护用品等（注意针对性、有效性）劳动者在生产中是否正常佩戴及使用。

c. 警示标志、警示说明、公告栏。包括：在产生严重职业危害因素的作业场所或工作岗位是否设置了警示标志、警示说明，设置是否正确，种类是否齐全。生产车间是否设有公告栏，需要对劳动者进行公告的内容是否进行了公告（如作业场所检测结果、职业健康管理制度等）。

④生产现场询问的重点内容。生产现场询问劳动者时，应随机询问部分现场接触职业危害因素的生产人员（技术员、老工人），间接验证企业提供的有关情况。询问部分劳动者的姓名、来该企业工作的时间（注意核对新上岗人员名单）。对新上岗人员，询问是否接受过岗前职业健康体检，在什么医疗机构进行的体检。对进厂 1 年以上的劳动者，要询问进厂后企业是否组织过职业健康体检，体检的医疗机构名称，是否知道自己的体检结果。

按照记录下的人员名单，询问部分体检中发现的有健康损害或职业禁忌人员，是否已调离原工作岗位。

是否接受过职业病防治法及相关职业危害防治知识的培训。

对现场佩戴个人防护用品的劳动者，要查看个人防护用品是否符合防护要求、是否正确佩戴；对未佩戴个人防护用品的劳动者要询问是否发放过个人防护用品，如发放，要求出示一下，说明不佩戴的原因。

是否与企业签订了劳动合同，劳动合同中有无职业危害告知内容，是否知晓告知内容，是否签字。

询问生产中使用的主要生产原料、添加剂、助剂都有哪些，是否与申报资料相符。

是否知道工作岗位存在的职业危害因素及其达标情况。

⑤生产现场检查时重点记录的内容

a. 现场卫生防护设施配备及使用实际情况。

b. 现场劳动者个人防护用品佩戴情况。

c. 现场警示标志设置情况。

d. 现场生产状况：正常生产、非正常生产。

e. 生产现场实际存在的职业病危害因素。

f. 被询问者姓名、年龄、工种等。

⑥监督检查情况反馈及监督检查文书制作

a. 职业健康监督管理人员现场监督检查后，简单小结检查情况，并向被监督的企业领导或主管人员告知监督检查的情况。

b. 制作现场职业健康监督检查笔录：根据监督检查情况，如实记录企业依法开展了哪些职业健康工作，存在哪些问题，违反了哪些法律法规或标准的规定。现场监督检查笔录应注明年月日，由被监督的企业主管人员或陪同检查人员核对检查情况，属实后在现场监督检查笔录上签字（一式两份，一份交被监督单位，另一份存档）。如被监督用人单位的负责人拒绝签字，职业健康监管人员可将拒绝签字的情况记录在案，并向安全生产监督管理部门报告。

c. 在监督检查中，发现企业在贯彻职业健康法律法规、标准方面不规范的，还不

足以达到必须给予行政处罚的严重程度时，须将整改要求以职业健康监督检查执法文书形式告知企业。

d. 在监督检查中，发现企业有违反职业健康法律法规行为，确实达到必须进行行政处罚的程度时，在事实清楚、证据确凿的情况下，可以进入立案程序，做进一步取证调查。

四、职业卫生监督管理的依据

我国已经初步建立以《职业病防治法》为主体，相关法规、规章与标准为辅的职业卫生法律体系。大致可分为这样几个层次：首先是宪法，其中规定了“加强劳动保护，改善劳动条件”，在整个体系中具有最高法律地位及效力。其次是基本法律，以《职业病防治法》为主体，还有《劳动法》《工会法》《矿山安全法》《劳动合同法》和《清洁生产促进法》，此外还有民法、行政法、刑法中涉及职业卫生内容的法律规定。然后是有关法规，主要以《尘肺病防治条例》《使用有毒物品作业场所劳动保护条例》和《放射性同位素与射线装置安全和防护条例》为主体，另有《工伤保险条例》《劳动保障监察条例》等。再有就是部门规章与地方政府规章及相关标准。

1.《中华人民共和国劳动法》

它是我国第一部全面规范劳动关系的综合性法律文件。专门设立“劳动安全卫生”一章，包含有：规章制度方面，要求用人单位必须建立、健全劳动卫生制度，要求新、扩、改工程的劳动安全卫生设施必须与主体同时设计、同时施工、同时投入生产和使用的“三同时”制度，要求建立劳动防护用品及定期体检制度等。

2.《中华人民共和国职业病防治法》

该法是我国职业卫生立法体系中最为重要的一部法律，其目的是通过规范用人单位和劳动者双方的行为，从而有效保护劳动者健康和维持正常的生产经营行为。确立了“预防为主、防治结合”工作基本方针和“分类管理、综合治理”管理原则。规定了用人单位的责任：一是应当为劳动者创造符合国家职业卫生标准和要求的工作环境和条件，并采取措施保障劳动者获得职业保护；二是应当建立、健全职业病防治责任制，加强职业病防治的管理，提高职业病防治水平，对本单位产生的职业危害承担责任；三是必须依法参加工伤社会保险。此外，还对用人单位明确规定了职业病前期预防要求、劳动过程中的防护和管理要求，规定了职业病的诊断管理、治疗和保障方面的内容及相关法律责任。

3. 职业危害补偿的相关立法

我国实行的是工伤社会保险制度，主要立法是《中华人民共和国社会保险法》和配套法规《工伤保险条例》。《中华人民共和国社会保险法》已由第十一届全国人民代表大会常务委员会第十七次会议于2010年10月28日通过，2011年7月1日起施行。其中关于工伤保险内容有工伤保险参保范围和缴费，工伤保险费率如何确定，工伤保险缴费基数和费率，职工享受工伤保险待遇的条件和程序，不认定为工伤情形，工伤保险基金负担的工伤保险待遇，用人单位负担的工伤保险待遇情形，伤残津贴和基本养老保险待遇衔接的规定，民事侵权责任和工伤保险责任竞合的规定等。其中有几个特色规定，比如第36条第二款确立了工伤认定和劳动能力鉴定简捷、方便原则，充分体现了该法的社会保障功能，也是立法目的重要体现。第38条规定了由工伤保险基金支付因工伤发生的费用如医疗费用、康复费用、住院伙食补助费、劳动能力鉴定费等，减轻了用人单位工伤职工用工成本支出。第41条明确了工伤职工在用人单位未参加工伤保险且不支付工伤保险待遇的，工伤职工有要求工伤保险基金支付工伤保险待遇的权利。第42条规定明确了工伤职工在第三者侵权和工伤竞合的情况下医疗费救济途径等。

2010年新修订的《工伤保险条例》已于2011年1月1日起施行，进一步扩大了工伤保险制度的保障范围，做到"应保尽保"，其工伤保险适用范围增加了事业单位、社会团体、民办非企业单位、基金会、会计师事务所、律师事务所等组织，让更多人群能得到保障。该条例大幅度提高了因工死亡职工的一次性工亡补助金标准，比原标准增长了2倍多，并且打破地区限制，实现了全国同名同价。该条例简化了工伤认定的处理程序，如缩短了工伤认定申请的认定时限，并取消了工伤认定争议处理中行政复议前置。该条例规定行政复议和行政诉讼期间不停止支付工伤职工医疗费用，防止部分用人单位恶意拖延诉讼，保证工伤职工能够得到及时救治。该条例上调了对伤残职工的一次性伤残补助金标准，统一规范了职工的工伤待遇标准，并且将原由用人单位支付的工伤职工"住院伙食补助费""统筹地区以外就医的交通食宿费"及"终止或解除劳动关系时的一次性医疗补助金"改由保险机构承担，减轻了用人单位的负担，也保证了职工工伤费用的及时发放。

我国目前的工伤保险制度，在对外来务工人员的职业危害的补偿上存在缺陷，因为这种补偿是建立在存在劳动关系的基础上，且在实践中一些中小企业在劳动者进行职业病鉴定的时候就已经破产，可以考虑设立工伤补偿和工伤预防、工伤康复相结合的职业病基金，及时有效补偿职业病的诊断医疗费用。

4.《中华人民共和国尘肺病防治条例》

这是我国第一部专门就单个职业病种进行行政法规级别的特殊立法。该条例特别明确了地方政府和有关企、事业单位的责任；规定了有粉尘作业的企、事业单位必须采取的一系列工程技术设施，包括工艺、技术、设备要求，防尘设施鉴定和定型制度，"三同时"制度，防护用品使用要求，以及对粉尘作业的禁止性规定；对粉尘的卫生标准和工程技术标准做出规定；同时就健康检查、职业病报告和尘肺病患者的待遇做了一般性规定。

第四节 职业安全健康管理体系

一、职业安全健康管理体系的基本运行模式与要素

1. 职业安全健康管理体系的概念与运行模式

(1) 定义

职业安全健康管理体系指为建立职业健康安全方针和目标以及实现这些目标所制定的一系列相互联系或相互作用的要素。

(2) 运行模式

职业健康安全管理体系的运行模式可以追溯到一系列的系统思想，最主要的是爱德华·戴明（Edward Deming）的 PDCA（即策划、实施、评价、改进）理念。在此理念的基础上结合职业健康安全管理活动的特点，不同的职业健康安全管理体系标准提出了基本相似的职业健康安全管理体系运行模式，其核心都是为生产经营单位建立一个动态循环的管理过程，以持续改进的思想指导生产经营单位系统地实现其既定的目标。职业健康安全管理体系的运行模式包括五个方面，即方针、组织、计划与实施、评价、改进措施。

2. 职业安全健康管理体系的基本要素

(1) 职业安全健康方针

本要素的目的是要求生产经营单位应在征询员工及其代表意见的基础上，制定出书面的职业健康安全方针，以规定其体系运行中职业健康安全工作的方向和原则，确定职业健康安全责任及绩效总目标，表明实现有效职业健康安全管理的正式承诺，并为下一步体系目标的策划提供指导性框架。

(2) 组织

1) 组织的目的。组织的目的是要求生产经营单位为正确、有效地实施与运行职业健康安全管理体系及其要素而确立和完善组织保障基础，包括机构与职责、培训、协商与交流、文件化、文件与资料控制以及记录与记录管理。

2) 组织的内容与要求

①机构与职责。生产经营单位的最高管理者应对保护企业员工的安全与健康负全面责任，并应在企业内设立各级职业健康安全管理的领导岗位。针对那些对其活动、设施（设备）和管理过程的职业健康安全风险有一定影响的从事管理、执行和监督的各级管理人员，规定其作用、职责和权限，以确保职业健康安全管理体系的有效建立、

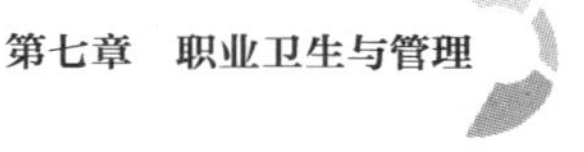

实施与运行，并实现职业健康安全目标。

生产经营单位应在最高管理层任命一名或几名人员作为职业健康安全管理体系的管理者代表，赋予其充分的权限，并确保其在职业健康安全职责不与其承担的其他职责冲突的条件下完成下列工作：

a. 建立、实施、保持和评审职业健康安全管理体系。

b. 定期向最高管理层报告职业健康安全管理体系的绩效。

c. 推动企业全体员工参加职业健康安全管理活动。

生产经营单位应为实施、控制和改进职业健康安全管理体系提供必要的资源，确保上述各级负责职业健康安全事务的人员（包括健康安全委员会）能够顺利地开展工作。

②培训。生产经营单位应建立并保持培训的程序，以便规范、持续地开展培训工作，确保员工具备必需的职业健康安全意识与能力。

生产经营单位应对培训计划的实施情况进行定期评审。评审时应有职业健康安全委员会的参与，如可行，应对培训方案进行修改以保证它的针对性与有效性。

③协商与交流。生产经营单位应建立并保持程序，做出文件化的安排，促进其就有关职业健康安全信息与员工和其他相关方（如分承包方人员、供货方、访问者）进行协商和交流。

生产经营单位应在企业内部建立有效的协商机制（如成立健康安全委员会或类似机构，任命员工职业健康安全代表及员工代表，选择员工加入职业健康安全实施队伍等）与协商计划，确保能有效地接收到所有员工的信息，并安排员工参与以下活动：

a. 方针和目标的制定及评审、风险管理和控制的决策（包括参与与其作业活动有关的危害辨识、风险评价和风险控制决策）。

b. 职业健康安全管理方案与实施程序的制定与评审。

c. 事故、事件的调查及现场职业健康安全检查等。

d. 对影响作业场所及生产过程中职业健康安全的有关变更（如引入新的设备、原材料、化学品、技术、过程、程序或工作模式或对它们进行改进所带来的影响）而进行的协商。

④文件化。生产经营单位应保持最新与充分的并适合企业实际特点的职业健康安全管理体系文件，以确保建立的职业健康安全管理体系在任何情况下（包括各级人员发生变动时）均能得到充分理解和有效运行。

职业健康安全管理体系文件应以适合自身管理的形式（如书面或电子形式）予以建立与保持，并应包括下列内容：

a. 职业健康安全方针和目标。

b. 职业健康安全管理的关键岗位与职责。

c. 主要的职业健康安全风险及其预防和控制措施。

d. 职业健康安全管理体系框架内的管理方案、程序、作业指导书和其他内部文件。

⑤文件与资料控制。生产经营单位应制定书面程序，以便对职业健康安全文件的识别、批准、发布和撤销以及职业健康安全有关资料进行控制，确保其满足下列要求：

a. 明确体系运行中哪些是重要岗位以及这些岗位所需的文件，确保这些岗位得到现行有效版本的文件。

b. 无论在正常还是异常情况（包括紧急情况）下，文件和资料都应便于使用和获取。例如，在紧急情况下，应确保工艺操作人员及其他有关人员能及时获得最新的工程图、危险物质数据卡、程序和作业指导书等。

c. 职业健康安全管理体系文件应书写工整，便于使用者理解，并应定期评审，必要时予以修改。

d. 传达到企业内所有相关人员或受其影响的人员。

e. 建立现行有效并需控制的文件与资料发放清单，并采取有效措施及时将失效文件和资料从所有发放和使用场所撤回或防止误用。

f. 根据法律、法规的要求和（或）保存知识的目的，对留存的档案性文件和资料应予以适当标识。

⑥记录与记录管理。生产经营单位建立和保持程序，用来标识、保存和处置有关职业健康安全记录。

生产经营单位的职业健康安全记录应填写完整、字迹清楚、标识明确，并确定记录的保存期，将其存放在安全地点，便于查阅，避免损坏。重要的职业健康安全记录应以适当方式或按法规要求妥善保护，以防火灾和损坏。

3. 计划与实施

（1）计划与实施的目的

计划与实施的目的是要求生产经营单位依据自身的危害与风险情况，针对职业健康安全方针的要求做出明确具体的规划，并建立和保持必要的程序或计划，以持续、有效地实施与运行职业健康安全管理规划，包括初始评审、目标、管理方案、运行控制、应急预案与响应。

（2）计划与实施的内容与要求

1）初始评审。初始评审是指对生产经营单位现有职业健康安全管理体系及其相关管理方案进行评价，目的是依据职业健康安全方针总体目标和承诺的要求，为建立和完善职业健康安全管理体系中的各项决策（重点是目标和管理方案）提供依据，并为持续改进企业的职业健康安全管理体系提供一个能够测量的基准。

对于尚未建立或欲重新建立职业健康安全管理体系的生产经营单位，或该企业属于新建组织时，初始评审过程可作为其建立职业健康安全管理体系的基础。

初始评审过程主要包括危害辨识、风险评价和风险控制的策划，法律、法规及其他要求两项工作。生产经营单位的初始评审工作应组织相关专业人员来完成，以确保初始评审的工作质量，如可行，此工作还应以适当的形式（如健康安全委员会）与企业的员工及其代表进行协商交流。初始评审的结果应形成文件。

①危害辨识、风险评价和风险控制策划。生产经营单位应通过定期或及时地开展危害辨识、风险评价和风险控制策划工作，来识别、预测和评价生产经营单位现有或预期的作业环境和作业组织中存在哪些危害（风险），并确定消除、降低或控制此类危害（风险）所应采取的措施。

生产经营单位应首先结合自身的实际情况建立并保持一套程序，重点提供和描述危害辨识、风险评价和风险控制策划活动过程的范围、方法、程度与要求。

生产经营单位在开展危害辨识、风险评价和风险控制的策划时，应注意满足下列要求：

a. 在任何情况下，不仅考虑常规的活动，而且还应考虑非常规的活动。

b. 除考虑自身员工的活动所带来的危害和风险外，还应考虑承包方、供货方包括访问者等相关方的活动，以及使用外部提供的服务所带来的危害和风险。

c. 考虑作业场所内所有的物料、装置和设备造成的职业健康安全危害，包括过期老化以及租赁和库存的物料、装置和设备。

生产经营单位的危害辨识、风险评价和风险控制策划的实施过程应遵循下列基本原则，以确保该项活动的合理性与有效性：

a. 在进行危害辨识、风险评价和风险控制的策划时，要确保满足实际需要和适用的职业健康安全法律、法规及其他要求。

b. 危害辨识、风险评价和风险控制的策划过程应作为一项主动的而不是被动的措施执行，即应在承接新的工程活动和引入新的作业程序，或对原有作业程序进行修改之前进行。在这些活动或程序改变之前，应对已识别出的风险策划必要的降低和控制措施。

c. 应对所评价的风险进行合理的分级，确定不同风险的可承受性，以便在制定目标特别是制定管理方案时予以侧重和考虑。

生产经营单位应针对所辨识和评价的各类影响员工安全和健康的危害和风险，确定出相应的预防和控制的措施。所确定的预防和控制措施，应作为制定管理方案的基本依据，而且，应有助于设备管理方法、培训需求以及运行（作业）标准的确定，并为确定监测体系运行绩效的测量标准提供适宜信息。

生产经营单位应按预定的或由管理者确定的时间或周期对危害辨识、风险评价和风险控制过程进行评审。同时，当企业的客观状况发生变化，使得对现有辨识与评价

的有效性产生疑义时，也应及时进行评审，并注意在发生变化前即采取适当的预防性措施，并确保在各项变更实施之前，通知所有相关人员并对其进行相应的培训。

②法律法规及其他要求。为了实现职业健康安全方针中遵守相关适用法律法规等的承诺，生产经营单位应认识和了解影响其活动的相关适用的法律、法规和其他职业健康安全要求，并将这些信息传达给有关的人员，同时，确定为满足这些适用法律法规等所必须采取的措施。

生产经营单位应将识别和获取适用法律、法规和其他要求的工作形成一套程序。此程序应说明企业应由哪些部门（如各相关职能管理部门及各项目部）、如何（主要指渠道与方式，如通过各级政府、行业协会或团体、上级主管机构、商业数据库和职业健康安全服务机构等）及时全面地获取这类信息、如何准确地识别这些法律法规等对企业的适用性及其适用的内容要求和相应适用的部门、如何确定满足这些适用法律法规等内容要求所必需的具体措施、如何将上述适用内容和具体措施等有关信息及时传达到相关部门等。

生产经营单位还应及时跟踪法律、法规和其他要求的变化，保持此类信息为最新，并为评审和修订目标与管理方案提供依据。

2）目标。职业健康安全目标是职业健康安全方针的具体化和阶段性体现，因此，生产经营单位在制定目标时，应以方针要求为框架，并应充分考虑下列因素以确保目标合理、可行：

①以危害辨识和风险评价的结果为基础，确保其对实现职业健康安全方针要求的针对性和持续渐进性。

②以获取的适用法律、法规及上级主管机构和其他相关方的要求为基础，确保方针中守法承诺的实现。

③考虑自身技术与财务能力以及整体经营上有关职业健康安全的要求，确保目标的可行性与实用性。

④考虑以往职业健康安全目标、管理方案的实施与实现情况，以及以往事故、事件、不符合的发生情况，确保目标符合持续改进的要求。

生产经营单位除了制定整个公司的职业健康安全目标外，还应尽可能以此为基础，对与其相关的职能管理部门和不同层次制定职业健康安全目标。制定职业健康安全目标时，应通过适当的形式（如健康安全委员会）征求员工及其代表的意见。

为了确保能够对所制定目标的实现程度进行客观的评价，目标应尽可能予以量化，并形成文件，传达到企业内所有相关职能和层次的人员，并应通过管理评审进行定期评审，在可行或必要时予以更新。

3）管理方案。制定管理方案的目的是制订和实施职业健康安全计划，确保职业健康安全目标的实现。

生产经营单位的职业健康安全管理方案应阐明做什么事、谁来做、什么时间做，并包括下列基本内容：

①实现目标的方法。

②上述方法所对应的职责部门（人员）及其绩效标准。

③实施上述方法所要求的时间表。

④实施上述方法所必需的资源保证，包括人力、资金及技术支持。

4）运行控制。生产经营单位应对与所识别的风险有关并需采取控制措施的运行与活动（包括辅助性的维护工作）建立和保持计划安排（程序及其规定），在所有作业场所实施必要且有效的控制和防范措施，以确保制定的职业健康安全管理方案得以有效、持续的落实，从而实现职业健康安全方针、目标和遵守法律、法规等要求。

生产经营单位对于缺乏程序指导可能导致偏离职业健康安全方针和目标的运行情况，应建立并保持文件化的程序与规定。文件化的程序应明确此类运行与活动的流程以及每一流程所需遵循的运行标准。

生产经营单位对于材料与设备的采购和租赁活动应建立并保持管理程序，以确保此项活动符合企业在采购与租赁说明书中提出的职业健康安全方面的要求以及相关法律法规等的要求，并在材料与设备使用之前能够做出安排，使其使用符合企业的各项职业健康安全要求。

生产经营单位对于劳务或工程等分包商或临时工的使用，应建立并保持管理程序，以确保企业的各项健康安全规定与要求（或至少相类似的要求）适用于分包商及其员工。

生产经营单位对于作业场所、工艺过程、装置、机械、运行程序和工作组织的设计活动，包括它们对人的能力的适应，应建立并保持管理程序，以便于从根本上消除或降低职业健康安全风险。

5）应急预案与响应。目的是确保生产经营单位主动评价其潜在事故与紧急情况发生的可能性及其应急响应的需求，制订相应的应急计划、应急处理的程序和方式，检验预期的响应效果，并改善其响应的有效性。

4. 检查与评价

（1）检查与评价的目的

检查与评价的目的是要求生产经营单位定期或及时地发现体系运行过程或体系自身所存在的问题，并确定问题产生的根源或需要持续改进的地方。体系的检查与评价主要包括绩效测量与监测、事故事件与不符合的调查、审核与管理评审。

（2）检查与评价的内容与要求

1）绩效测量和监测。生产经营单位绩效测量和监测程序用以确保：①监测职业健康安全目标的实现情况；②包括主动测量与被动测量两个方面；③能够支持企业的评

审活动，包括管理评审；④将绩效测量和监测的结果予以记录。

主动测量应作为一种预防机制，根据危害辨识和风险评价的结果、法律及法规要求，制订包括监测对象与监测频次的监测计划，并以此对企业活动的必要基本过程进行监测。内容包括：

①监测职业健康安全管理方案的各项计划及运行控制中各项运行标准的实施与符合情况。

②系统地检查各项作业制度、安全技术措施、施工机具和机电设备、现场安全设施以及个人防护用品的实施与符合情况。

③监测作业环境（包括作业组织）的状况。

④对员工实施健康监护，如通过适当的体检或对员工的早期有害健康的症状进行跟踪，以确定预防和控制措施的有效性。

⑤对国家法律法规及企业签署的有关职业健康安全集体协议及其他要求的符合情况。

被动测量包括对与工作有关的事故、事件，其他损失（如财产损失），不良的职业健康安全绩效和职业健康安全管理体系的失效情况的确认、报告和调查。

2）事故、事件、不符合及其对职业健康安全绩效影响的调查。目的是建立有效的程序，对生产经营单位的事故、事件、不符合进行调查、分析和报告，识别和消除此类情况发生的根本原因，防止其再次发生，并通过程序的实施，发现、分析和消除不符合的潜在原因。

3）职业安全健康管理体系审核。目的是建立并保持定期开展职业健康安全管理体系审核的方案和程序，以评价生产经营单位职业健康安全管理体系及其要素的实施能否恰当、充分、有效地保护员工的安全与健康，预防各类事故的发生。

4）管理评审。目的是要求生产经营单位的最高管理者依据自己预定的时间间隔对职业健康安全管理体系进行评审，以确保体系的持续适宜性、充分性和有效性。

5. 改进措施

（1）制定改进措施的目的

制定改进措施的目的是要求生产经营单位针对组织职业健康安全管理体系绩效测量与监测、事故事件调查、审核和管理评审活动所提出的纠正与预防措施的要求，制定具体的实施方案并予以保持，确保体系的自我完善功能，并不断寻求方法，持续改进生产经营单位自身职业健康安全管理体系及其职业健康安全绩效，从而不断消除、降低或控制各类职业健康安全危害和风险。改进措施主要包括纠正与预防措施和持续改进两个方面。

（2）改进措施的内容与要求

1）纠正与预防措施。生产经营单位针对职业健康安全管理体系绩效测量与监测、事故事件调查、审核和管理评审活动所提出的纠正与预防措施的要求，应制定具体的实施方案并予以保持，确保体系的自我完善功能。

2）持续改进。生产经营单位应不断寻求方法持续改进自身职业健康安全管理体系及其职业健康安全绩效，从而不断消除、降低或控制各类职业健康安全危害和风险。

二、职业安全健康管理体系建立的方法与步骤

建立职业健康安全管理体系，指的是企业将原有的职业健康安全管理按照体系管理的方法予以补充、完善以及实施的过程。制定建立与实施职业健康安全管理体系具体过程可参考如下步骤。

1. 学习与培训

（1）管理层培训主要是针对职业健康安全管理体系的基本要求、主要内容和特点，以及建立与实施职业健康安全管理体系的重要意义与作用。培训的目的是统一思想，在推进体系工作中给予有力的支持和配合。

（2）内审员培训是建立和实施职业健康安全管理体系的关键。应该根据专业的需要，通过培训确保他们具备开展初始评审、编写体系文件和进行审核等工作的能力。

（3）全体员工培训的目的是使他们了解职业健康安全管理体系，并在今后的工作中能够积极主动地参与职业健康安全管理体系的各项实践。

2. 初始评审

初始评审的目的是为职业健康安全管理体系建立和实施提供基础，为职业健康安全管理体系的持续改进建立绩效基准。

初始评审主要包括以下内容：

（1）相关的职业健康安全法律、法规和其他要求，对其适用性及需遵守的内容进行确认，并对遵守情况进行调查和评价。

（2）对现有的或计划的作业活动进行危害辨识和风险评价。

（3）确定现有措施或计划采取的措施是否能够消除危害或控制风险。

（4）对所有现行职业健康安全管理的规定、过程和程序等进行检查，并评价其对管理体系要求的有效性和适用性。

（5）分析以往企业安全事故情况以及员工健康监护数据等相关资料，包括人员伤亡、职业病、财产损失的统计、防护记录和趋势分析。

（6）对现行组织机构、资源配备和职责分工等情况进行评价。

初始评审的结果应形成文件，并作为建立职业健康安全管理体系的基础。

为实现职业健康安全管理体系绩效的持续改进，企业还应参照职业健康安全管理体系基本要素中初始评审的要求定期进行复评。

3. 体系策划

根据初始评审的结果和本企业的资源，进行职业健康安全管理体系的策划。策划工作主要包括以下内容：

（1）确立职业健康安全管理方针。

（2）制定职业健康安全体系目标及其管理方案。

（3）结合职业健康安全管理体系要求进行职能分配和机构职责分工。

（4）确定职业健康安全管理体系文件结构和各层次文件清单。

（5）为建立和实施职业健康安全管理体系准备必要的资源。

4. 文件编写

按照职业健康安全管理体系的要求，以适用于企业的自身管理形式对其职业健康安全管理方针和目标、职业健康安全管理的关键岗位与职责、主要的职业健康安全风险及其预防和控制措施以及职业健康安全管理体系框架内的管理方案、程序、作业指导书和其他内部文件等予以文件化的规定，以确保所建立的职业健康安全管理体系在任何情况下（包括各级人员发生变动时）均能得到充分理解和有效运行。职业健康安全管理体系文件的结构多数情况下是采用手册、程序文件以及作业指导书的方式。

文件编写的具体要求如下：

（1）符合标准要求。

（2）结合组织特点。

（3）尽量做到管理体系文件一体化。

（4）与原有管理模式相结合。

5. 体系试运行

各个部门和所有人员都按照职业健康安全管理体系的要求开展相应的健康安全管理和活动，对职业健康安全管理体系进行试运行，以检验体系策划与文件化规定的充分性、有效性和适宜性。

（1）内容

1）按文件和程序的要求开展各项安全管理活动。

2）检验文件本身是否完整、适用。

（2）时间

职业健康管理体系试运行时间不少于 3 个月。

6. 评审与完善

通过职业健康安全管理体系的试运行，特别是依据绩效监测和测量、审核以及管理评审的结果，检查与确认职业健康安全管理体系各要素是否按照计划安排有效运行，是否达到了预期的目标，并采取相应的改进措施，使所建立的职业健康安全管理体系得到进一步的完善。

三、职业安全健康管理体系的审核与认证

1. 职业健康安全管理体系审核的类型

根据审核方（实施审核的机构）与受审核方（提出审核要求的用人单位或个人）的关系，可将职业健康安全管理体系审核分为内部审核和外部审核两种基本类型。内部审核又称为第一方审核，外部审核又分为第二方审核及第三方审核。

（1）第一方审核

第一方审核指由用人单位的成员或其他人员以用人单位的名义进行的审核。

第一方审核的审核准则主要依据自身的职业健康安全管理体系文件，必要时包括第二方或第三方要求。

（2）第二方审核

第二方审核是在某种合同要求的情况下，由与用人单位（受审核方）有某种利益关系的相关方或由其他人员以相关方的名义实施的审核。

第二方审核可以采用一般的职业健康安全管理体系审核准则，也可以由合同方进行特殊规定。

（3）第三方审核

第三方审核是由与其无经济利益关系的第三方机构依据特定的审核准则，按规定的程序和方法对受审核方进行的审核。

在第三方审核中，由第三方认证机构依据认可制度的要求实施的以认证为目的的审核又称为认证审核。认证审核旨在为受审核方提供符合性的客观证明和书面保证。

2. 职业健康安全管理体系认证及受理

职业健康安全管理体系认证的实施程序包括认证申请及受理、审核策划及审核准备、审核的实施、纠正措施的跟踪与验证，以及审批发证及认证后的监督和复评。

（1）职业健康安全管理体系认证的申请

符合体系认证基本条件的用人单位如果需要通过认证，则应以书面形式向认证机构提出申请，并向认证机构递交以下材料：

1）申请认证的范围。

2）申请方同意遵守认证要求，提供审核所必要的信息。

3）申请方一般简况。

4）申请方安全情况简介，包括近两年内的事故发生情况。

5）申请方职业健康安全管理体系的运行情况。

6）申请方对拟认证体系所适用标准或其他引用文件的说明。

7）申请方职业健康安全管理体系文件。

（2）职业健康安全管理体系认证的受理

认证机构在接到申请认证单位的有效文件后，对其申请进行受理。申请受理的一般条件是：

1）申请方具有法人资格，持有有关登记注册证明，具备二级或委托方法人资格也可。

2）申请方应按职业健康安全管理体系标准建立了文件化的职业健康安全管理体系。

3）申请方的职业健康安全管理体系已按文件的要求有效运行，并至少已做过一次完整的内审及管理评审。

4）申请方的职业健康安全管理体系有效运行，一般应将全部要素运行一遍，并至少有 3 个月的运行记录。

（3）职业健康安全管理体系认证的合同评审

在申请方具备以上条件后，认证机构应就申请方提出的条件和要求进行评审，确保以下几点：

1）认证机构的各项要求规定明确，形成文件并得到理解。

2）认证机构与申请方之间在理解上的差异得到充分的理解。

3）针对申请方申请的认证范围、运作场所及某些要求（如申请方使用的语言、申请方认证范围内所涉及的专业等），对本机构的认可业务是否包含申请方的专业领域进行自我评审，若认证机构有能力实施对申请方的认证，双方则可签订认证合同。

3. 认证机构审核的策划及审核准备

职业健康安全管理体系审核的策划和准备是现场审核前必不可少的重要环节，它主要包括确定审核范围、指定审核组长并组成审核组、制订审核计划以及编制审核工作文件等工作内容。

（1）确定审核范围

审核范围是指受审核的职业健康安全管理体系所覆盖的活动、产品和服务的范围。确定审核范围实质上就是明确受审核方做出持续改进及遵守相关法律法规和其他要求的承诺、保证其职业健康安全管理体系实施和正常运行的责任范围。因此，准确地界定和描述审核范围，对认证机构、审核员、受审核方、委托方以及相关方都是极其重要的问题。在职业健康安全管理体系认证的过程中，从申请的提出和受理、合同评审、确定审核组的成员和规模、制订审核计划、实施认证到认证证书的表达无不涉及审核范围。

（2）成立审核组

组建审核组是审核策划与准备中的重要工作，也是确保职业健康安全管理体系审核工作质量的关键。认证机构在对申请方的职业健康安全管理体系进行现场审核前，

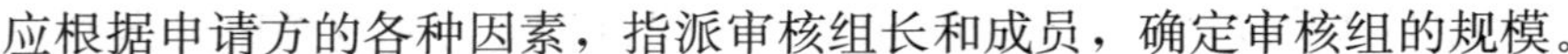

应根据申请方的各种因素，指派审核组长和成员，确定审核组的规模。

（3）制订审核计划

审核计划是指现场审核人员和日程安排以及审核路线的确定（一般应至少提前1周由审核组长通知被审核方，以便其有充分的时间准备和提出异议）。审核计划应经受审核方确认，包括在首次会议上的确认，如受审核方有特殊情况时，审核组可适当加以调整。

职业健康安全管理体系审核一般分为两个阶段，即第一阶段审核和第二阶段现场审核，由于这两个阶段审核工作的侧重点不同，因此需要分别制订审核计划。

（4）编制审核工作文件

职业健康安全管理体系审核是依据审核准则对用人单位的职业健康安全管理体系进行判定和验证的过程，它强调审核的文件化和系统化，即审核过程要以文件的形式加以记录。因此，审核过程中需要用到大量的审核工作文件，实施审核前应认真进行编制，以此作为现场审核时的指南。

现场审核中需用到的审核工作文件主要包括：审核计划、审核检查表、首末次会议签到表、审核记录、不符合报告、审核报告。

4. 认证机构审核的实施

如前所述，职业健康安全管理体系认证审核通常分为两个阶段，即第一阶段审核和第二阶段现场审核。第一阶段审核又由文件审核和第一阶段现场审核两部分组成。

（1）文件审核

文件审核的目的是了解受审核方的职业健康安全管理体系文件（主要是管理手册和程序文件）是否符合职业健康安全管理体系审核标准的要求，从而确定是否进行现场审核。同时通过文件审查，了解受审核方的职业健康安全管理体系运行情况，以便为现场审核做准备。

（2）第一阶段现场审核

第一阶段现场审核的目的主要有三个：一是在文件审核的基础上，通过了解现场情况收集充分的信息，确认体系实施和运行的基本情况和存在的问题，并确定第二阶段现场审核的重点；二是确定进行第二阶段现场审核的可行性和条件，即通过第一阶段审核，审核组提出体系存在的问题，受审核方应按期进行整改，只有在整改完成以后，方可进行第二阶段现场审核；三是现场对用人单位的管理权限、活动领域和限产区域等各个方面加以明确，以便确认前期双方商定的审核范围是否合理。

（3）第二阶段现场审核

职业健康安全管理体系认证审核的主要内容是进行第二阶段现场审核，其主要目的是：证实受审核方实施了其职业健康安全管理方针、目标，并遵守了体系的各项相应程序；证实受审核方的职业健康安全管理体系符合相应审核标准的要求，并能够实

现其方针和目标。通过第二阶段现场审核，审核组要对受审核方的职业健康安全管理体系能否通过现场审核做出结论。

5. 纠正措施的跟踪与验证

现场审核的一个重要结果是发现受审核方的职业健康安全管理体系存在的不符合事项。对这些不符合事项，受审核方应根据审核方的要求采取有效的纠正措施，制订纠正措施计划，并在规定时间加以实施和完成。审核方应对其纠正措施的落实和有效性进行跟踪验证。

6. 认证后监督与复评

认证后监督包括监督审核和管理，对监督审核和管理过程中发现的问题应及时处置，并在特殊情况下组织临时性监督审核。获证单位认证证书有效期为 3 年，有效期届满时，可通过复评，获得再次认证。

（1）监督审核

监督审核是指认证机构对获得认证的单位在证书有效期限内所进行的定期或不定期的审核。其目的是通过对获证单位的职业健康安全管理体系的验证，确保受审核方的职业健康安全管理体系持续地符合职业健康安全管理体系审核标准、体系文件以及法律、法规和其他要求，确保持续有效地实现既定的职业健康安全管理方针和目标，并有效运行，从而确认能否继续持有和使用认证机构颁发的认证证书和认证标志。

（2）复评

获证单位在认证证书有效期届满时，应重新提出认证申请，认证机构受理后，重新对用人单位进行的审核称为复评。

复评的目的是为了证实用人单位的职业健康安全管理体系持续满足职业健康安全管理体系审核标准的要求，且职业健康安全管理体系得到了很好的实施和保持。

复习思考题

1. 论述我国职业危害分类标准与职业危害因素的辨识方法。
2. 简述我国职业卫生监督管理的基本内容。
3. 简述我国职业安全健康监管体系包含的内容。

技能实训八　作业场所职业危害辨识

一、实训目标

1. 能够辨识作业场所内存在的各类潜在职业危害。
2. 能够对确认的作业场所内的职业危害进行分级。

二、任务描述

对你所处的位置附近的任意两家企业调研，根据职业危害因素辨识方法，确定每家企业工人作业过程中存在的职业危害因素，依据职业危害因素分类标准对其进行分类。针对辨识、评价的情况，有针对性地提出各种合理可行的安全、卫生对策措施。

三、任务准备

1. 收集调研企业的相关资料。

2. 列出职业危害辨识的方法及分类标准。

3. 根据调查内容列出相关表格。

四、知识要点

1. 职业病危害因素及其分类

职业病危害因素分为：①粉尘类；②放射性物质类（电离辐射）；③化学物质类；④物理因素；⑤生物因素；⑥导致职业性皮肤病的危害因素；⑦导致职业性眼病的危害因素；⑧导致职业性耳鼻喉口腔疾病的危害因素；⑨导致职业性肿瘤的职业病危害因素；⑩其他职业病危害因素等，共计 10 大类 115 种。

2. 作业场所职业病危害作业分级

《工作场所职业病危害作业分级》（GBZ/T 229）分为以下几个部分：

——第 1 部分：生产性粉尘。

——第 2 部分：化学物。

——第 3 部分：高温。

——第 4 部分：噪声。

3. 作业场所职业病危害评价方法

在评价方法的选择上，职业病危害评价方法相对固定，主要有检查表法、类比法和定量分级法。类比法是目前开展职业病危害预评价时的主要评价方法，通过类比项目的职业卫生调查、作业场所职业病危害因素浓度（强度）的检测等来类推拟建项目的职业病危害因素浓度（强度）、职业病危害后果及应采取的职业病防护措施。职业病危害评价还常利用现场或类比现场职业病危害因素浓度（强度）的检测数据进行定量分级，来评价职业病危害因素对人的危害程度。

五、实训过程

1. 收集各种与评价项目有关的资料，包括适用的各类法律、法规、标准、规范，企业提供的各类安全卫生技术、管理文件资料、运行记录，以及现场的安全卫生状况等。

2. 根据收集到的资料及企业的评价要求和评价目的，制订相应的评价计划或评价方案，以指导评价工作按时有序地开展。

3. 在获得充分资料的基础上进行工程分析，对物料、工艺过程、设备设施、作业场所等进行危险、有害因素或职业病危害因素的识别，并明确其存在的部位或环节。

4. 结合企业实际情况，划分评价单元或确定重点评价因子，并选择评价方法。

5. 利用选定的各种评价方法进行定性、定量或综合评价，以明确危险、有害因素或职业危害因素的危害程度。

6. 结合现场或类比现场实际情况或可行性研究报告中的职业安全卫生的考虑，依据相应的法律、法规、标准和规范的要求，对企业的安全卫生管理、工程技术措施等进行评价。

7. 针对辨识、评价的情况，有针对性地提出各种合理可行的安全、卫生对策措施，包括管理措施、工程技术措施、应急救援预案等。

六、注意事项

实训过程应严格遵循国家安监总局颁布的《作业场所职业健康监督管理暂行规定》和《作业场所职业危害申报管理办法》施行。

七、总结与思考

职业危害因素辨识是建设项目职业危害管理的重要环节，是用人单位依法申报职业病危害项目的直接依据，是开展职业健康监护工作的针对性依据，是做好工作场所职业病危害因素监测与评价的依据，是职业病防治工作的主要任务之一，也是职业安全健康、职业卫生监督的重要技术支撑。

如果对职业危害因素的识别不够准确，轻则可使评价报告完整性和有效性受到局限，重则可造成评价报告结论错误，对劳动者健康影响的方式、途径、程度等没有全面、准确、客观的辨识，就不能对职业危害做出科学的评价。因此，“辨识”是一个永恒的主题。

参考文献

[1] 国家安全生产监督管理总局，中国职业安全健康协会组织编写. 职业卫生监督管理培训教材［M］. 北京：煤炭工业出版社，2014.

[2] 国家安全生产监督管理总局，中国职业安全健康协会组织编写. 职业健康监督管理培训教材［M］. 北京：煤炭工业出版社，2009.

[3] 孟超. 职业卫生监督与管理［M］. 北京：中国劳动社会保障出版社，2010.

[4] 李涛，张敏，李德鸿等. 中国职业卫生发展现状［J］. 工业卫生与职业病. 2004，30（2）：65—68.

[5] 张忠彬，孙庆云. 我国职业卫生监管工作现状分析［J］. 中国安全科学学报，2008，18（6）：12.

[6] 张忠彬. 作业场所职业危害风险综合评价研究［J］. 中国安全生产科学技术，2010，6（4）：124—127.

[7] 王献仁，吴勇卫，刘春梅. 我国职业病危害现状和对策［J］. 中国卫生监督杂志，2003，10（3）：167—169.

[8] 张忠彬，孙庆云. 我国职业危害分类与分级监管法规标准与研究现状［J］. 中国安全生产科学技术，2007，3（6）：104—108.

[9] 王欣平. 作业场所职业危害程度分级现状分析［J］. 中国安全生产科学技术，2006，2（6）：125—128.

[10] 马林，张桥，周炯亮. 职业性噪声作业危害程度分级探讨［J］. 中国职业医学，1996，（5）：38—39.

[11] 周安寿，黄汉林. 职业健康监护与管理［M］. 北京：中国环境出版社，2013.

[12] 苗金明. 职业健康安全管理体系与安全生产标准化［M］. 北京：清华大学出版社，2013.

[13] 傅梅绮，张良军. 职业卫生［M］. 北京：化学工业出版社，2008.

[14] 王志. 职业卫生概论［M］. 北京：国防工业出版社，2012.

[15] 何华刚. 职业卫生概论［M］. 北京：中国地质大学出版社，2012.

[16] 于谷顺，曹国红. 安全生产管理知识［M］. 北京：中国建筑工业出版

社，2012.

[17] 国务院法制办公室. 生产安全事故报告和调查处理条例释义 [M]. 北京：中国市场出版社，2007.

[18] 吴穹. 安全管理学 [M]. 北京：煤炭工业出版社，2002.

[19] 王博.《生产安全事故报告和调查处理条例》实施学习培训手册 [M]. 北京：中国知识出版社，2007.

[20] 朱亚威. 安全生产事故案例分析 [M]. 北京：气象出版社，2011.

[21] 田水承，景国勋. 安全管理学 [M]. 北京：机械工业出版社，2009.

[22] 吴宗之. 重大事故应急救援系统及预案导论 [M]. 北京：冶金工业出版社，2003.

[23] 毛海峰. 现代安全管理理论与实务 [M]. 北京：首都经济贸易大学出版社，2000.

[24] 吴宗之. 重大危险源辨识与控制 [M]. 北京：冶金工业出版社，2001.

[25] 中国安全生产协会注册安全工程师工作委员会，中国安全生产科学研究院组织编写. 安全生产管理知识 [M]. 北京：中国大百科全书出版社，2011.

[26] 栗继祖. 安全心理学 [M]. 北京：中国劳动社会保障出版社，2007.

[27] 潘家轺. 现代生产管理学 [M]. 北京：清华大学出版社，2011.

[28] 吴穹，许开立. 安全管理学 [M]. 北京：煤炭工业出版社，2002.

[29] 王洪德，石剑云，潘科. 安全管理与安全评价 [M]. 北京：清华大学出版社，2010.

[30] 赵耀江. 安全评价理论与方法 [M]. 北京：煤炭工业出版社，2008.

[31] 中国就业培训技术指导中心，中国安全生产协会组织编写. 安全评价师（国家职业资格一级）[M]. 北京：中国劳动社会保障出版社，2010.